関数解析の基礎

∞次元の微積分

堀内利郎・下村勝孝

共　著

内田老鶴圃

本書の全部あるいは一部を断わりなく転載または
複写(コピー)することは，著作権および出版権の
侵害となる場合がありますのでご注意下さい．

はしがき

> 自由に考えるのはよいことだ．
> が，正しく考えることは偉大である．

　目次を御覧になれば本書が2部構成になっており，通常の関数解析の入門書とは体裁が少し異なることに気付かれると思います．そこでまずその理由を簡単にお話いたします．もともとは，現代関数解析学の基本的知識を数学専攻の学生だけではなく，広く関数解析学的素養を必要とする自然科学を学ぼうという人々に提供することが目的でした．そうすれば，現代科学をより厳密な意味で理解する助けになると考えたからです．しかし個人的な経験から，この目的で講義を行うことは数学専攻の学生達に関数解析学の説明をするのとは少し異なる気がしていました．現在ではすばらしい関数解析学の教科書が山積していますが，それらの多くは自身の内容が強調されるあまり，他の数学分野や自然科学との本来の有機的関係が見過ごされがちなようです．しかし，筆者がかつてそう感じたように多くの学生や先生達が数学的基礎を完全に固めてからではなく，すぐにでも関数解析学の知識を何かに応用してみたいと感じているはずなのです．

　そこで本書では，「基礎理論」と「応用」という2部構成という形をとることにしました．パート1はベクトル空間から始めて現代関数解析学への自然な入門を目指しています．ここを読み進めば，ベクトル空間が自然にノルム空間に，さらにノルム空間がバナッハ空間やヒルベルト空間に必然的に発展していく様子がわかるように，多くの例を交えて基礎理論が解説されています．

　そして，パート2では，現代関数解析学の有効性を数学の多くの分野において実証していくことになります．その有効性が逆に関数解析学にフィード

バックされて，関数解析学自身を健全かつ豊かな世界に発展させていく原動力になるのはいうまでもないでしょう．

本書が2部からなっていることには，実はもう1つの理由があります．私は昔，方程式を使って色々な問題を解くことができることを初めて知ったとき，一種の感動のようなものを覚えた気がします．それは難しそうな問題を方程式が勝手に考えてくれるというだけではなく，未知の答を変数 x とおいて問題を関数 $f(x)$ を使って正しく記述できさえすれば，後は数学の問題に帰着する事実が印象的だったのだと思います．しかし現実の問題に応用しようとすれば，考慮すべき変数の数が多すぎて，たとえスーパーコンピュータを無制限に使っても限界があることが理解できました．その後，関数解析学に触れたとき，やはりそうだったのかという爽快感を感じました．キーワードは関数の関数 (汎関数) だったのです．例えば，よいジェットコースターを作りたいと思えば，それが疾走する「道」をたくさん調べる必要があるのは明らかです．そのためには，「道」自体を変数として考える必要があるわけです．現代数学ではこの道はコースターの始点と終点を結ぶ曲線として直ちに数学的対象となります．

一方で大学における関数解析学の講義では，大抵の場合に関数解析学は線形代数学の拡張であると教えられます．それは間違いではないのですが，歴史的にはあまり公平な見方ではないように筆者には思われます．関数解析学 (Functional Analysis) という名前自身が雄弁に語っているように，ヴォルテラが最初に考えたといわれる関数に依存する積分方程式論，アダマールによる汎関数 (Functional)，特に非線形汎関数とそれに附随して現れる偏微分方程式，そしてそれらを数学的に解こうとした多くの試みが現代関数解析学の重要な1つのルーツなのです．本書では，現代関数解析学への初等的な入門を目指しつつ同時にこのルーツの解説を試みるために，2部構成という方法を敢えて選択したわけです．

繰り返しになりますが，前半は線形代数学の中心であるベクトル空間からスタートし，途中に非線形性の萌芽をちりばめながら，必要な線形解析学の基本事項をマスターすることを目的としています．そして後半では前半で準備

した線形関数解析学を微分方程式の色々な問題に応用しつつ，もう1つのルーツである非線形問題に必然的に到達することを目指しています．この試みは筆者達が当初考えていたことより困難な作業でしたが，どうやら一応の形にはできたと考えています．

さて，もう少し具体的に各章の内容を説明しましょう．パート1は5つの章からなり，第1章でベクトル空間から，ノルム空間を経てバナッハ空間までを解説します．第2章ではルベーグ積分論を手短に紹介します．第3章でヒルベルト空間，続いて第4章でヒルベルト空間上の線形作用素の一般論が展開されます．前半最後の第5章はフーリエ変換とラプラス変換の解説にあてています．

パート2は8つの章からなります．第6章ではヒルベルト空間の理論を常微分作用素の解析に応用し，第7章では超関数の理論を紹介します．これらの準備の後，第8章で歴史的観点から分類された偏微分作用素に対して，第9章で「基本解」や「グリーン関数」がフーリエ変換とラプラス変換を自由に用いて構成されます．第10章では楕円型偏微分方程式の境界値問題がヒルベルト空間の理論を用いて考察されます．引き続いて第11章ではフーリエ変換を用いてさらに多くの偏微分方程式を解析します．第12章は関数解析学のもう1つのルーツである変分問題への応用を取り扱います．最後の13章で「ウェーブレット」の理論と適用例を紹介します．その重要性はすでに各方面で実証されています．

最後になりましたが，内田老鶴圃編集部の皆様，さらには同社の内田学氏には色々お骨折りいただきました．ここに記して深く感謝する次第です．

ただ1つの願いは，この教科書の愛読者となられた方々にいつかどこかでお会いできることでしょうか？

2005年1月

著　者

この本の読み方について

はしがきの中で述べましたように，本書は微分積分学の知識があれば十分読み進めるように書かれています．その一方で，初学者には少しなじみにくい内容も取り上げていますので，読み進む上での指針を以下にあげておきます．

凡例

(1) 本書は 13 の章からなり，各章はいくつかの節からなっています．定理，定義や式などの番号は，各節ごとの通し番号になっています．

(2) 各節には，例や演習問題がありますが，例は本文を理解するために必要なので，飛ばさずに読むようにして下さい．例を数多くあげた点が，本書の特徴でもあります．

(3) ところどころに章末問題 **A**, **B** があります．**A** は標準的な問題ですから，できるだけ解いてみて下さい．問題 **B** は試練と題され少し高度な内容を含みますが，どうぞ挑戦して下さい．なお，演習問題と章末問題の略解とヒントをエピローグとして掲載しました．

(4) 本書には読者のさらなる好奇心を刺激するために，**研究** と題された箇所がいくつかあります．これらは初学者には少しなじみにくい内容を含みますので，最初は飛ばしてもかまいません．

(5) 重要な概念・術語は索引としてまとめました．また，本書を執筆するにあたり参考にした主な文献も参考書一覧として本文の最後にまとめてあります．

目　次

はしがき　　　　　　　　　　　　　　　　　　　　　　　　　　　i
　凡例 iv

パート 1 ··· **基礎理論**　　　　　　　　　　　　　　　　　　1

第 1 章　ベクトル空間からノルム空間へ　　　　　　　　　3
　1.1. ベクトル空間 3
　1.2. ベクトル空間の次元について 8
　1.3. ノルム空間の導入 9
　1.4. ノルム空間の位相について 13
　1.5. バナッハ空間の導入 16
　1.6. 連続線形写像 20
　1.7. ベールのカテゴリー定理とその応用 23
　1.8. ノルム空間の完備化 28
　1.9. バナッハの不動点定理 30
　1.10.　章末問題 A 34
　コーヒーブレイク：ICM ってなに 35

第 2 章　ルベーグ積分：A Quick Review　　　　　　　37
　2.1. 可測関数 38
　2.2. 測度的収束と測度的極限 39
　2.3. 可測関数列の基本性質 41

2.4. 有界可測関数の積分 43
2.5. 可測集合 46
2.6. ルベーグ積分における基本定理 47
2.7. 章末問題 A 54
コーヒーブレイク：不等式の missing term について 55

第 3 章　ヒルベルト空間　　57

3.1. イントロダクション 57
3.2. 内積空間におけるノルム 59
3.3. ヒルベルト空間の導入 61
3.4. 強収束と弱収束 63
3.5. ヒルベルト空間の正規直交基底 64
3.6. フーリエ三角級数展開 69
3.7. 直交射影とリースの表現定理 73
3.8. 章末問題 A 77
コーヒーブレイク：フィールズ賞 78

第 4 章　ヒルベルト空間上の線形作用素　　79

4.1. 線形作用素に関する基本的事項 79
4.2. 自己共役作用素 84
4.3. 逆作用素 86
4.4. 正値作用素 88
4.5. 射影作用素 95
4.6. コンパクト作用素 97
4.7. 固有値と固有ベクトル 100
4.8. スペクトル分解 105
4.9. 非有界作用素 109
4.10. 章末問題 A 120

目次　　　vii

第 5 章　フーリエ変換とラプラス変換　　121
- 5.1. フーリエ変換 121
- 5.2. $L^2(\mathbf{R})$ 関数のフーリエ変換 125
- 5.3. ラプラス変換 130
- 5.4. ラプラス逆変換 133
- 5.5. ラプラス変換の常微分方程式への応用 135
- コーヒーブレイク：フーリエ変換とは何か？ 137

パート 2…**応用**　　139

第 6 章　プロローグ：線形常微分方程式　　141
- 6.1. フーリエ変換の線形常微分方程式への応用 141
- 6.2. 常微分作用素の境界値問題 143
- 6.3. ストルム・リューヴィル型固有値問題 148
- 6.4. ストルム・リューヴィル型境界値問題の解法 154
- コーヒーブレイク：ウプサラ 158

第 7 章　超関数　　161
- 7.1. イントロダクション 161
- 7.2. テスト関数の空間 $\mathcal{D}(\mathbf{R}^N)$ と $\mathcal{D}(\Omega)$ 163
- 7.3. 超関数 165
- 7.4. 関数空間 $W_{loc}^{1,p}(\Omega)$ と $W^{1,p}(\Omega)$ 169
- 7.5. 超関数の性質 170
- 7.6. 章末問題 A 173
- 7.7. 章末問題 B 174
- コーヒーブレイク：π という数について 175

第 8 章　偏微分方程式とその解について　　177
- 8.1. 歴史的分類 177
- 8.2. 偏微分方程式とその解たち 178

- 8.3. 基本解とグリーン関数 180
- 8.4. 章末問題 A 181
- 8.5. 章末問題 B 181

第 9 章　基本解とグリーン関数の例　　183
- 9.1. 基本解の例 183
- 9.2. グリーン関数の例 188

第 10 章　楕円型境界値問題への応用　　193
- 10.1. 楕円型境界値問題の弱解の存在 193
- 10.2. ポワソン方程式の弱解の正則性 197

第 11 章　フーリエ変換の初等的偏微分方程式への適用例　　203
- 11.1. 1 階偏微分方程式の解法 203
- 11.2. 1 次元拡散方程式 204
- 11.3. 1 次元波動方程式 205
- 11.4. 半空間におけるラプラス方程式 207
- 11.5. 固有関数展開による解法 208
- 11.6. 線形化 KdV 方程式 210
- コーヒーブレイク：$1, 2, 3, \ldots$ 無限大 210

第 12 章　変分問題　　211
- 12.1. ガトー微分とフレシェ微分 211
- 12.2. 最適化問題とオイラー・ラグランジュ方程式 219
- 12.3. 条件付き最適化問題 225
- 12.4. 作用素方程式の変分法的解法 228
- 12.5. 変分不等式 230
- 12.6. 力学系の最適制御問題 232
- 12.7. 安定性の理論 237

第 13 章　ウェーブレット　　　　　　　　　　　　　　**245**

- 13.1. 連続ウェーブレット変換 246
- 13.2. 離散ウェーブレット変換 251
- 13.3. 多重解像度解析とウェーブレットの直交基底 255
- 13.4. 研究：シャノン・システムのサンプリング理論への応用 260

エピローグ　　　　　　　　　　　　　　　　　　　　**265**

- 略解とヒント 265

あとがき　　　　　　　　　　　　　　　　　　　　　**269**

参考書一覧　　　　　　　　　　　　　　　　　　　　**271**

索　引　　　　　　　　　　　　　　　　　　　　　　**273**

Symbol　　　　　　　　　　　　　　　　　　　　　**280**

パート 1 ... 基礎理論

パート1(第1章〜第5章)は，関数解析学に入門をすることを目的に構成されています．内容は，初歩的線形代数学や微分積分学などの予備知識があれば読み進めるように配慮されています．まず第1章のベクトル空間の導入から始まり，ノルム空間，バナッハ空間と続き，そして第3章でヒルベルト空間，第4章でヒルベルト空間における線形作用素論が自然に解説されていきます．途中の第2章で A Quick Review としてルベーグ積分論を短く紹介しました．理由は，ルベーグ積分がヒルベルト空間の非常に重要な例を提供してくれるからです．現代数学を深く理解するためにはルベーグ積分論は「ほとんど至るところ」で不可欠といわれていますから，ぜひ一読されることを薦めますが，パート1の目的は関数解析入門ですから，初学者やすでにルベーグ積分に精通した読者は読み飛ばしてもかまいません．また最後の第5章ではフーリエ変換とラプラス変換を解説しました．理由は，パート2でこの2つの変換を「同時に」使うことになるに加え，関数解析学の成果を具体的な問題に早く適用してみたいという要求に応えたかったからです．また，読者の好奇心や探求心を刺激するべく，至るところ微分できない関数の存在と構成，常微分方程式の解の存在定理の初等的証明をトピックスとして取り上げました．

第1章

ベクトル空間からノルム空間へ

　点がたくさん集まれば線ができるように，ベクトルがたくさん集まるとベクトル空間ができます．このベクトル空間ではたし算やスカラー倍をすることができ，いわゆる線形代数学を展開できる世界となりますが，まだ長さや距離の概念がありません．そこで，理想的な距離を備えた1つのベクトル空間としてノルム空間が自然に考えられました．このノルム空間の概念はバナッハ空間やヒルベルト空間を学ぶ上では必要不可欠であり，避けて通ることはできません．ここでは本書を読み進むのに必要なノルム空間の性質をできるだけ簡潔に説明することにします．

1.1. ベクトル空間

　本書では，実数の全体を $\mathbf{R}$，複素数の全体を $\mathbf{C}$ で表すことにする．$\mathbf{R}$ と $\mathbf{C}$ は代数学の言葉を借りれば **体** であり，これらの体の要素は **スカラー** と呼ばれる．特にどちらの体でもかまわない場合には $\mathbf{F}$ という記号を用いることにする．すなわち，$\mathbf{F} = \mathbf{R}$ or $\mathbf{C}$ というわけである．さてベクトル空間 (線形空間ともいう) の定義を思い出そう．

定義 1.1.1 空でない集合 E に次の2つの写像が定義されているとき，E をスカラー体 $\mathbf{F}$ 上の **ベクトル空間** という．

　$E \times E$ から E の中への写像 $(x, y) \to x + y$ (たし算)
　$\mathbf{F} \times E$ から E の中への写像 $(\lambda, x) \to \lambda x$ (かけ算)

ここで，これらの写像は以下の 7 つの性質を満たすものとする．

(1) 交換法則; $x + y = y + x$
(2) 結合法則; $(x + y) + z = x + (y + z)$
(3) 逆元の一意的存在; すべての $x, y \in E$ に対して，$x + z = y$ を満たす $z \in E$ が存在する．
(4) 結合法則; $\alpha(\beta x) = (\alpha\beta)x$
(5) 分配法則; $(\alpha + \beta)x = \alpha x + \beta x$
(6) 分配法則; $\alpha(x + y) = \alpha x + \alpha y$
(7) $1x = x$

E の要素を **ベクトル** という．また，$\mathbf{F} = \mathbf{R}$ のとき E を実ベクトル空間，$\mathbf{F} = \mathbf{C}$ のとき E を複素ベクトル空間と呼ぶ．

注意 1.1.1 少し注意を述べておこう. (3) から直ちに，すべての $x \in E$ に対して，$x + z_x = x$ を満たす $z_x \in E$ が存在するが，この z_x は実は x に無関係に一意的に決まることがわかる．実際 $y \in E, y \neq x$ を考えると，(3) から $y = x + w$ がある $w \in E$ で成立し，結局

$$y + z_x = (x + w) + z_x = (x + z_x) + w = x + w = y$$

となる．さらに，ある $z_y \neq z_x$ で $y + z_y = y$ が成立するとすれば，$z_x + z_y = z_x$ かつ $z_x + z_y = z_y$ が上の考察から成立し $z_x = z_y$ がわかるからである．これで，すべての $x \in E$ に対して $x + z = x$ を満たす $z \in E$ が一意的に存在することがわかったが，この z をいつものように 0 で表し，**ゼロベクトル** と呼ぶ．このゼロベクトルの一意性から，(3) の中のベクトル z の一意性が容易に出ることに注意しよう．また，$x + z = y$ の一意解 z を $y - x$ と書くことにする．特に，$x - x = 0$ が成り立ち，ベクトル $0 - x$ を $-x$ で表す．

例 1.1 N を正整数とする．よく知られているように次の集合はそれぞれベクトル空間となる．

$$\mathbf{R}^N = \{x = (x_1, x_2, \ldots, x_N) : x_k \in \mathbf{R}, k = 1, 2, \ldots, N\},$$

$$\mathbf{C}^N = \{x = (x_1, x_2, \ldots, x_N) : x_k \in \mathbf{C}, k = 1, 2, \ldots, N\}.$$

但し，たし算とかけ算は次で定める．
$$x + y = (x_1 + y_1, x_2 + y_2, x_3 + y_3, \ldots, x_N + y_N)$$
$$\lambda x = (\lambda x_1, \lambda x_2, \lambda x_3, \ldots, \lambda x_N)$$

例 1.2 $\{(x,y) : 2x + 3y = 0, \, x, y \in \mathbf{C}\}$, $\{(x, y, x+y) : x, y \in \mathbf{C}\}$ はそれぞれベクトル空間である．

例 1.3 複素数列 $\{x_n\} = \{x_1, x_2, x_3, \ldots\}$ 全体が作る集合に，たし算とかけ算を次のように定義した数列空間を S とすれば S はベクトル空間である．
$$\{x_1, x_2, x_3, \ldots\} + \{y_1, y_2, y_3, \ldots\} = \{x_1 + y_1, x_2 + y_2, x_3 + y_3, \ldots\}$$
$$\lambda \{x_1, x_2, x_3, \ldots\} = \{\lambda x_1, \lambda x_2, \lambda x_3, \ldots\}$$

例 1.4 $\Omega \subset \mathbf{R}^N$ とするとき，Ω 上で定義された複素数値関数の全体に，
$$(f+g)(x) = f(x) + g(x),$$
$$(\lambda f)(x) = \lambda f(x)$$
でたし算とかけ算を定義した関数空間を $F(\Omega)$ とすれば，ベクトル空間となる．

定義 1.1.2 E をスカラー体 $\mathbf{F}$ 上のベクトル空間とし，V をその部分集合とする．このとき V が E の **部分空間** (部分ベクトル空間) であるとは，
$x, y \in V$ ならば，任意のスカラー $\alpha, \beta \in \mathbf{F}$ に対して $\alpha x + \beta y \in V$，
が成り立つこととする．V 自身もベクトル空間になる．

例 1.5 $\Omega \subset \mathbf{R}^N$ を開集合とするとき，関数空間 $F(\Omega)$ の部分空間を次のように自然に定めることができる．

(1) $C(\Omega) = \{f \in F(\Omega) : f$ は Ω 上で連続である $\}$
(2) $C^k(\Omega) = \{f \in F(\Omega) : f$ は Ω 上で k 回連続微分可能である $\}$
 $(k = 1, 2, \ldots)$
(3) $C^\infty(\Omega) = \{f \in F(\Omega) : f$ は Ω 上で 無限回連続微分可能である $\}$
(4) $B(\Omega) = \{f \in F(\Omega) : f$ は Ω 上で有界である $\}$
(5) $P(\Omega) = \{f \in F(\Omega) : f$ は Ω 上で N 変数の多項式である $\}$

例 1.6 $p \geq 1$ とするとき, 次は数列空間 S の部分空間である.

(1) $l^p = \{\{x_n\} \in S : \sum_{n=1}^{\infty} |x_n|^p < \infty$ である $\}$

(2) $l^\infty = \{\{x_n\} \in S : \sup_n |x_n| < \infty$ である $\}$

$p = 1, \infty$ の場合は明らかである. $1 < p < \infty$ の場合には, 次のミンコフスキーの不等式から容易に確かめることができる.

定理 1.1.1 (ミンコフスキーの不等式) $p > 1$ とする. このとき, 任意の $\{x\}, \{y\} \in l^p$ に対して次の不等式が成立する.

$$\Big(\sum_{n=1}^{\infty} |x_n + y_n|^p\Big)^{\frac{1}{p}} \leq \Big(\sum_{n=1}^{\infty} |x_n|^p\Big)^{\frac{1}{p}} + \Big(\sum_{n=1}^{\infty} |y_n|^p\Big)^{\frac{1}{p}} \tag{1.1.1}$$

この定理は, 次のヘルダーの不等式を用いると簡単に証明することができる.

定理 1.1.2 (ヘルダーの不等式) $p > 1, q > 1$ かつ $\frac{1}{p} + \frac{1}{q} = 1$ とする. このとき, 任意の $\{x\}, \{y\} \in l^p$ に対して次の不等式が成立する.

$$\sum_{n=1}^{\infty} |x_n y_n| \leq \Big(\sum_{n=1}^{\infty} |x_n|^p\Big)^{\frac{1}{p}} \Big(\sum_{n=1}^{\infty} |y_n|^q\Big)^{\frac{1}{q}} \tag{1.1.2}$$

ヘルダーの不等式の証明 x_n と y_n のかわりに, $x_n / \Big(\sum_{n=1}^{\infty} |x_n|^p\Big)^{\frac{1}{p}}$ と $y_n / \Big(\sum_{n=1}^{\infty} |y_n|^p\Big)^{\frac{1}{p}}$ を考えることにより, $\sum_{n=1}^{\infty} |x_n|^p = \sum_{n=1}^{\infty} |y_n|^p = 1$ としてよい. そのときヘルダーの不等式は, 次のヤングの不等式から簡単に導くことができる. 任意の正数 a, b に対して,

$$ab \leq \frac{a^p}{p} + \frac{b^q}{q}, \quad (\text{ヤングの不等式})$$

但し, $\frac{1}{p} + \frac{1}{q} = 1, 1 < p, 1 < q$ である. 実際,

$$|x_n||y_n| \leq \frac{|x_n|^p}{p} + \frac{|y_n|^q}{q}$$

を n についてたし合わせればよいからである. □

1.1. ベクトル空間

ヤングの不等式も次のように初等的に導くことができる. $s\cdot t$ 平面上の関数

$$t = s^{p-1}$$

のグラフの $0 \leq s \leq a$ の部分と s 軸および直線 $s = a$ が囲む図形の面積を A とし, この逆関数

$$s = t^{q-1}$$

のグラフの $0 \leq t \leq b$ の部分と t 軸および直線 $t = b$ が囲む図形の面積を B とすれば, 簡単な考察により

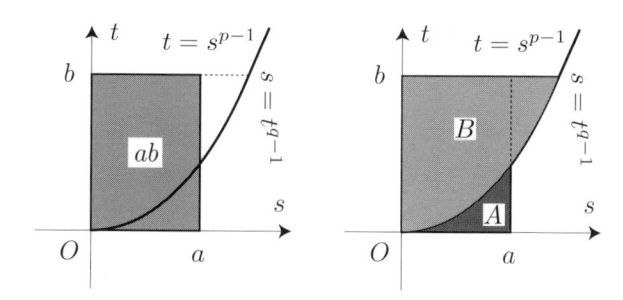

図 1.1. ヤングの不等式の図形的考察

$$ab \leq A + B = \int_0^a s^{p-1}\,ds + \int_0^b t^{q-1}\,dt = \frac{a^p}{p} + \frac{b^q}{q}$$

が成立することがわかるからである.

ミンコフスキーの不等式の証明 $p > 1$ とする.

$$\sum_{n=1}^{\infty} |x_n + y_n|^p \leq \sum_{n=1}^{\infty} |x_n + y_n|^{p-1}|x_n| + \sum_{n=1}^{\infty} |x_n + y_n|^{p-1}|y_n|$$

と $q(p-1) = p$ に注意して, 右辺の各項にヘルダーの不等式を用いれば

$$\sum_{n=1}^{\infty} |x_n + y_n|^{p-1}|x_n| \leq \Big(\sum_{n=1}^{\infty} |x_n + y_n|^p\Big)^{\frac{1}{q}} \Big(\sum_{n=1}^{\infty} |x_n|^p\Big)^{\frac{1}{p}}$$

$$\sum_{n=1}^{\infty} |x_n + y_n|^{p-1}|y_n| \leq \Big(\sum_{n=1}^{\infty} |x_n + y_n|^p\Big)^{\frac{1}{q}} \Big(\sum_{n=1}^{\infty} |y_n|^p\Big)^{\frac{1}{p}}$$

が成立する．そこで両辺をたし合わせて関係式 $1 - \frac{1}{q} = \frac{1}{p}$ を用いればミンコフスキーの不等式が導かれることがわかる． □

この他にも，複素数の成分をもつ $m \times n$ 行列の全体 $M(m \times n; \mathbf{C})$ や同一体上の2つのベクトル空間を直積してできる直積空間 (カルテシアン積空間) など様々な集合がベクトル空間と見なせるのである．

演習 1.1.1 $m \times n$ 行列の全体 $M(m \times n; \mathbf{C})$ がベクトル空間と見なせることを示せ．

1.2. ベクトル空間の次元について

4次元の世界とかが話題になることがあるが，次元とはいったい何なのだろうか？ 少なくとも数学的には，この節で述べるように厳密に定義されている．

定義 1.2.1 (線形独立性) E を体 $\mathbf{F}$ 上のベクトル空間とする．このとき，有限個のベクトルの集合 $\{x_1, x_2, x_3, \ldots, x_n\} \subset E$ が **線形独立** であるとは，もし $\alpha_1 x_1 + \alpha_2 x_2 + \alpha_3 x_3 + \cdots + \alpha_n x_n = 0$ が，ある $\alpha_1, \alpha_2, \alpha_3, \ldots, \alpha_n \in \mathbf{F}$ に対して成立すれば $\alpha_1 = \alpha_2 = \alpha_3 = \cdots = \alpha_n = 0$ となることである．さらに，無限個のベクトルの集合は，そのすべての有限個の部分集合が線形独立であるときに限り線形独立であるという．また，線形独立でないベクトルの集合は **線形従属** であるという．

さて，A をベクトルの集合とするとき，$\mathrm{span}\, A$ (スパン A) で A の要素からなる **一次結合** の全体を表そう．すなわち，

$$\mathrm{span}\, A = \{\alpha_1 x_1 + \alpha_2 x_2 + \cdots + \alpha_n x_n :$$
$$x_1, x_2, \ldots, x_n \in A,\ \alpha_1, \alpha_2, \ldots, \alpha_n \in \mathbf{F},\ n = 1, 2, \ldots\}$$

定義 1.2.2 (基底) E を体 $\mathbf{F}$ 上のベクトル空間とする．ベクトルの集合 $B \subset E$ が線形独立で $E = \mathrm{span}\, B$ となるとき，B を E の **基底** という．

定義 1.2.3 (次元) E を体 $\mathbf{F}$ 上のベクトル空間，B を E の基底とする．このとき，もし B の要素の数が有限であればその数をベクトル空間 E の **次元** といい，$\dim E$ で表す．もし無限であれば，$\dim E = \infty$ と記す．

1.3. ノルム空間の導入

例 1.7 $\dim \mathbf{R}^N = N$ である．それは基底として次の N 個のベクトルをとればよいからである．

$$e_1 = (1, 0, 0, \ldots, 0), e_2 = (0, 1, 0, \ldots, 0), \cdots, e_N = (0, 0, \ldots, 1)$$

同様にして，

例 1.8 $\dim M(m \times n; \mathbf{C}) = mn$ である．

演習 1.2.1 $A = \{(0,1,1), (1,1,0), (0,1,0)\}$ のとき，$\mathrm{span}\, A$ と $\dim(\mathrm{span}\, A)$ を求めよ．

演習 1.2.2 閉区間 $[0,1]$ 上の連続関数の全体 $C([0,1])$ の次元を求めよ．

演習 1.2.3 実1変数多項式の全体 $P(\mathbf{R})$ の基底の例をあげよ．

演習 1.2.4 $\mathbf{C}^N$ を実数体 $\mathbf{R}$ 上のベクトル空間と考えた場合の次元を求めよ．

1.3. ノルム空間の導入

この節では，ベクトル空間にベクトルの長さの一般化であるノルムを導入しよう．ノルムの語源は「正確なものさし」であるが，ここでは次のように，3つの公理を満たす関数 $\|\cdot\|$ で与えられるベクトル空間上の「距離」である．

定義 1.3.1 (ノルム) ベクトル空間 E 上で定義される実数値関数 $x \to \|x\|$ が以下の3つの性質を満たすとき，**ノルム** (norm) という．

(1) すべての $x \in E$ に対して $\|x\| \geq 0$．さらに，$\|x\| = 0$ は $x = 0$ のときにのみ成立する．

(2) $\|\lambda x\| = |\lambda|\|x\|$ がすべての $x \in E$ と $\lambda \in \mathbf{F}$ に対して成立する．

(3) $\|x + y\| \leq \|x\| + \|y\|$ がすべての $x, y \in E$ に対して成立する．

演習 1.3.1 $x \neq 0$ ならば，$\|x\| > 0$ であることを示せ．
Hint: (3) で $y = -x$ とおき (1) と (2) を用いるとよい．

定義 1.3.2 (ノルム空間) ノルム $\|\cdot\|$ を備えたベクトル空間 E を **ノルム空間** といい，$(E, \|\cdot\|)$ と書く．

同じベクトル空間でもノルムが異なれば, ノルム空間としては異なることに注意しよう.

例 1.9 $x = (x_1, x_2, \ldots, x_N) \in \mathbf{R}^N$ に対して,
$$\|x\| = \sqrt{x_1^2 + x_2^2 + \cdots + x_N^2}$$
と定めれば, $\mathbf{R}^N$ 上のノルムとなるが, このノルムは **ユークリッド・ノルム** といわれる.

例 1.10 次も $\mathbf{R}^N$ 上のノルムとなる.
$$\|x\|_\infty = \max\{|x_1|, |x_2|, \ldots, |x_N|\} \tag{1.3.1}$$
$$\|x\|_p = (|x_1|^p + |x_2|^p + \cdots + |x_N|^p)^{\frac{1}{p}}, \quad p \geq 1 \tag{1.3.2}$$
$\|x\|_p$ がノルムであることはミンコフスキーの不等式から容易にわかる.

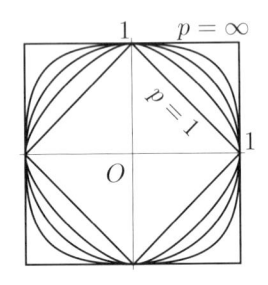

図 1.2. 内側から, $p = 1, \dfrac{3}{2}, 2, 3, \infty$ のときの単位円周 $\|x\|_p = 1$

例 1.11 Ω を $\mathbf{R}^N$ 上の有界閉集合とする. このとき, $\|f\| = \max_{x \in \Omega} |f(x)|$ と定めれば, $\|\cdot\|$ は連続関数の空間 $C(\Omega)$ 上のノルムとなる. このノルムはしばしば **一様収束ノルム** といわれる.

例 1.12 Ω を $\mathbf{R}^N$ 上の有界閉集合, $p \geq 1$ とする. そのとき $\|f\| = \left(\int_\Omega |f(x)|^p \, dx\right)^{1/p}$ も $C(\Omega)$ 上のノルムとなる (章末問題 1.2 参照).

例 1.13 $p \geq 1$ とする. 数列の空間 l^p は $x = \{x_n\} \in l^p$ に対して, $\|x\| = \bigl(\sum_{n=1}^{\infty} |x_n|^p\bigr)^{\frac{1}{p}}$ とすればノルム空間となる.

次にノルムを利用して収束と発散の概念を導入しよう.

定義 1.3.3 (ノルム収束) $(E, \|\cdot\|)$ をノルム空間とする. E の要素の列 $\{x_n\}$ が $x \in E$ に **ノルム収束** するとは $\lim_{n\to\infty} \|x_n - x\| = 0$ となることとする. このとき, $\lim_{n\to\infty} x_n = x$ と書く.

演習 1.3.2 次を示せ.

(1) $x_n \to x$, $\lambda_n \to \lambda$ ならば $\lambda_n x_n \to \lambda x$

(2) $x_n \to x$, $y_n \to y$ ならば $x_n + y_n \to x + y$

例 1.14 (連続関数の一様収束) Ω を $\mathbf{R}^N$ の有界閉集合とする. このとき, $\|f\| = \max_{x \in \Omega} |f(x)|$ は連続関数の空間 $C(\Omega)$ 上のノルムとなるが, このノルムによる関数列の収束を **一様収束** という. 関数列 $\{f_n\}$ が $f \in C(\Omega)$ に一様収束することと

$$\lim_{n\to\infty} \max_{x \in \Omega} |f_n(x) - f(x)| = 0$$

となることは同値となっている. これが一様収束といわれる理由である.

演習 1.3.3 $f_n(x) = x^n$, $g_n(x) = x(1-x)^n$, $h_n(x) = nx(1-x)^n \in C([0,1])$ の一様収束性を調べよ.
$Hint$: まず $x \in (0,1)$ を固定して $n \to \infty$ としてみよ. また h_n に関しては最大値を求めるとよい.

例 1.15 (連続関数の各点収束) Ω を $\mathbf{R}^N$ 上の有界閉集合とする. このとき, 関数列 $\{f_n\}$ が $f \in C(\Omega)$ に **各点収束** するとは, 各点 $x \in \Omega$ で

$$\lim_{n\to\infty} |f_n(x) - f(x)| = 0$$

となることとする. この収束は非常に弱く, この収束性と同値になるノルムを $C(\Omega)$ 上に与えることはできない.

演習 1.3.4 上の例の後半を証明せよ.
$Hint:\Omega = [0,1]$ とし,

$$f_n(x) = \begin{cases} nx, & (0 \le x \le 1/n) \\ 2 - nx, & (1/n \le x \le 2/n) \\ 0, & (2/n \le x \le 1) \end{cases}$$

と定め, $g_n = f_n/\|f_n\|$ を考えると, $\|g_n\| = 1$ かつ $g_n \to 0$ となり矛盾する.

定義 1.3.4 (**ノルムの同値性**) 同一のベクトル空間 E 上で定義される 2 つのノルム $\|\cdot\|_1$ と $\|\cdot\|_2$ は次の性質を満たすとき互いに **同値** であるといわれる. ある正定数 C_1 と C_2 があって, すべての $x \in E$ に対して

$$C_1\|x\|_1 \le \|x\|_2 \le C_2\|x\|_1 \tag{1.3.3}$$

となる.

定理 1.3.1 $\|\cdot\|_1$ と $\|\cdot\|_2$ が同値であることと, 次の条件は同値である.

$$\lim_{n\to\infty} \|x_n - x\|_1 = 0 \text{ と } \lim_{n\to\infty} \|x_n - x\|_2 = 0 \text{ が同値となる.} \tag{1.3.4}$$

証明 条件 (1.3.3) から (1.3.4) が直ちに従うので, 逆を示せばよい. そのために対偶を考えよう. そこで, ある列 $x_n \in E$ で $\|x_n\|_1 \ge n\|x_n\|_2$, $(n = 1, 2, \ldots)$ と仮定しよう. そのとき, 列 $y_n = \frac{1}{\sqrt{n}} \frac{x_n}{\|x_n\|_2}$ を考えると,

$$\lim_{n\to\infty} \|y_n\|_2 = \lim_{n\to\infty} \frac{1}{\sqrt{n}} = 0$$

であるが, 一方で

$$\lim_{n\to\infty} \|y_n\|_1 \ge \lim_{n\to\infty} \sqrt{n} = \infty$$

であるから条件 (1.3.4) が成り立たないことが示された. したがって, 対偶が示されたので条件 (1.3.4) から (1.3.3) が従うことがわかった. □

1.4. ノルム空間の位相について

この節ではノルム空間の位相について簡単にふれよう．ユークリッド空間 $\mathbf{R}^N$ や $\mathbf{C}^N$ とノルム空間は多くの共通点をもっている．それらをみるために少し記号を準備しよう．

$B(a,r) = \{y \in E : \|y-a\| < r\}$ （a 中心，半径 r の開球）

$\overline{B}(a,r) = \{y \in E : \|y-a\| \leq r\}$ （a 中心，半径 r の閉球）

$S(a,r) = \partial B(a,r) = \{y \in E : \|y-a\| = r\}$ （a 中心，半径 r の球面）

さて，ノルム空間にユークリッド空間 $\mathbf{R}^N$ や $\mathbf{C}^N$ のように開集合と閉集合を定義しよう．

定義 1.4.1 ノルム空間 E の部分集合 A が **開集合** であるとは，任意の $x \in A$ に対して，ある正数 ε があって $B(x,\varepsilon) \subset A$ とできることとする．また，A はその補集合 A^c が開集合であるとき，**閉集合** であるという．

特に，$B(a,r)$ は開集合であり，$\overline{B}(a,r)$ と $S(a,r)$ は閉集合となる．また，次もよく知られた性質である．

定理 1.4.1 次の性質が成り立つ．
(1) 有限または無限個の開集合の和は開集合である．
(2) 有限個の開集合の共通部分は開集合である．
(3) 有限または無限個の閉集合の共通部分は閉集合である．
(4) 有限個の閉集合の和は閉集合である．

演習 1.4.1 この定理 1.4.1 を証明せよ．

定理 1.4.2 ノルム空間 E の部分集合 A が閉集合であるためには，次の条件が成立することが必要十分である．

条件：A 内の要素の列がもし E で収束すれば，その極限が必ず A に含まれる．つまり，

$$x_1, x_2, \ldots \in A, \quad \lim_{n \to \infty} x_n = x \quad \text{ならば} \quad x \in A.$$

証明 A が閉集合であるとする．$x_1, x_2, \ldots \in A$, $\lim_{n \to \infty} x_n = x$ を仮定しよう．もし $x \notin A$ ならば x は開集合 A^c に含まれるので，ある $r > 0$ で $B(x, r) \subset A^c$ とできるが，これは明らかに矛盾である．したがって逆を示そう．そのために対偶を考えることにし，A が閉集合でないとする．すると，A の補集合 A^c は開集合ではないので，ある点 $x \in A^c$ があって，任意の自然数 n で $B(x, 1/n) \cap A \neq \emptyset$ を満たすようにできる．そのとき，適当に点列 $\{x_n\} \subset A$ を $x_n \in B(x, 1/n)$ を満たすようにとれば $\lim_{n \to \infty} x_n = x$ であるが $x \neq A$ であるから条件が成立しないことになり対偶が示された．□

定義 1.4.2 A をノルム空間 E 内の任意の集合とする．このとき，A を含む最小の閉集合を A の **閉包** といい $\overline{A}$ で表す．

このとき次が成立する．

定理 1.4.3

$$\overline{A} = \{x \in E : \text{ある } x_1, x_2, \ldots \in A \text{ で } \lim_{n \to \infty} x_n = x\} \tag{1.4.1}$$

証明 式 (1.4.1) の右辺の集合を B とおく．明らかに $A \subset B$ である．また，A' が $A \subset A'$ を満たす閉集合ならば $B \subset A'$ であるから，$B \subset \overline{A}$ である．定理 1.4.1 から $\overline{A}$ が閉集合であることがわかるので $B \supset \overline{A}$ を示せばよい．$\overline{A}$ の定義から $x \in \overline{A}$ ならば $B(x, 1/n) \cap A \neq \emptyset$ $(n = 1, 2, \ldots)$ であることがわかるので，$B \supset \overline{A}$ であることがわかる．□

例 1.16 Ω を $\mathbf{R}^N$ の有界閉集合として，$f \in C(\Omega)$ (Ω 上の連続関数) とする．$C(\Omega)$ には一様収束ノルム $\|f\| = \max_{x \in \Omega} |f(x)|$ を入れて考えることにする．このとき，次の集合 A は $C(\Omega)$ の開集合である．

$$A = \{g \in C(\Omega) : g(x) < f(x) \text{ がすべての } x \in \Omega \text{ で成立 }\}$$

実際 $g \in A$ を 1 つとり，

$$\varepsilon = \|f - g\| \equiv \max_{x \in \Omega} |f(x) - g(x)|$$

とすれば，$B(g, \varepsilon/2) \subset A$ となり，A が開集合であることがわかる．

演習 1.4.2 次の集合 B は $C(\Omega)$ の閉集合であることを示せ．

$$B = \{g \in C(\Omega) : |g(x)| \leq f(x) \text{ がすべての } x \in \Omega \text{ で成立}\}$$

定義 1.4.3 (**稠密性**) ノルム空間 E の部分集合 A が $\overline{A} = E$ を満たすとき，A は E で **稠密** (dense) であるという．

このとき，次が成り立つことは定理 1.4.3 より明らかである．

定理 1.4.4 A をノルム空間 E の部分集合とするとき，次は同値である．
(1) A は E で稠密である．
(2) すべての $x \in E$ に対し，ある A の要素列 $x_1, x_2, \ldots$ が存在して $\lim_{n \to \infty} x_n = x$ が成り立つ．

例 1.17 多項式の全体 $P([0,1])$ は 連続関数の全体 $C([0,1])$ で稠密である．但し，$P([0,1])$ と $C([0,1])$ には一様収束ノルム $\|f\| = \max_{x \in [0,1]} |f(x)|$ を入れるものとする (ワイエルシュトラスの多項式近似定理, 問題 3.5 参照)．

この節の最後に，コンパクト集合を定義しておこう．

定義 1.4.4 (**コンパクト集合**) ノルム空間 E の部分集合 K が **コンパクト集合** であるとは，K 内の任意の要素列が収束部分列を含み，かつその極限が K に属することである．

このとき

定理 1.4.5 コンパクト集合は有界かつ閉集合である．逆は一般には正しくない．

例 1.18 (1) $\mathbf{R}^N$ または $\mathbf{C}^N$ では，有界閉集合はコンパクト集合である．(2) 一般に無限次元空間では有界閉集合はコンパクト集合とは限らない．例えば，$C([0,1])$ 内の閉単位球 $\overline{B}(0,1)$ はコンパクトではない．実際，関数列 $x^n \in \overline{B}(0,1)$ はいかなる部分列をとっても連続関数に収束しないからである．

1.5. バナッハ空間の導入

数空間 **R** や **C** ではコーシー列は収束列であり，また絶対収束列も収束列である．このことが実数や複素数の最も基本的な性質であることはいうまでもない．この節は，この性質をもつ世界の話である．

定義 1.5.1 ノルム空間の中のベクトルの列 $\{x_n\}$ が **コーシー列** であるとは，任意の正数 ε に対して，ある番号 N があって $\|x_m - x_n\| < \varepsilon$ がすべての $m, n > N$ で成立することである．

演習 1.5.1 次は同値である．
(1) $\{x_n\}$ はコーシー列である．
(2) $\lim_{n \to \infty} \|x_{p_{n+1}} - x_{p_n}\| = 0$ がすべての (狭義) 増加する正整数の列 $\{p_n\}$ に対して成立する．

$Hint$: (1)⇒(2) はコーシー列の定義から明らか．(2)⇒(1) は対偶を考えるとよい．

すべての収束列がコーシー列になることは自明であるが，逆は一般には正しくない．例えば 1 変数多項式の全体 $P([0,1])$ の中で列 $\{p_n\}$

$$p_n(x) = \sum_{k=0}^{n} \frac{x^k}{k!}, \qquad (0! = 1)$$

を考えよう．これは，テイラー級数の定理より指数関数 e^x に一様収束ノルムで収束するが明らかに $e^x \notin P([0,1])$ である．しかし次は正しい．

補題 1.5.1 ノルム空間の中のベクトルの列 $\{x_n\}$ がコーシー列であれば，それらのノルムの列 $\{\|x_n\|\}$ は収束する．

証明 ノルムの三角不等式 $|\|x_m\| - \|x_n\|| \leq \|x_m - x_n\|$ に注意すれば実数列 $\{\|x_n\|\}$ がコーシー列となり，したがって収束列であることがわかる．□

いよいよバナッハ空間を定義しよう．

定義 1.5.2 (バナッハ空間, 完備ノルム空間) ノルム空間 E が **バナッハ空間** であるとは，それが **完備** であることである．つまり，すべてのコーシー列が E 内で収束することである．

1.5. バナッハ空間の導入

例 1.19 $l^p = \{\{x_n\} \in S : \sum_{n=1}^{\infty} |x_n|^p < \infty$ である $\}$ がバナッハ空間になることを見ておこう．証明を簡単にするため，ここでは $p = 2$ の場合を考えるが，一般の場合もミンコフスキーの不等式等を用いれば容易である．

$\{x_n\} \in l^2$ をコーシー列とする．$x_n = \{x_{n,1}, x_{n,2}, \ldots\}$ とすれば，与えられた正数 ε に対してある番号 N があって，$m, n > N$ のとき

$$\sum_{k=1}^{\infty} |x_{m,k} - x_{n,k}|^2 < \varepsilon^2$$

が成り立つ．したがって，すべての $k \in \mathbf{N}$ で $\{x_{n,k}\}$ は $\mathbf{C}$ でコーシー列となることがわかる．収束するのでそれらの極限を $x_k = \lim_{n \to \infty} x_{n,k}$ としよう．$x = \{x_k\}$ とおけば，上で $m \to \infty$ とすることにより容易に

$$\sum_{k=1}^{\infty} |x_k - x_{n,k}|^2 < \varepsilon^2 \quad (n > N)$$

を得る．ミンコフスキーの不等式より

$$\left(\sum_{k=1}^{\infty} |x_k|^2 \right)^{1/2} \leq \left(\sum_{k=1}^{\infty} |x_k - x_{n,k}|^2 \right)^{1/2} + \left(\sum_{k=1}^{\infty} |x_{n,k}|^2 \right)^{1/2} < \infty$$

となって $x \in l^2$ がわかり，ε の任意性から

$$\lim_{n \to \infty} \|x - x_n\| = \lim_{n \to \infty} \left(\sum_{k=1}^{\infty} |x_k - x_{n,k}|^2 \right)^{1/2} = 0$$

を得る．任意のコーシー列が収束するから，l^2 はバナッハ空間である．

次も重要なバナッハ空間の例である．

例 1.20 閉区間 $[a,b]$ 上の連続関数の全体の空間 $C([a,b])$ は $\|f\| = \max_{x \in [a,b]} |f(x)|$ をノルムとするバナッハ空間であることを示そう．関数列 $\{f_n\}$ を $C([a,b])$ のコーシー列とする．すると，各点 $x \in [a,b]$ で $\{f_n(x)\}$ も $\mathbf{C}$ のコーシー列となるので，$n \to \infty$ のとき $\{f_n(x)\}$ の極限が存在する．この極限を $g(x)$ として，g が $[a,b]$ 上の連続関数であることを示そう．まず

$\{f_n\}$ はコーシー列だから,任意の $\varepsilon > 0$ に対して,ある正の番号 N があって,$n \geq N$ ならば次が成立するようにできる.

$$\|f_n - g\| = \lim_{m \to \infty} \max_{x \in [a,b]} |f_n(x) - f_m(x)| < \varepsilon.$$

さて,任意に $x_0 \in [a,b]$ を 1 つ固定して,この点で g が連続であることを示そう.各 f_n は連続関数なので,$n \geq N$ を満たす n を 1 つ固定すると,任意の $\varepsilon > 0$ に対して,ある正の数 δ があって,$|x - x_0| < \delta$ ならば,

$$|f_n(x) - f_n(x_0)| < \varepsilon$$

とできる.したがって,$n \geq N$ かつ $|x - x_0| < \delta$ ならば,

$$|g(x) - g(x_0)| \leq |g(x) - f_n(x)| + |f_n(x) - f_n(x_0)| + |f_n(x_0) - g(x_0)|$$
$$\leq \|g - f_n\| + |f_n(x) - f_n(x_0)| + \|f_n - g\| < 3\varepsilon$$

となり,ε は任意の正数であったから証明が終わった.

定義 1.5.3 (**収束級数と絶対収束級数**) 無限級数 $\sum_{n=1}^{\infty} x_n$ は,その部分和 $S_n = \sum_{k=1}^{n} x_k$ が $n \to \infty$ のとき E で収束するとき,ノルム空間 E で **収束する** という.S_n の極限を S とおくとき,$S = \sum_{n=1}^{\infty} x_n$ と書く.また,$\sum_{n=1}^{\infty} \|x_n\| < \infty$ が成立するとき,無限級数 $\sum_{n=1}^{\infty} x_n$ は **絶対収束** するという.

一般には絶対収束は収束を意味しないが次の基本的な結果が成り立つ.

定理 1.5.1 ノルム空間 E が完備であることと,E 内のすべての絶対収束級数が収束することは同値である.

1.5. バナッハ空間の導入

証明 E が完備であるとしよう. 列 $\{x_n\} \subset E$ が $\sum_{n=1}^{\infty} \|x_n\| < \infty$ を満たすとすると, 任意の $\varepsilon > 0$ に対してある $N > 0$ があって, 次が成り立つ.

$$\sum_{n=N}^{\infty} \|x_n\| < \varepsilon$$

$S_n = \sum_{k=1}^{n} x_k$ とおけば, $m > n > N$ のとき

$$\|S_m - S_n\| \leq \sum_{k=n+1}^{m} \|x_k\| \leq \sum_{k=n+1}^{\infty} \|x_k\| < \varepsilon$$

より, $\{S_n\}$ がコーシー列であることがわかった. したがって $\{S_n\}$ は E で収束し, 定義より $\sum_{n=1}^{\infty} x_n$ が収束する.

逆に, E をすべての絶対収束級数が収束するノルム空間として, E の完備性を示そう. $\{x_n\}$ をコーシー列とする. 任意の $k \in \mathbf{N}$ に対してある番号 p_k があって

$$\|x_m - x_n\| \leq 2^{-k}, \quad m, n \geq p_k$$

が成り立つようにできる. このとき, p_k は狭義単調増加としてよい. すると列 $\{x_{p_{k+1}} - x_{p_k}\}$ は $\sum_{k=1}^{\infty} \|x_{p_{k+1}} - x_{p_k}\| < \infty$ を満たすので絶対収束級数となる. したがって仮定より収束し, その結果

$$x_{p_k} = x_{p_1} + (x_{p_2} - x_{p_1}) + (x_{p_3} - x_{p_2}) + \cdots + (x_{p_k} - x_{p_{k-1}})$$

が $k \to \infty$ のとき, ある要素 $x \in E$ に収束する. 収束すればコーシー列の極限は一意であるから, これで完備性が示された. □

演習 1.5.2 コーシー列の極限は一意であることを示せ.

演習 1.5.3 バナッハ空間の閉部分空間はバナッハ空間であることを示せ.

1.6. 連続線形写像

定義 1.6.1 (線形写像) E_1 と E_2 をベクトル空間とする. 写像 $L : E_1 \to E_2$ が次の性質をもつとき **線形写像** であるという.

$$L(\alpha x + \beta y) = \alpha L(x) + \beta L(y)$$

がすべての $x, y \in E_1$ とすべてのスカラー α, β で成立する.

2つのノルム空間 E_1 と E_2 を考える. L を E_1 から E_2 への線形写像とする. 任意の部分集合 $A \subset E_1$ と $B \subset E_2$ に対して

$$L(A) = \{y \in E_2 : y = L(x) \text{ がある } x \in E_1 \text{ で成り立つ}\}$$
$$L^{-1}(B) = \{x \in E_1 : L(x) \in B \text{ が成り立つ}\}$$

と定め, それぞれ L による A の **像** と B の **逆像** という. 一般には E_1 全体では定義されていない線形写像を扱う必要がある. そのようなときには, $D(L)$ で L の定義域を表すことにする. また $R(L)$ で L の値域を表す. $L(D(L)) = R(L)$ である. 最後に

$$N(L) = \{x \in D(L) : L(x) = 0\}$$

とおき, L の **核** (ゼロ空間) という. E_1 (あるいは定義域 $D(L)$) は通常はベクトル空間であると仮定されているが, そうでない場合には注意が必要である. 以下では簡単のため E_1 と E_2 のノルムの記号を区別しないが, どちらのノルムであるかは文脈から明らかであろう.

定義 1.6.2 (連続写像) E_1 と E_2 をノルム空間とする. 写像 $f : E_1 \to E_2$ が $a \in E_1$ で連続であるとは $\|x - a\| \to 0$ のとき $\|f(x) - f(a)\| \to 0$ となることである. また, すべての $a \in E_1$ で連続であるとき f は **連続写像** であるという.

例 1.21 ノルム空間におけるノルム自身は $\mathbf{R}$ への連続写像である.

1.6. 連続線形写像

定理 1.6.1 線形写像 $L: E_1 \to E_2$ が連続になるためには, 1点で連続になることが必要十分である.

証明 $L(x) - L(y) = L(x-y)$ より, 点 x での L の連続性は原点での連続性と同値となることがわかる. □

定義 1.6.3 (有界線形写像) 線形写像 $L: E_1 \to E_2$ が **有界** であるとは, ある正定数 M があって $\|L(x)\| \leq M\|x\|$ がすべての $x \in E_1$ で成立することである.

定理 1.6.2 線形写像 $L: E_1 \to E_2$ が連続であることと, それが有界であることは同値である.

証明 有界性から連続性が出ることはやさしいので, 逆を示せばよい. L が有界でないとしよう. すると次のような列 $\{x_n\}$ が存在する. $\|L(x_n)\| > n\|x_n\|, n = 1, 2, \ldots$ そこで

$$y_n = \frac{x_n}{n\|x_n\|}$$

とおく. 明らかに列 $\{y_n\}$ は 0 に収束するが, $L(y_n)$ は 0 に収束しないので矛盾である. □

さて, 線形写像 $L: E_1 \to E_2$ の全体も自然にベクトル空間になることに注意しよう. 実際, 次のようにたし算とかけ算を決めればよい.

$$(L_1 + L_2)(x) = L_1(x) + L_2(x), \quad (\lambda L)(x) = \lambda L(x)$$

E_1 と E_2 をノルム空間とする. $L: E_1$ から E_2 への有界線形写像の全体を $B(E_1; E_2)$ とおく. すると, $B(E_1; E_2)$ は次に示すように自然にノルム空間になるのである.

定理 1.6.3 E_1 と E_2 をノルム空間とする. $L: E_1$ から E_2 への有界線形写像の全体 $B(E_1; E_2)$ は次のノルムでノルム空間となる.

$$\|L\| = \sup_{\|x\|=1} \|L(x)\|, \quad L \in B(E_1; E_2)$$

このノルムを **作用素ノルム** という.

証明 ノルムの公理を満たすことを示せばよいが, 明らかであろう. □

この定理のノルム (作用素ノルム) で $B(E_1; E_2)$ に定義される収束を **一様収束** (作用素一様収束) という. つまり, $L_n \in B(E_1; E_2)$ が $L \in B(E_1; E_2)$ に一様収束するとは

$$\lim_{n \to \infty} \|L_n - L\| = \lim_{n \to \infty} \sup_{\|x\|=1} \|L_n(x) - L(x)\| = 0$$

となることである. 次の収束も基本的である.

定義 1.6.4 $L_n \in B(E_1; E_2)$ が $L \in B(E_1; E_2)$ に **強収束** するとは, すべての $x \in E_1$ で $\lim_{n \to \infty} \|L_n(x) - L(x)\| = 0$ を満たすこととする.

演習 1.6.1 強収束するが一様収束しない例を考えよ.

定理 1.6.4 E_1 がノルム空間で E_2 がバナッハ空間であれば, $B(E_1; E_2)$ はバナッハ空間である.

証明 $\{L_n\}$ がコーシー列であるとする. すると, 各 $x \in E_1$ で $\{L_n(x)\}$ は E_2 でコーシー列になり, $n \to \infty$ で完備性から収束する. そこで

$$L(x) = \lim_{n \to \infty} L_n(x), \quad x \in E_1$$

で写像 L を定めよう. この L が線形であることは

$$\begin{aligned} L(\alpha x + \beta y) &= \lim_{n \to \infty} L_n(\alpha x + \beta y) \\ &= \alpha \lim_{n \to \infty} L_n(x) + \beta \lim_{n \to \infty} L_n(y) \\ &= \alpha L(x) + \beta L(y) \end{aligned}$$

が成り立つことからわかり, またコーシー列の有界性から L の有界性がわかる. したがって $L \in B(E_1; E_2)$ となる. あとは, $\|L_n - L\| \to 0$ を示せばよいが, これもコーシー列の定義から同様にわかる. □

次の定理も同様に示すことができる.

定理 1.6.5 L をノルム空間 E_1 の部分空間からバナッハ空間 E_2 への連続線形写像とする．このとき，L は一意的に定義域 $D(L)$ の閉包上の連続線形写像に拡張される．

定理 1.6.6 L をノルム空間 E_1 からノルム空間 E_2 への連続線形写像とする．このとき，$N(L)$ (核，ゼロ空間) は E_1 の閉部分空間である．もし定義域 $D(L)$ が閉集合であれば，グラフ $G(L)$ は $E_1 \times E_2$ の閉部分空間となる．但し，

$$G(L) = \{(x,y) : x \in D(L), y = L(x)\}$$

証明 $N(L)$ が E_1 の閉部分空間であること: $x_n \in N(L)$ が $x \in E_1$ に収束するとすると，L の連続性から $L(x) = L(\lim_{n\to\infty} x_n) = \lim_{n\to\infty} L(x_n) = 0$ が成り立ち，$x \in N(L)$ が示される．

$G(L)$ が $E_1 \times E_2$ の閉部分空間となること: 同様に $x_n \in D(L), y_n \in E_2$ が $y_n = L(x_n)$, $n \to \infty$ で $x_n \to x \in D(L), y_n \to y \in E_2$ を満たすとする．そのとき L の連続性から $y = \lim_{n\to\infty} y_n = \lim_{n\to\infty} L(x_n) = L(\lim_{n\to\infty} x_n) = L(x)$ がわかり $(x,y) \in G(L)$ が示される．□

E をノルム空間，$\mathbf{F}$ をスカラー体 ($\mathbf{R}$ or $\mathbf{C}$) とする．このとき，特に $B(E; \mathbf{F})$ の要素を**線形汎関数**という．一般に $B(E; \mathbf{F})$ を特に E' で表し，E の **双対空間**ということが多い．E' もバナッハ空間である．

1.7. ベールのカテゴリー定理とその応用

この節ではバナッハ空間が非常に豊かな世界であることを見ていくことにしよう．まず，次の例から始めよう．

例 1.22 (有理点で微分不可能な関数) n が自然数ならば $|\sin(\pi n! x)| \le 1$ だから

$$f(x) = \sum_{n=1}^{\infty} \frac{|\sin(\pi n! x)|}{2^n}$$

はすべての $x \in \mathbf{R}$ で一様に絶対収束する．したがって連続関数であるが，各有理点 $r = p/q$ で微分可能ではない．但し，p, q は整数で $q \ne 0$ とする．

証明 $f(x)$ がある有理点 r で微分可能であったとする．$n!r$ が整数となる自然数 n の最小なものを m とする．そのとき，$n < m$ では $|\sin(\pi n!r)|$ は零ではないので微分可能である．したがって

$$f_m(x) = \sum_{n=m}^{\infty} \frac{|\sin(\pi n!x)|}{2^n}$$

は，$x = r$ で微分可能となる．$g_m(x) = \dfrac{|\sin(\pi m!x)|}{2^m}$ とおけば

$$f_m(x) \geq g_m(x), \quad f_m(r) = g_m(r) = 0$$

となる．したがって，

$$f'_m(r) = \lim_{x \to r+0} \frac{f_m(x)}{x-r} \geq \lim_{x \to r+0} \frac{g_m(x)}{x-r} = \frac{m!\pi}{2^m}$$

が成り立つが，一方

$$f'_m(r) = \lim_{x \to r-0} \frac{f_m(x)}{x-r} \leq \lim_{x \to r-0} \frac{g_m(x)}{x-r} = -\frac{m!\pi}{2^m}$$

でもあるのでこれは矛盾である．□

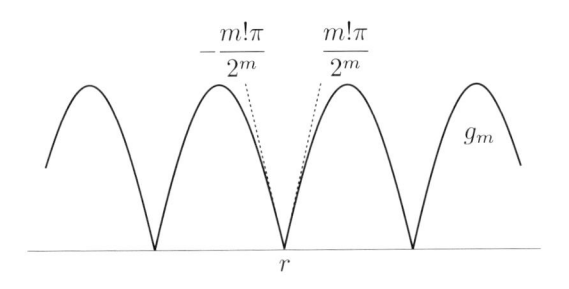

図 1.3. g_m は，$x = r$ で右微分 $\neq$ 左微分

注意 1.7.1 例えば，ワイエルシュトラスによって

$$f(x) = \sum_{n=1}^{\infty} \frac{\cos(\pi k^n x)}{2^n} \quad (k \text{ は } 13 \text{ 以上の奇数 })$$

が至るところ微分不可能であることが知られているが，証明はやや煩雑である．

1.7. ベールのカテゴリー定理とその応用

このように, かなり病的な性質をもつ関数が比較的に簡単に構成できるのである. ここではこの事情をもう少し数学的に理解するために有名なベールのカテゴリー定理を紹介しよう.

定理 1.7.1 (ベールのカテゴリー定理 1) $\{O_n\}$ を完備距離空間 X の稠密な開部分集合の列とする. このとき, 共通部分 $\cap_{n=1}^{\infty} O_n$ は X で稠密である.

各稠密な開部分集合 O_n の補集合 O_n^c は内点をもたない閉集合となることとド・モルガンの法則 $(\cap_{n=1}^{\infty} O_n)^c = \cup_{n=1}^{\infty} O_n^c$ に注意すれば, この定理は次と同値となる.

定理 1.7.2 (ベールのカテゴリー定理 2) 完備距離空間 X の内点をもたない閉部分集合の列 $\{C_n\}$ の合併集合 $\cup_{n=1}^{\infty} C_n$ は X で内点をもたない.

また, 応用上は少し弱い次の形で用いられることが多い.

系 1.7.1 (ベールのカテゴリー定理 3) 完備距離空間 X の閉部分集合の列 $\{C_n\}$ が $\cup_{n=1}^{\infty} C_n = X$ を満たせば, 少なくとも 1 つの C_n は内点を含む.

証明 これは, 定理 1.7.2 の対偶を考えれば明らかである. しかし重要な性質であるので, 念のため定理 1.7.1 から直接導いておこう. どの C_n も内点をもたないとする. $O_n = C_n^c$ (C_n の補集合) とすれば, X で稠密である. よってカテゴリー定理より共通部分 $\cap_{n=1}^{\infty} O_n$ は稠密となる. したがって, ド・モルガンの法則より

$$\cup_{n=1}^{\infty} C_n = \cup_{n=1}^{\infty} O_n^c = \left(\cap_{n=1}^{\infty} O_n \right)^c \neq X$$

を得るが, これは矛盾である. □

本書ではこの節の終わりに $X = [0,1]$ の場合に限り系 1.7.1 の証明を与えるが, ベールのカテゴリー定理の完全な証明は, 例えば荷見 [**12**] を参照されたい.

また, ワイエルシュトラスの例によって知られているわけであるが, 至るところ微分不可能な関数の存在が次のように容易に証明できる.

ベールのカテゴリー定理の応用例 1

定理 1.7.3 $C([0,1])$ の中に, $[0,1]$ のすべての点で微分不可能な関数が存在する.

証明 $n = 1, 2, \ldots$ に対して,

$$A_n = \bigl\{ x \in C([0,1]) : \text{ある } s \in [0,1] \text{ で } |x(s+h) - x(s)|/h \leq n,$$
$$\text{がすべての } h \in \mathbf{R} \, (h \neq 0, s+h \in [0,1]) \text{ に対して成り立つ} \bigr\}$$

と定めれば, A_n が閉集合であることを示すことができる. また微分可能な関数 f はある番号 n で必ず $f \in A_n$ となるので, 各 n で A_n は空集合ではない. したがって, もし A_n が球を含まなければ $\cup_{n=1}^{\infty} A_n \neq C([0,1])$ でなければならない. すなわち, $x \in C([0,1]), x \notin A_n (n = 1, 2, \ldots)$ となる x が存在し, この x がいかなる点でも微分できない. 次の事実を示そう.

任意の $x(t) \in C([0,1])$ と $\varepsilon > 0$ に対して, ある $y(t) \in C([0,1])$ が, $\|x - y\| \leq \varepsilon, y \notin A_n$ を満たす. (つまり A_n は球を含まない！)

まず, 多項式 $p(t)$ を $\|x - p\| < \varepsilon/2$ を満たすように選ぶ. 次に鋸の歯状の関数を $m = 1, 2, \ldots$ に対し

$$z_m(t) = \begin{cases} 2mt - 2(k-1), & \frac{k-1}{m} \leq t \leq \frac{2k-1}{2m}, \\ 2k - 2mt, & \frac{2k-1}{2m} \leq t \leq \frac{k}{m}, \end{cases} \quad k = 1, 2, \ldots, m$$

で定義する. そして

$$y_m(t) = \frac{\varepsilon}{2} z_m(t) + p(t), \quad m = 1, 2, \ldots$$

とおく. そのとき,

$$\left| \frac{y_m(t+h) - y_m(t)}{h} \right| \geq \frac{\varepsilon}{2} \left| \frac{z_m(t+h) - z_m(t)}{h} \right| - \left| \frac{p(t+h) - p(t)}{h} \right|$$
$$\geq m\varepsilon - \|p'\|, \qquad p' = \frac{d}{dt} p(t)$$

に注意して, m を $m\varepsilon - \|p'\| > n$ を満たすように十分大きくとれば, $\|x - y_m\| < \varepsilon$ かつ $y_m(t) \notin A_n$ であることがわかり, 主張が正しいことがわかった. □

系 1.7.1 を用いれば, 有名なバナッハ・シュタインハウスの定理の簡潔な証明を与えることができる. この定理は, 後に一様有界性原理 (定理 3.4.4) の証明に用いられる.

ベールのカテゴリー定理の応用例 2

定理 1.7.4 (バナッハ・シュタインハウスの定理) F を バナッハ空間 X からノルム空間 Y への有界線形写像の族とする. もし, すべての $x \in X$ に対してある正定数 M_x が存在して, $\|T(x)\| \leq M_x$ がすべての $T \in F$ で成立すれば, 正定数 M が存在して $\|T\| \leq M$ がすべての $T \in F$ で成立する.

バナッハ・シュタインハウスの定理の証明 原理的には同じなので, $Y = \mathbf{R}$ として証明しよう.

$$C_n = \{x \in X : \sup_{T \in F} \|T(x)\| \leq n\}, \quad n = 1, 2, 3, \ldots$$

と定めると, C_n は閉集合となる. 仮定より, $\cup_{n=1}^{\infty} C_n = X$ も成立するので, 系からある C_n はある点 $a \in X$ 中心の開球 $B(a, 2r)$ を含む. すると T の線形性から任意の $x \in X, \|x\| \leq 1$ に対して

$$\begin{aligned}
\|T(x)\| &= \|T(x + \frac{a}{r}) - T(\frac{a}{r})\| = \|\frac{1}{r}T(rx + a) - \frac{1}{r}T(a)\| \\
&\leq \frac{1}{r}\|T(rx + a)\| + \frac{1}{r}\|T(a)\| \\
&\leq \frac{n}{r} + \frac{M_a}{r} < \infty
\end{aligned}$$

したがって, $\|T\| = \sup_{\|x\|=1} |T(x)| \leq \frac{n + M_a}{r}$ を得る. □

最後にベールの定理 3 (系 1.7.1) を, $N = 1$ の場合に検証しておこう.

命題 1.7.1 $E_1, E_2, \cdots$ を $[\alpha, \beta]$ の閉集合の列とし,

$$\cup_{n=1}^{\infty} E_n = [\alpha, \beta]$$

とすると, ある E_{n_0} があって, E_{n_0} は $[\alpha, \beta]$ のある区間を含んでいる.

証明 矛盾によって示す. 帰納的に閉区間 $[\alpha_n, \beta_n]$ を次を満たすように構成する. $[\alpha_n, \beta_n] \cap E_n = \emptyset, \beta_n - \alpha_n < \frac{1}{2^n}, [\alpha_{n+1}, \beta_{n+1}] \subset [\alpha_n, \beta_n], n = 1, 2, \cdots$. そのとき, これらの区間の共通点がただ 1 つ存在するので, それを γ とする. $\gamma \notin E_1, \gamma \notin E_2, \cdots$, より $\gamma \notin [\alpha, \beta]$ となり矛盾である. □

演習 1.7.1 上の証明にならい一般次元におけるベールのカテゴリー定理の系の証明を考えてみよ.

1.8. ノルム空間の完備化

すでに見てきたようにノルム空間は完備であるとは限らない. しかし, 有理数から実数を構成できるように, 空間を常に完備化することができる. それは直感的にはコーシー列全体の世界を考えることであるが, ここでは結果のみを簡単に述べることにする.

定義 1.8.1 $(E, \|\cdot\|)$ をノルム空間とする. このとき, ノルム空間 $(\tilde{E}, \|\cdot\|_1)$ が $(E, \|\cdot\|)$ の **完備化** であるとは

(1) 1 対 1 写像 $\Phi: E \to \tilde{E}$ が存在する.
(2) $\|x\| = \|\Phi(x)\|_1$ がすべての $x \in E$ で成立する.
(3) $\Phi(E)$ は $\tilde{E}$ で稠密である.
(4) $\tilde{E}$ は完備である.

例 1.23 (1) $E = \mathbf{Q}, \tilde{E} = \mathbf{R}$, (2) $E = P([0,1]), \tilde{E} = C([0,1])$

定理 1.8.1 ノルム空間は完備化できる.

さらに, 完備化は位相同型を除いて一意的であることが知られている.

1.8. ノルム空間の完備化

定義 1.8.2 ノルム空間 $(E_1, \|\cdot\|_1)$ と $(E_2, \|\cdot\|_2)$ が位相同型であるとは, E_1 から E_2 への可逆な線形連続写像が存在することである.

研究 定理 1.8.1 を簡単に証明しておこう. 2 つのコーシー列 $\{x_n\}$ と $\{y_n\}$ は $\lim_{n\to\infty} \|x_n - y_n\| = 0$ が成り立つとき互いに同値であるという. また, 与えられたコーシー列 $\{x_n\}$ と同値なコーシー列全体を $[\{x_n\}]$ で表し, $\{x_n\}$ の同値類と呼ぶことにする. そして, E 内のコーシー列の同値類の全体を $\tilde{E}$ とするのである. $\tilde{E}$ は次の演算でベクトル空間になり,

$$[\{x_n\}] + [\{y_n\}] = [\{x_n + y_n\}], \qquad \lambda[\{x_n\}] = [\{\lambda x_n\}]$$

$\tilde{E}$ には自然にノルムを入れることができる. すなわち

$$\|[\{x_n\}]\|_1 = \lim_{n\to\infty} \|x_n\|$$

すべてのコーシー列 $\{x_n\}$ で, 右辺の極限が存在することに注意すれば, これがノルムになることがわかる. また $[\{y_n\}]$ と $[\{x_n\}]$ が同値であれば, $\lim_{n\to\infty} \|x_n\| = \lim_{n\to\infty} \|y_n\|$ であることがわかる. ここで, E から $\tilde{E}$ への 1 対 1 の線形写像 Φ を

$$\Phi(x) = [\{x, x, x, \ldots\}]$$

で定めよう. このとき, $\|x\| = \|\Phi(x)\|_1$ がすべての $x \in E$ で成り立つ. また, すべての $\tilde{E}$ の要素 $[\{x_n\}]$ は, $\{\Phi(x_n)\}$ の極限であるから, $\Phi(E)$ が $\tilde{E}$ で稠密であることがわかる. 最後に $\tilde{E}$ が完備であることを示そう. $\{X_n\}$ を $\tilde{E}$ のコーシー列とする. $\Phi(E)$ が $\tilde{E}$ で稠密なので, すべての番号 n で, ある $x_n \in E$ が次のようにとれる.

$$\|\Phi(x_n) - X_n\|_1 < \frac{1}{n}.$$

そのとき,

$$\|x_n - x_m\| = \|\Phi(x_n) - \Phi(x_m)\|_1$$
$$\leq \|\Phi(x_n) - X_n\|_1 + \|X_n - X_m\|_1 + \|X_m - \Phi(x_m)\|_1$$
$$\leq \|X_n - X_m\|_1 + \frac{1}{n} + \frac{1}{m}$$

が成り立つことがわかるので, $\{x_n\}$ は E でコーシー列である. そこで $X = [\{x_n\}]$ と定めよう. そのとき $\lim_{n\to\infty} \|\Phi(x_n) - X\|_1 = 0$ と

$$\|X_n - X\|_1 \leq \|X_n - \Phi(x_n)\|_1 + \|\Phi(x_n) - X\|_1 < \|\Phi(x_n) - X\|_1 + \frac{1}{n}$$

から,
$$\lim_{n\to\infty} \|X_n - X\|_1 = 0$$
が成り立ち, したがって, 任意のコーシー列 $\{X_n\}$ が収束することが証明された.

1.9. バナッハの不動点定理

次の定義から始めよう.

定義 1.9.1 写像 f に対して, $f(z) = z$ を満たす点 z を一般に写像 f の **不動点** という.

様々な数学的問題がこの不動点を見つけることに帰着することが知られている. ここでは簡単な例を紹介しておこう.

例 1.24 $f(x) = x^n : \mathbf{R} \to \mathbf{R}$ $(n \geq 2)$. $z = 0, 1, (-1)^n$

例 1.25 閉区間 $[0,1]$ から $[0,1]$ への連続写像 f は不動点をもつ. 実際, もし不動点がなければ関数 $F(x) = f(x) - x$ は $F(0) = f(0) > 0$ かつ $F(1) = f(1) - 1 < 0$ でなければならないが, 連続関数に関する中間値の定理よりある点 $z \in (0,1)$ で $F(z) = 0$ となることになり矛盾である.

例 1.26 $E = C([0,1])$, T を次で定まる E から $\mathbf{C}$ への線形連続写像
$$(Tx)(s) = x(0) + \int_0^s x(t)\, dt$$
両辺を微分すれば, $x(s) = ce^t, c \in \mathbf{C}$ が不動点となる.

定義 1.9.2 ノルム空間 E の部分集合 $S \subset E$ から E への写像 f が **縮小写像** であるとは, ある定数 $c \in [0,1)$ があって
$$\|f(x) - f(y)\| \leq c\|x - y\|, \qquad \text{すべての } x, y \in S$$
が成立することである.

1.9. バナッハの不動点定理

例 1.27 $E = \mathbf{R}$. $f : E \to E$ が微分可能関数で導関数 $f'(x)$ が $|f'(x)| \leq c < 1$ を満たすとする. $x < y$ に対して, 平均値の定理より $f(x) - f(y) = f'(z)(x - y)$ がある点 $z \in (x, y)$ で成立する. 従って, $|f(x) - f(y)| = |f'(z)(x - y)| \leq c|x - y|$ である.

演習 1.9.1 $S = (1, 2) \subset \mathbf{R}$ とする. そのとき, 写像 $T_1 x = (1+x)^{1/3}$, $T_2 x = x^3 - 1$, $T_3 x = (x^2 - 1)^{-1}$ の中で, 縮小写像であるものはどれか？また, それらの不動点はすべて方程式 $z^3 - z - 1 = 0$ を満たすことを示せ.

演習 1.9.2 $E = \mathbf{R}$. 写像 $f(x) = \sin x$ は縮小写像か？

演習 1.9.3 $E = \{x \in \mathbf{R} : x \geq 0\}$. 写像 $f(x) = x + e^{-x}$ は縮小写像か？

定理 1.9.1 (バナッハの不動点定理) バナッハ空間 E から E への縮小写像 f は一意的な不動点をもつ.

証明 $x_0 \in E$ を任意に固定して $x_n = f(x_{n-1})$ と定めれば (**逐次近似**)

$$\|x_n - x_{n-1}\| \leq c\|x_{n-1} - x_{n-2}\| \leq \cdots \leq c^{n-1}\|x_1 - x_0\|$$

より $\{x_n\}$ がコーシー列となることが容易にわかる. 実際, $n > m$ のとき

$$\|x_n - x_m\| \leq \|x_n - x_{n-1}\| + \|x_{n-1} - x_{n-2}\| + \cdots \|x_{m+1} - x_m\|$$
$$\leq (c^{n-1} + c^{n-2} + \cdots c^m)\|x_1 - x_0\| = \frac{c^m(1 - c^{n-m})}{1 - c}\|x_1 - x_0\|$$
$$\leq \frac{c^m}{1 - c}\|x_1 - x_0\|$$

が成立し, $m \to \infty$ で 0 に収束するからである. したがって, $\{x_n\}$ は収束する. その極限を $x \in E$ とすれば $n \to \infty$ のとき

$$\|f(x) - x\| \leq \|f(x) - x_n\| + \|x_n - x\| \leq c\|x - x_{n-1}\| + \|x_n - x\| \to 0$$

となるので写像 f の不動点である. また一意性も縮小写像の定義から明らかである. 出発点 x_0 が任意であることは重要なので注意しておく. □

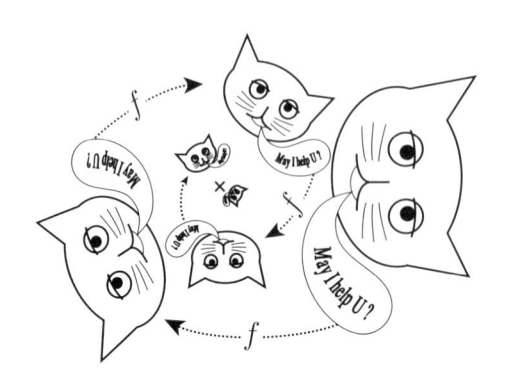

図 1.4. 縮小写像と逐次近似

系 1.9.1 T をバナッハ空間 E から E への連続写像とする．ある正整数 m があって T^m が縮小写像になれば，T は一意的な不動点をもつ．

証明 定理より $T^m x = x$ を満たす $x \in E$ が一意的に存在する．ここで，
$$x = T^m x = \lim_{n \to \infty} (T^m)^n x = \lim_{n \to \infty} (T^m)^n Tx = T\bigl(\lim_{n \to \infty} (T^m)^n x\bigr) = Tx$$
が成り立つ．なぜなら，定理の x_0 として x も Tx も取れるからである． □

系 1.9.2 c を定数とする．T をバナッハ空間 E からそれ自身への有界写像 (有界作用素) とし，次の方程式
$$x = x_0 + cTx$$
を考える．もし，$|c|\|T\| < 1$ ならば，
$$x = \sum_{n=0}^{\infty} c^n T^n x_0$$
が一意解となる．但し，T^0 は恒等作用素を表す．

証明 解であることは明らか．一意性は不動点定理を用いればよい． □

例 1.28 次の常微分方程式の初期値問題は一意的な解 $y(x)$ をもつ．
$$\frac{dy}{dx} = f(x,y), \quad y(0) = y_0, \quad (x,y) \in K$$

1.9. バナッハの不動点定理

ここで, $K = \{(x,y) : 0 \le x \le 1, 0 \le y \le 1\}$, $0 < y_0 < 1$ とする. また $f(x,y)$ はリプシッツ条件:

ある定数 $c \ge 0$ があって, すべての $(x,y_1),(x,y_2) \in K$ に対して

$$|f(x,y_1) - f(x,y_2)| \le c|y_1 - y_2|$$

が成り立つと仮定する. この条件の中の定数 c をリプシッツ定数という.

証明 (1.28) を解くには, 次の積分方程式

$$y(x) = y_0 + \int_0^x f(t, y(t))\,dt$$

を解けばよい. それには非線形作用素 T を次のように定め, その不動点を求めればよい.

$$(T\varphi)(x) = y_0 + \int_0^x f(t, \varphi(t))\,dt$$

補助的に

$$M = \max_{(x,y) \in K} |f(x,y)|$$

と定め, 正数 ε を $\varepsilon < \min\{1, \frac{1}{c}, \frac{y_0}{M}, \frac{1-y_0}{M}\}$ を満たすようにとる. そして, 連続関数の空間の閉凸部分集合 E を

$$E = \{\varphi \in C([0,\varepsilon]) : \|\varphi - y_0\| \le M\varepsilon\}$$

と定める. 但し, $\|\varphi\| = \max_{x \in [0,\varepsilon]} |\varphi(x)|$ である. そのとき, 任意の $\varphi \in E$ に対して $0 < \varphi(x) < 1$ かつ

$$|(T\varphi)(x) - y_0| \le \left|\int_0^\varepsilon f(t, \varphi(t))\,dt\right| \le M\varepsilon$$

が成り立つので, T は E から E への連続写像となる. さらに, 任意の $\phi, \psi \in E$ に対して

$$|(T\phi)(x) - (T\psi)(x)| \le c \int_0^x |\phi(t) - \psi(t)|\,dt$$

が成り立つので,

$$\|T\phi - T\psi\| \le c\varepsilon \|\phi - \psi\|$$

を得る. したがって, T は E から自身への縮小写像になることがわかり, 不動点が存在する. この解は点 $(0, y_0) \in K$ のある十分小さな近傍で存在する. もし $f(x, y)$ が $[0,1] \times \mathbf{R}$ で定義され, 上のリプシッツ条件をすべての $(x, y_1), (x, y_2) \in [0,1] \times \mathbf{R}$ で一様に満たせば, 上の議論を繰り返し用いることができるので, 結局 $[0,1]$ 全体で解が存在することがわかる.

このように, バナッハ空間における不動点定理は, 非線形作用素の解析に有効である.

例 1.29 次の積分方程式は逐次近似で解ける.
$$f(x) = x + \frac{1}{2} \int_{-1}^{1} (t-x) f(t) \, dt$$
$f_0(x) = x, f_n(x) = x + \frac{1}{2} \int_{-1}^{1} (t-x) f_{n-1}(t) \, dt$ で帰納的に求めてゆけば, $f(x) = \frac{3}{4}x + \frac{1}{4}$ となる.

1.10. 章末問題 A

以下の問題 1.1, 1.2 では, Ω を $\mathbf{R}^N$ の有界閉集合, $p \geq 1, \dfrac{1}{p} + \dfrac{1}{q} = 1$ とする.

問題 1.1 (ヘルダーの不等式) $f, g \in C(\Omega)$ に対して, 次の不等式を示せ.
$$\int_\Omega |f(x)g(x)| \, dx \leq \left(\int_\Omega |f(x)|^p \, dx \right)^{1/p} \left(\int_\Omega |g(x)|^q \, dx \right)^{1/q}.$$

問題 1.2 (ミンコフスキーの不等式) $f, g \in C(\Omega)$ に対して, 次の不等式を示せ.
$$\left(\int_\Omega |f(x) + g(x)|^p \, dx \right)^{1/p} \leq \left(\int_\Omega |f(x)|^p \, dx \right)^{1/p} + \left(\int_\Omega |g(x)|^p \, dx \right)^{1/p}.$$

コーヒーブレイク：**ICM** ってなに

　サッカーのワールドカップと同じ年の 8 月に，世界各国の数学者を集めて ICM (国際数学者会議) が盛大に行われていることはあまり知られていません．最近は，1990・京都, 1994・チューリッヒ (スイス), 1998・ベルリン (ドイツ), 2002・北京 (中国), 2006・マドリッド (スペイン) という順です．ICM が開催中はそこら中が数学者だらけになるわけで，これはなかなかの「見物」です．明確には表現できないのですが，どこか他の団体とは一線を画すところがあるようで，そのために町が毎回特有のムードに包まれる感じを受けているのは筆者だけでしょうか？

　数学者たちの共通言語は当然数学であり，すぐに紙切れを出して怪しげな筆談を始める人々がいると思えば，少し妙な印象の格好をして (もちろん本人達はそうは思っていない) 町中を観光している多くのグループがいたり，何となく徘徊する孤高の人々がいたり，町中がこの珍客達に戸惑っている様子があちこちで体感できるのです．この体験は癖になるようで，筆者はこの ICM には欠かさず出かけて行くことにしています．

　もちろん ICM は真面目な会議で，あのフィールズ賞はこのとき発表されます．その他にも，多くの招待講演や膨大な数の一般講演が同時に提供され，数学者として得ることも大きいのは事実です．それでも，2006 年の猛烈に暑いはずの夏のマドリッドに筆者が強く惹きつけられるのは，やはり，数学者たちが醸し出すあの奇妙なハーモニーである気がしています．それに，考えるだけでワクワクしますが，運がよければいつかワールドカップも同時に見られるというわけです．

第 2 章

ルベーグ積分 : A Quick Review

バナッハ空間やヒルベルト空間の最も応用上重要な例の 1 つは, ルベーグ積分可能な関数が作る空間です. それらは自身が重要な研究対象であるだけではなく, 多くの常微分方程式や偏微分方程式を, 数学的に解析することを可能にする世界を与えてくれるという意味で, きわめて基本的な空間であるといえます. 実際, $L^1(\mathbf{R})$ や $L^p(\mathbf{R})$ を始めとして, それらを発展させたソボレフ空間なくしては現代解析学は成立しないのです. この章では, この重要なルベーグ積分の概念を本書の目的に沿って, できるだけ簡単に復習することにしましょう. 必要なときに戻ってくればよいのですから, 初学者やすでにこの概念に精通している読者はこの章を飛ばしてもかまいません.

ルベーグ積分を定義する方法は様々ですが, ここではまず測度零集合を定め, 測度的収束という概念から復習を始めましょう. この方法は溝畑 [18] で用いられたもので, 初学者にもなじみやすいと思われます. 次元は簡単のため, 1 次元とします. 以後しばらくは, 1 つの固定された有界区間 $I = [a, b]$ を考えます. 区間の長さ (区間の体積) を $|I| = b - a$ とおきます. I に含まれる部分区間 $\{I_1, I_2, \ldots, I_n\}$ が I の分割であるとは, 任意の $i, j (i \neq j)$ で $\overset{\circ}{I}_i \cap \overset{\circ}{I}_j = \emptyset$ かつ $\cup_{k=1}^n I_k = I$ となることとします. 但し, $I = [a, b]$ に対し $\overset{\circ}{I} = (a, b)$ (内点の集合) とします.

第 2 章 ルベーグ積分 : A Quick Review

2.1. 可測関数

まず階段関数を次のように定める.

定義 2.1.1 (階段関数) $\varphi(x), x \in I$ が **階段関数** であるとは, I の適当な分割 $\{I_j\}$ があって, 各部分区間 I_j の内部では $\varphi(x)$ が定数となっていることをいう.

定義 2.1.2 (零集合) 集合 e が **測度 0** または **零集合** であるというのは, 任意の $\varepsilon > 0$ に対して, 高々可算個の区間 $\{I_n\}$ があって,

$$e \subset \cup_{j=1}^{\infty} I_j, \quad \sum_{j=1}^{\infty} |I_j| < \varepsilon$$

とできるときをいう. 記号で $m(e) = 0$ と書く.

注意 記号 $m(e)$ は本来は集合 e の測度を表すが, この段階ではまだ測度は定義されていないので, ここでは単に零集合の記号と理解する. よく知られているように次の性質が成り立つ.

命題 2.1.1 (1) 測度 0 の集合の部分集合はまた測度 0 である.
(2) $e_1, e_2 \ldots$ がすべて測度 0 ならば, $e = \cup_{j=1}^{\infty} e_j$ もまた 測度 0 である.

定義 2.1.3 ある性質が, 適当な測度 0 の集合を除いて成り立つとき, **ほとんど至るところ** で, その性質が成り立つという.

定義 2.1.4 (可測関数) $f(x)(x \in I)$ が **可測** であるとは, ある階段関数の列 $\{\varphi_n\}$ があって, その列がほとんど至るところで $f(x)$ に収束することとする. すなわち,

$$\varphi_n \to f(x) \quad (n \to \infty), \quad x \in I \setminus e, m(e) = 0$$

となるときをいう.

演習 2.1.1 可測関数の一次結合, 可測関数の積, 0 でない可測関数による商は可測関数であることを示せ. 有界連続関数 F と可測関数 φ との合成関数 $F(\varphi(x))$ は可測関数であることを示せ.

2.2. 測度的収束と測度的極限

$E \subset I$ の外測度を定めよう. E を高々可算個の区間 $\{I_j\}$ で覆う. つまり, $E \subset \cup_{j=1}^{\infty} I_j$ とする. この被覆に対してその体積の和 $\sum_{j=1}^{\infty} |I_j|$ を考える. そのとき E の外測度 $\overline{m}(E)$ を次のように定める.

定義 2.2.1 (外測度) 上の記号のもとで

$$\overline{m}(E) = \inf_{\text{すべての被覆}} \sum_{j=1}^{\infty} |I_j|$$

外測度に関しては次の性質が基本的である.

命題 2.2.1 (1) $E \subset \cup_{j=1}^{\infty} E_j$ に対して

$$\overline{m}(E) \leq \overline{m}(E_1) + \overline{m}(E_2) + \cdots + \overline{m}(E_j) + \cdots$$

(2) $E \subset F$ ならば $\overline{m}(E) \subset \overline{m}(F)$

(3) 区間およびその有限個の合併の外測度はそれらの体積に等しい.

定義 2.2.2 (測度的収束) 関数列 $f_n(x)$ $(x \in I)$ が $f(x)$ に 測度的に収束 するとは, 任意の $\varepsilon > 0$ に対して

$$e_n(\varepsilon) = \{x \in I; |f_n(x) - f(x)| \geq \varepsilon\}$$

と定めれば, $n \to \infty$ のとき $\overline{m}(e_n(\varepsilon)) \to 0$ が成り立つときをいう. なおこのとき,

$$f_n \to f \qquad (測度的) \qquad (n \to \infty)$$

と書く.

定理 2.2.1 関数列 $f_n(x)(x \in I)$ が $f(x)$ に測度的に収束するとき, 適当な部分列 $\{f_{n_p}\}_{p=1}^{\infty}$ をとれば $f(x)$ にほとんど至るところ収束する.

証明 測度的収束の定義から, $p = 1, 2, \ldots$ に対して帰納的に番号 n_p を

$$\overline{m}\left(\left\{x \in I; |f_{n_p}(x) - f(x)| \geq \frac{1}{p}\right\}\right) < \frac{1}{p^2}$$

を満たすように選ぶことができる．このとき $\{f_{n_p}(x)\}$ が題意を満たすことを見る．$e_p = \{x \in I; |f_{n_p}(x) - f(x)| \geq \frac{1}{p}\}$ とし
$$E_i = \cup_{p=i}^{\infty} e_p, \qquad e = \cap_{i=1}^{\infty} E_i$$
とおく．すると

(1) $f_{n_p}(x) \to f(x) \ (p \to \infty), x \in I \setminus e$ かつ
(2) $\overline{m}(e) = 0$

を示せばよい．(1) を示そう．$x \notin e$ とすると，ある番号 i_0 があって，$x \notin E_{i_0}$ である．したがって $|f_{n_p}(x) - f(x)| < \frac{1}{p} \ (p \geq i_0)$ となり，$f_{n_p}(x) \to f(x)$ がわかる．(2) を示そう．$e \subset E_i$ だから $\overline{m}(e) \leq \overline{m}(E_i) \ (i = 1, 2, \ldots)$ となり
$$\overline{m}(E_i) \leq \sum_{p=i}^{\infty} \frac{1}{p^2} < \infty$$
から，$\overline{m}(E_i) \to 0 \ (i \to \infty)$ がわかるので $\overline{m}(e) = 0$ が従う．□

定義 2.2.3 (測度的コーシー列) 関数列 $f_n(x) \ (x \in I)$ が 測度的コーシー列 であるとは，任意の $\varepsilon > 0$ および $\eta > 0$ に対して，ある N がとれて，$m, n > N$ ならば
$$\overline{m}(\{x \in I; |f_m(x) - f_n(x)| \geq \varepsilon\}) < \eta$$
が成り立つときをいう．

定理 2.2.2 可測関数列 $\{f_n(x)\}(x \in I)$ が測度的コーシー列であるとき，ある可測関数 $f(x)$ が存在して，$f_n(x)$ は $f(x)$ に測度的に収束する．このとき，$f(x)$ は「ほとんど至るところの意味で」一意的である．

証明 定義から，$p = 1, 2, \ldots$ に対して，帰納的に番号 n_p を
$$\overline{m}\left(\left\{x \in I; |f_{n_{p+1}}(x) - f_{n_p}(x)| \geq \frac{1}{p^2}\right\}\right) < \frac{1}{p^2}, \quad p = 1, 2, \ldots$$
を満たすように選ぶことができる．$e_p = \{x \in I; |f_{n_{p+1}}(x) - f_{n_p}(x)| \geq \frac{1}{p^2}\}$ とし，前のように
$$E_i = \cup_{p=i}^{\infty} e_p, \qquad e = \cap_{i=1}^{\infty} E_i$$

を定義すれば, e は零集合で, $x \in I \setminus e$ のとき, $\{f_{n_p}(x)\}$ は収束列である. 実際, $x \notin e$ ならば, ある p_0 があって $x \notin e_p$, $(p \geq p_0)$ が成り立つので, $|f_{n_{p+1}}(x) - f_{n_p}(x)| < \frac{1}{p^2}$, $\sum_{p=1}^{\infty} \frac{1}{p^2} < \infty$ より, $\{f_{n_p}(x)\}$ がコーシー列であることがわかり収束する. 後は, $\{f_n(x)\}$ が測度的に収束することを示せばよい. まず次の事実に注意する. 任意の $\varepsilon > 0$ に対して p を $\sum_{q=p}^{\infty} \frac{1}{q^2} < \varepsilon$ を満たすように選ぶと, $|f(x) - f_{n_p}(x)| \leq \sum_{q=p}^{\infty} |f_{n_{q+1}}(x) - f_{n_q}(x)|$ から

$$\{x \in I; |f(x) - f_{n_p}(x)| \geq \varepsilon\} \subset \cup_{q=p}^{\infty} \{x \in I; |f_{n_{q+1}}(x) - f_{n_q}(x)| \geq \frac{1}{q^2}\}$$

が成り立ち, 右辺の集合は $\cup_{q=p}^{\infty} e_q$ に等しい. よって

$$\overline{m}(\{x \in I; |f(x) - f_{n_p}(x)| \geq \varepsilon\}) \leq \overline{m}(\cup_{q=p}^{\infty} e_q) < \sum_{q=p}^{\infty} \frac{1}{q^2}.$$

右辺は $p \to \infty$ のとき 0 に近づくから, $f_{n_p}(x) \to f(x)$ (測度的) がわかる.
さて, $f_n(x) \to f(x)$ (測度的) を示そう. これは標準的な議論である. 実際

$$\{x \in I; |f(x) - f_n(x)| \geq \varepsilon\} \subset$$
$$\{x \in I; |f(x) - f_{n_p}(x)| \geq \varepsilon/2\} \cup \{x \in I; |f_{n_p}(x) - f_n(x)| \geq \varepsilon/2\}$$

で, $n \to \infty$ かつ $p \to \infty$ のとき右辺の2つの集合の外測度は共に 0 に収束するからである. 一意性も同様に証明できるのでここでは省略する. □

演習 2.2.1 上の定理の一意性の主張の部分を証明せよ.

2.3. 可測関数列の基本性質

この節の目的は, 可測関数列のほとんど至るところの極限関数が可測関数であることを平易に説明することである. まず次の外測度の性質を確認しておこう. この性質は1次元の場合は区間縮小法の原理から自明であろう.

命題 2.3.1 $I \supset J_1 \supset J_2 \supset \cdots$ があり, $\cap_{n=1}^{\infty} J_n = e$ が $m(e) = 0$ ならば,

$$\overline{m}(J_n) \to 0, \qquad (n \to \infty)$$

が成り立つ.

一般の次元でも成立するが，詳細は述べない.

定理 2.3.1 I 上の階段関数列 $\varphi_n(x)$ がほとんど至るところ $f(x)$ に収束すれば，同時に測度的にも収束している.

証明 階段関数の不連続点ではその値をすべて 0 に補正しても一般性は失われないことに注意しよう. 任意の $\varepsilon > 0$ に対して，

$$J_n = \cup_{p,q=n}^{\infty} \{x; |\varphi_p(x) - \varphi_q(x)| \geq \varepsilon\}$$

とおく. 明らかに，J_n は可算個の区間の和集合で，単調減少である. そこで $\cap_{n=1}^{\infty} J_n = e$ とおけば，$m(e) = 0$ である. 実際，$x \in e$ では $\{\varphi_n(x)\}$ は収束列でなくなるので，仮定より e は零集合である. よって，前命題の仮定が満たされ，$\overline{m}(J_n) \to 0, (n \to \infty)$ を得る. 最後に $\{\varphi_n(x)\}$ が $f(x)$ に収束しない集合を e_0 とすれば e_0 は零集合である. $x \notin e_0$ ならば三角不等式

$$|\varphi_n(x) - f(x)| \leq |\varphi_n(x) - \varphi_q(x)| + |\varphi_q(x) - f(x)|$$

で $q \geq n$ を十分大きくとれば，右辺第 2 項 $< \varepsilon$. よって

$$\{x; |\varphi_n(x) - f(x)| \geq 2\varepsilon\} \subset J_n \cup e_0$$

が成立するから，定義から測度的にも収束していることがわかる. □

定理 2.3.2 I 上の可測関数列 $f_n(x)$ が $f(x)$ にほとんど至るところ収束していれば，$f(x)$ は可測関数であり，この収束は測度的である.

証明 各 n に対して $f_n(x)$ は可測なので，階段関数のほとんど至るところの極限となっている. したがって，前定理より階段関数の測度的な収束極限でもある. そこで階段関数 $\varphi_n(x)$ を，次を満たすように選ぶ

$$\overline{m}\left(\left\{|f_n(x) - \varphi_n(x)| \geq \frac{1}{n}\right\}\right) < \frac{1}{n^2}.$$

2.4. 有界可測関数の積分

$e_n = \{|f_n(x) - \varphi_n(x)| \geq \frac{1}{n}\}$ とおき,前と同様にして次のように定めると,

$$E_i = \cup_{n=i}^{\infty} e_n \qquad e = \cap_{i=1}^{\infty} E_i,$$

$m(e) = 0$ であり,$x \notin e$ ならば十分大きな n で $|f_n(x) - \varphi_n(x)| < \frac{1}{n}$ となる.また $\{f_n(x)\}$ が $f(x)$ に収束しない集合を e_0 とすると $m(e_0) = 0$ かつ

$$\varphi_n(x) \to f(x) \qquad (x \in I \setminus (e_0 \cup e))$$

がわかる.以上から $f(x)$ が可測関数であることがわかった.測度的収束をいうには次の性質を用いればよい.任意の $\varepsilon > 0$ に対して

$$\overline{m}(\{x; |f_n(x) - \varphi_n(x)| \geq \varepsilon\}) \to 0 \quad (n \to \infty) \qquad \square$$

以上より,次の定義を採用できることになる.

定義 2.3.1 I 上の関数 $f(x)$ が可測関数であるとは,ある階段関数列の測度的極限になっているときをいう.

演習 2.3.1 測度的に収束するが,各点収束しない関数列の例をあげよ.

2.4. 有界可測関数の積分

$f(x)$ を有界区間 I 上の可測関数で $|f(x)| \leq M < +\infty$ を満たすとする.この関数の積分をこの節では考えよう.前節の結果より,ある階段関数列 $\{\varphi_n(x)\}$ があって,ほとんど至るところ $\varphi_n(x) \to f(x), (n \to \infty)$ となる.明らかに $|\varphi(x)| \leq M$ としてよい.階段関数 $\varphi_n(x)$ の積分はリーマン積分で与えられる.すなわち φ が階段関数

$$\varphi(x) = c_i, \quad (x \in \overset{\circ}{I}_i), \quad I = I_1 \cup I_2 \cup \cdots \cup I_p$$

ならば,φ の積分は,

$$\int_I \varphi(x)\,dx = \sum_i c_i |I_i|$$

であった.

命題 2.4.1 $\{\varphi_n(x)\}$ は一様に有界な I 上の可測関数列で $f(x)$ に測度的に収束するとする．そのとき，$\{\int_I \varphi_n(x)\,dx\}$ は収束列である．

証明 任意の $\varepsilon > 0, \eta > 0$ に対して，ある N があって，$n > N$ のとき，

$$\overline{m}(\{x; |\varphi_n(x) - f(x)| \geq \varepsilon\}) < \eta$$

とできる．よって，$m, n > N$ のとき，

$$\overline{m}(\{x; |\varphi_m(x) - \varphi_n(x)| \geq 2\varepsilon\}) < 2\eta$$

となる．したがって，

$$\left| \int_I \varphi_n(x)\,dx - \int_I \varphi_m(x)\,dx \right|$$
$$\leq \int_{I_1} |\varphi_n(x) - \varphi_m(x)|\,dx + \int_{I_2} |\varphi_n(x) - \varphi_m(x)|\,dx$$
$$\leq 2\varepsilon|I_1| + 2M|I_2| \leq 2\varepsilon|I| + 2M2\eta$$

が得られ，コーシー列となることがわかる．ここで I_1 は $|\varphi_n(x) - \varphi_m(x)| \leq 2\varepsilon$ となる集合，I_2 は $|\varphi_n(x) - \varphi_m(x)| \geq 2\varepsilon$ となる集合である． □

定義 2.4.1 $f(x)$ を I 上の有界可測関数とする．そのとき $f(x)$ に測度的に収束する一様に有界な階段関数列 $\{\varphi_n\}$ をとり，

$$\int_I f(x)\,dx = \lim_{n \to \infty} \int_I \varphi_n(x)\,dx$$

で $f(x)$ の I 上での **積分** を定義する．

前命題から，この積分の定義が一様に有界な階段関数列 $\{\varphi_n\}$ の選び方によらないことがすぐにわかる．それだけではなく，$f(x)$ がリーマン積分可能であるときには上記の積分はリーマン積分に一致することも容易にわかる．

以下ではこの積分の基本性質をまとめておく．

演習 2.4.1 リーマンの意味で可積分な関数は可測関数であることを示せ．

2.4. 有界可測関数の積分

定理 2.4.1 (1) $f(x) = g(x)$ がほとんど至るところで成立すれば $\int_I f(x)\, dx = \int_I g(x)\, dx$ が成り立つ.

(2) $\int_I (f(x) + g(x))\, dx = \int_I f(x)\, dx + \int_I g(x)\, dx$.

(3) $\left| \int_I f(x)\, dx \right| \leq \int_I |f(x)|\, dx$.

(4) $f(x) \geq 0$ ならば $\int_I f(x)\, dx \geq 0$.

(5) $I = I_1 + I_2$ ならば $\int_I f(x)\, dx = \int_{I_1} f(x)\, dx + \int_{I_2} f(x)\, dx$.

演習 2.4.2 上の定理を証明せよ.

次も基本的である.

定理 2.4.2 (**有界収束定理**) 区間 I で定義された可測関数列 $f_n(x)$ が, 一様に有界であって, ほとんど至るところ $f(x)$ に収束すれば,
$$\int_I f_n(x)\, dx \to \int_I f(x)\, dx \qquad (n \to \infty)$$
が成り立つ.

証明 すでにみたことから, $f_n(x) \to f(x)$ は測度的である. 任意の正数列 $\varepsilon_n \to 0$, $\eta_n \to 0$, $\varepsilon'_n \to 0$ を与える. そのとき, 各 $f_n(x)$ は可測であるので階段関数列 φ_n を次のようにとれる.
$$\overline{m}(\{|f_n(x) - \varphi_n(x)| > \varepsilon_n\}) < \eta_n$$
$$\left| \int_I f_n(x)\, dx - \int_I \varphi_n(x)\, dx \right| < \varepsilon'_n$$
さらに, $|f_n(x)|, |\varphi_n(x)| \leq M < \infty$ としてよい. 1番目と
$$\{|\varphi_n - f| > \varepsilon_n\} \subset \{|\varphi_n - f_n| > \varepsilon_n/2\} \cup \{|f_n - f| > \varepsilon_n/2\}$$
より, $\varphi_n(x) \to f(x)$ (測度的) がわかり, 2番目と積分の定義そのものより
$$\int_I \varphi_n(x)\, dx \to \int_I f(x)\, dx$$
が成り立ち, 題意が成立する. □

2.5. 可測集合

有界集合に限ることにする.

定義 2.5.1 集合 $E \subset I$ が **可測集合** であるとは, E の **特性関数** (E 上で 1, それ以外では 0 をとる関数) $\chi_E(x)$ が I で可測関数であることとする. また, 積分値 $\int_I \chi_E(x)\,dx$ を E の **測度** と呼び, $m(E)$ で表す.

$$m(E) = \int_I \chi_E(x)\,dx$$

基本的な性質をまとめておこう.

(1) 零集合 E に対しては $m(E) = 0$.
(2) $E_1 \cap E_2 = \emptyset$ のとき, $m(E_1 \cup E_2) = m(E_1) + m(E_2)$.
(3) E_1, E_2 が可測であれば, $E_1 \cap E_2$ も可測.
(4) E_1, E_2 が可測であれば, $E_1 \setminus E_2 = E_1 \cap E_2^c$ も可測.
(5) E_1, E_2 が可測であれば, $E_1 \cup E_2$ も可測.
(6) $E_1 \subset E_2$ ならば $m(E_1) \leq m(E_2)$.

定理 2.5.1 可算個の可測集合 $E_1, E_2, \ldots$ があったとき, 次が成立する.

(1) $E = \cup_{n=1}^{\infty} E_n$ とすると, E も可測集合である.
(2) E_i が互いに共通点をもたないとき, $m(E) = \sum_{n=1}^{\infty} m(E_n)$ である.

証明 (1) は可測性の定義よりわかる. (2) は有界収束定理を用いればよい. 実際 $\chi_E(x) = \lim_{n\to\infty} (\chi_{E_1} + \chi_{E_2} + \chi_{E_3} + \cdots + \chi_{E_n})$ と表し, $0 \leq \chi_{E_1} + \chi_{E_2} + \chi_{E_3} + \cdots + \chi_{E_n} \leq 1$ に注意すればよい. □

集合の中で取り扱いやすいものは, 開集合と閉集合である. 例えば, (1 次元) 開集合は高々可算個の閉区間の合併で表せるので, 可測集合となり, その補集合として, 閉集合も可測集合となる.

演習 2.5.1 (1 次元) 開集合は高々可算個の閉区間の合併で表せることを示せ.

演習 2.5.2 開集合の可算個の共通部分は可測集合であることを示せ.

演習 2.5.3 閉集合は可算個の合併は可測集合であることを示せ.

次も証明は容易であるが,ここでは事実として紹介することにする.

定理 2.5.2 $E \subset I$ を有界な集合とする.このとき,任意の $\varepsilon > 0$ に対して次のような開集合 O と 閉集合 F が存在する.

$$F \subset E \subset O, \quad m(O) - \varepsilon \leq \overline{m}(E) \leq m(F) + \varepsilon$$

定理 2.5.3 $f(x)$ を I 上の可測関数とすると,任意の実数 α に対して

$$\{x; f(x) > \alpha\}, \{x; f(x) \geq \alpha\}, \{x; f(x) < \alpha\}, \{x; f(x) \leq \alpha\},$$

は可測集合である.

証明 1番目を示そう.

$$\Psi(x) = \frac{x^2 e^x}{1 + x^2 e^x}$$

を考えて,

$$f_n(x) = \Psi(n(f(x) - \alpha))$$

と定めれば,可測関数である.さらに,$n \to \infty$ で $f_n(x) \to \chi_{\{x; f(x) > \alpha\}}(x)$ となることに注意すればよい.□

2.6. ルベーグ積分における基本定理

この節では,ルベーグ積分における基本定理を簡単に紹介する.

定理 2.6.1 (エゴロフの定理) I を有界区間とする.可測関数列 $\{f_n(x)\}$ がほとんど至るところ $f(x)$ に収束するとする.そのとき,任意の $\eta > 0$ に対して,$m(e) < \eta$ となる可測集合があって $\{f_n(x)\}$ は $f(x)$ に $x \in I \setminus e$ で一様収束する.

定理 2.6.2 (ルージンの定理) $f(x)(x \in I)$ を可測関数とする.そのとき,任意の $\eta > 0$ に対して,$m(e) < \eta$ となる可測集合があって $\{f(x)\}$ は $I \setminus e$ で連続となる.

必ずしも有界とは限らない関数 $f(x)$ の積分の結果についても少し述べておこう．まず，$f(x) \geq 0$ の場合を考える．このとき積分は $E_n = \{x; |f(x)| < n, x \in I\}$ とおき

$$\int_I f(x)\,dx = \lim_{n \to \infty} \int_I f(x)\chi_{E_n}(x)\,dx$$

で定義される．$f(x)$ が一般のときは，

$$f^+(x) = \begin{cases} f(x), & (f(x) \geq 0), \\ 0 & (f(x) < 0). \end{cases} \quad f^-(x) = \begin{cases} 0, & (f(x) \geq 0), \\ -f(x) & (f(x) < 0). \end{cases}$$

と定めると，

$$f(x) = f^+(x) - f^-(x)$$

となり，$f^+(x), f^-(x) \geq 0$ であり，$f(x)$ が可測ならばこれらも可測となる．そこで，$f^+(x)$ と $f^-(x)$ が共に可積分 (積分が有限) であるとき，

$$\int_I f(x)\,dx = \int_I f^+(x)\,dx - \int_I f^-(x)\,dx$$

で積分を定義する．この積分が，有界関数の積分と同様の基本性質を満たすことは容易にわかる．以上の準備のもとで，応用上重要な定理を述べよう．

定理 2.6.3 (ルベーグの収束定理) I で定義された可積分関数の列 $\{f_n(x)\}$ が I のほとんど至るところで，有限な極限 $f(x)$ をもつとする．そのとき，もし I 上可積分な関数 $F(x)$ があって

$$|f_n(x)| \leq F(x), \qquad n = 1, 2, \ldots$$

が成り立てば，

$$\lim_{n \to \infty} \int_I f_n(x)\,dx = \int_I f(x)\,dx$$

が成り立つ．

証明 あらかじめ与えられた $\varepsilon > 0$ に対して，N を十分大きくとれば，$n \geq N$ では

$$\int_{I_N} F(x)\,dx < \varepsilon, \quad I_N = \{x; F(x) > N\}$$

2.6. ルベーグ積分における基本定理

が成り立つようにできる. このとき, もちろん $\int_{I_N} |f_n(x)| \, dx \le \int_{I_N} F(x) \, dx < \varepsilon$ も成り立つ. $x \in I \setminus I_N$ では $|f_n(x)|, |f(x)|$ が共に N 以下であるので, 十分大きな n_0 があり, $n \ge n_0$ では

$$\left| \int_{I \setminus I_N} (f_n(x) - f(x)) \, dx \right| < \varepsilon$$

が成り立つ. 以上で

$$\left| \int_I (f_n(x) - f(x)) \, dx \right| < 3\varepsilon \qquad (n \ge n_0)$$

が示され, 題意が証明された. □

演習 2.6.1 ルベーグの収束定理で $\int_I F(x) \, dx = \infty$ である場合は定理は一般的には成り立たないことが知られている. そのような例をあげよ.

$Hint: f_n(x) = \begin{cases} n^\alpha, & \frac{1}{n+1} \le x \le \frac{1}{n}, \\ 0, & その他, \end{cases}$ を考えてみよ.

定理 2.6.4 (ベッポ・レビの定理) I 上で定義された可積分関数列が単調増大列であるとする. つまり,

$$f_1(x) \le f_2(x) \le \cdots$$

そのとき, 増大列 $\left\{ \int_I f_n(x) \, dx \right\}$ が有界にとどまれば, $f(x) = \lim_{n \to \infty} f_n(x)$ とおくと, $f(x)$ は I のほとんど至るところ有限の値をもち, かつ可積分で,

$$\lim_{n \to \infty} \int_I f_n(x) \, dx = \int_I f(x) \, dx$$

が成り立つ. また逆に, 極限関数 $f(x)$ が I のほとんど至るところで有限の値をとり, かつ可積分であれば上式が成り立つ.

証明 一般性を失わないので $f_n(x) \ge 0$ と仮定する. そこで, $\{x; f(x) > M\}$ を上から評価しよう.

$$m(\{x; f_n(x) > M\}) \le \frac{1}{M} \int_I f_n(x) \, dx$$

$$\{x; f_n(x) > M\} \subset \{x; f_{n+1}(x) > M\}$$

に注意すれば, $m(\{x; f(x) > M\}) \leq \int_I f_n(x)\,dx/M\,(n=1,2,\ldots)$ がわかる. したがって仮定より

$$m(\{x; f(x) = \infty\}) = \lim_{M \to \infty} m(\{x; f(x) > M\}) = 0$$

を得る. $f(x)$ の可積分性も

$$\int_{I \setminus \{x; f(x) > M\}} f(x)\,dx = \lim_{n \to \infty} \int_{I \setminus \{x; f(x) > M\}} f_n(x)\,dx < \infty$$

で $M \to \infty$ とすればわかる. 逆に $f(x)$ が可積分であれば, $F(x) = f(x)$ とおいてルベーグの収束定理を用いればよい. □

次もよく使われる性質である.

定理 2.6.5 (ファトウの補題) $f_n(x) \geq 0\ (x \in I)$ かつ, $\liminf_{n \to \infty} \int_I f_n(x)\,dx < +\infty$ ならば, $f(x) = \liminf_{n \to \infty} f_n(x)$ もまた I 上で可積分であり

$$\int_I f(x)\,dx \leq \liminf_{n \to \infty} \int_I f_n(x)\,dx$$

証明 $g_n(x) = \inf\{f_n(x), f_{n+1}(x), \ldots\}$ とおくと, $g_n(x)$ は単調増大で $f(x)$ に収束し, 可積分となる.

$$\int_I g_n(x)\,dx \leq \int_I f_n(x)\,dx$$

が成り立つが, ここで両辺の下極限をとると, 左辺が単調増大列なので

$$\lim_{n \to \infty} \int_I g_n(x)\,dx \leq \liminf_{n \to \infty} \int_I f_n(x)\,dx < \infty$$

となる. ここで $\{g_n\}$ にベッポ・レビの定理を用いればよい. □

この補題を用いると, 次の重要な性質が容易に証明できる.

定理 2.6.6 関数空間 $L^1(I) = \{f; \int_I |f(x)|\,dx < \infty\}$ は, ノルム $\|f\| = \int_I |f(x)|\,dx$ に関して完備である.

2.6. ルベーグ積分における基本定理

証明 $\{f_n\}$ を $L^1(I)$ のコーシー列としよう. まず, $\{f_n(x)\}$ が測度的収束列であることを見よう. $\varepsilon > 0$ を任意に 1 つ固定する.

$$\|f_n - f_m\| \geq \varepsilon m(\{x; |f_m(x) - f_n(x)| \geq \varepsilon\}).$$

ここで, $m, n \to \infty$ とすれば左辺が仮定より 0 に収束するので測度的収束列であることがわかる. すると, 適当な部分列 $\{f_{n_p}(x)\}$ があり

$$f_{n_p}(x) \to f(x), \quad (x \in I \setminus e_0, m(e_0) = 0)$$

が成り立つ. 仮定より, ある N があって, $p, q \geq N$ のとき

$$\int_I |f_{n_p}(x) - f_{n_q}(x)| \, dx \leq \varepsilon$$

とできるが, ここで $q \to \infty$ とすればファトウの補題より

$$\int_I |f_{n_p}(x) - f(x)| \, dx \leq \liminf_{q \to \infty} \int_I |f_{n_p}(x) - f_{n_q}(x)| \, dx \leq \varepsilon$$

が得られ, $f(x)$ が可積分であることがわかる. あとは, n が十分大きければ

$$\|f_n - f\| \leq \|f_n - f_{n_p}\| + \|f_{n_p} - f\| < 2\varepsilon$$

が成り立つことに注意すれば, ε の任意性から $\|f_n - f\| \to 0$ がわかる. 極限の一意性も同様にして示すことができるのでここでは省略する. □

同様の方法で $L^p(I) = \{f; \int_I |f(x)|^p \, dx < \infty\}$ $(1 \leq p < \infty)$ が, ノルム $\|f\| = (\int_I |f(x)|^p \, dx)^{\frac{1}{p}}$ に関して完備であることも示すことができる. したがって, $L^p(I)$ がバナッハ空間であることが確認される.

次に, 基本定理の応用として, 積分と微分の順序を入れ替える積分記号下での微分に関する定理を述べる. まず, ルベーグの定理の直接の応用として,

定理 2.6.7 (連続性) $\mathbf{R}^N$ の区間 I で定義され, パラメーター $t \in [a,b]$ をもつ関数 $f(x,t)$ $(x \in I, t \in [a,b])$ が, 各 $t \in [a,b]$ を固定すれば I 上で可積

分で, ほとんどすべての $x \in I$ では t について連続とする. もし I 上の可積分関数 $\Phi(x)$ が存在して $|f(x,t)| \leq \Phi(x)$ が成り立てば, t の関数

$$F(t) = \int_I f(x,t)\,dx$$

は $[a,b]$ で連続である.

定理 2.6.8 (積分記号下での微分) $\mathbf{R}^N$ の区間 I で定義され, パラメーター $t \in [a,b]$ をもつ関数 $f(x,t)$ $(x \in I, t \in [a,b])$ が, 各 $t \in [a,b]$ を固定すれば I 上で可積分で, ほとんどすべての $x \in I$ では t について $[a,b]$ 上で1回連続微分可能とする. もし I 上の可積分関数 $\Phi(x)$ が存在して $|\frac{\partial}{\partial t}f(x,t)| \leq \Phi(x)$ が成り立てば, t の関数 $F(t) = \int_I f(x,t)\,dx$ は $[a,b]$ で1回連続微分可能であり,

$$F'(t) = \int_I \frac{\partial f}{\partial t}(x,t)\,dx$$

が成り立つ.

今度は重積分を累次積分に帰着するフビニの定理を紹介しよう. 今までは基本的に1次元区間上の積分を扱ってきたが, 2次元以上でも区間を $K = [a_1,b_1] \times \cdots \times [a_N,b_N]$ として, 区間の測度を $(b_1 - a_1) \cdots (b_N - a_N)$ として考えれば, 1次元の場合と同じ結果が成り立つ. 2変数の可測関数は, 2次元の階段関数列がほとんど至るところ収束した先として得られる. つまり, 2次元区間 K 上の関数 $f(x,y)$ が (2変数) 可測関数であるとは, ある2次元階段関数の列 $\{\varphi_n(x,y)\}$ と, 2次元測度 0 の集合 $e \subset K$ が存在して, $f(x,y) = \lim_{n \to \infty} \varphi_n(x,y)$ $((x,y) \notin e)$ が成り立つことであり, $f(x,y)$ の重積分 $\int_K f(x,y)\,dxdy$ は

$$\int_K f(x,y)\,dxdy = \lim_{n \to \infty} \int_K \varphi_n(x,y)\,dxdy$$

と定義される. 一方で累次積分は, 例えば y を任意に固定すれば $f(x,y)$ は x の関数になるから, x で先に積分して, 次いで y について積分すれば, $f(x,y)$ を積分したものになるから, 重積分に等しいはずだ, というのが考え方である. 累次積分できるためには, $f(x,y)$ が x について可測でなければならないが,

2.6. ルベーグ積分における基本定理

「すべての y」では成り立たない.ところが,y についても積分してしまうので,「ほとんどすべての y」で可測であればよい.これがフビニの定理のポイントである.フビニの定理を述べよう.

定理 2.6.9 (フビニの定理) $f(x,y)$ を $K = I \times J$ 上の可積分関数とすると,測度 0 の集合 $e_x \subset I$ と $e_y \subset J$ が存在して,次が成り立つ.

(1) $y \notin e_y$ ならば $f(x,y)$ は x の関数として可積分であり,

$$\int_K f(x,y)\,dxdy = \int_J \left(\int_I f(x,y)\,dx \right) dy.$$

(2) $x \notin e_x$ ならば $f(x,y)$ は y の関数として可積分であり,

$$\int_K f(x,y)\,dxdy = \int_I \left(\int_J f(x,y)\,dy \right) dx.$$

最後に,微積分の基本定理を紹介しよう.

定義 2.6.1 (絶対連続) 区間 $[a,b]$ で定義された連続関数 $f(x)$ が次の条件を満たすとき **絶対連続** であるという:任意の $\varepsilon > 0$ に対して,$\delta > 0$ がとれて,$\sum_n |a_n - b_n| < \delta$ を満たす互いに重なり合わない任意の有限個の部分区間 $\{[a_n, b_n]\}$ に対して

$$\sum_n |f(a_n) - f(b_n)| < \varepsilon \tag{2.6.1}$$

が成り立つ.区間 $[a,b]$ で絶対連続な関数の全体を $AC([a,b])$ で表す.

注意 2.6.1 上で,有限個を可算無限個に変えても (2.6.1) は成立する.

定理 2.6.10 (微積分の基本定理) $f(x)$ を $[a,b]$ で定義された絶対連続関数とする.そのとき,$f(x)$ は $[a,b]$ 上でほとんど至るところ有限な導関数 $f'(x)$ をもち,$f'(x)$ は $[a,b]$ 上で可積分であり,

$$\int_a^x f'(x)\,dx = f(x) - f(a)$$

が成り立つ．逆に，$[a,b]$ 上で可積分な関数 $f(x)$ に対して
$$G(x) = \int_a^x f(x)\,dx$$
とおくと，$G(x)$ は絶対連続であり，ほとんど至るところで
$$G'(x) = f(x)$$
が成り立つ．

2.7. 章末問題 A

問題 2.1 定理 2.6.6 を参考にして，$L^p(I)$ $(1 < p < \infty)$ のコーシー列が収束することを証明せよ．

問題 2.2 $C(I)$ は $L^p(I)$ で稠密であることを証明せよ．

コーヒーブレイク：不等式の missing term について

積分論で重要な結果の1つ，ファトウの補題 (定理 2.6.5) の不等式
$$\int_0^1 f(x)\,dx \le \liminf_{n\to\infty} \int_0^1 f_n(x)\,dx$$
は右辺の極限が有界であれば極限関数 f が可積分であることを意味するので，数学者が長年に渡って極限関数の可積分性を示す際に重宝してきたものでした．また，次の関数列を考えればこの式の不等号は真の不等号になります．

$$f_n(x) = \begin{cases} 1/n, & |x| \le n \\ 0, & |x| > n \end{cases} \tag{2.7.1}$$

実際，この関数列を代入すれば，$\int_{-\infty}^{\infty} f_j(x)\,dx = 2,\,(n=1,2,\ldots)$ ですが，$f_n(x) \to 0\,(n\to\infty)$ であるからです．このときファトウの不等式はずいぶん気前のよいものになってしまうわけです．

実はこの不等式には「missing term；忘れられた項」が左辺にあったということが，近年 E.H. Lieb 氏によって指摘されました．彼に従い，少し一般化した形で紹介しましょう [**22**]．

複素数値の関数の列 $f_n \in L^1([0,1])$, $n=1,2,3,\ldots$ がほとんど至るところで $f_n \to f \in L^1([0,1])\,(n\to\infty)$ を満たし，さらにある定数 $C>0$ があって
$$\int_0^1 |f_n(x)|\,dx \le C, \qquad n=1,2,\ldots.$$
を仮定する．そのとき
$$\int_0^1 |f(x)|\,dx = \lim_{n\to\infty} \Big(\int_0^1 |f_n(x)|\,dx - \int_0^1 |f_n(x) - f(x)|\,dx \Big)$$
が成り立つ．

ついでにもう少し missing term があることが知られている不等式をあげると，ハーディーの不等式，ソボレフの不等式，レリッヒの不等式，等々でしょうか？ 最近，古典的な不等式をみると，本当は等式になりたがっているような気がすることがよくあります．

第 3 章

ヒルベルト空間

　歴史的には，ヒルベルト空間は無限個の変数を含む2次形式や積分方程式の理論に関連して David Hilbert により導入され，その後 Von Neumann によって初めて公理的にヒルベルト空間は定式化されました．そして，その枠組みで作用素論が現代的な視点から本格的に展開され，無限次元のヒルベルト空間を用いることにより量子力学の数学的な基礎をあたえることができるようになりました．

　この章ではこのヒルベルト空間について基本的な概念や性質を紹介しましょう．

3.1. イントロダクション

　ひとことでいえば，ヒルベルト空間とは内積をもった完備な複素ベクトル空間である．

定義 3.1.1 (内積) E を複素ベクトル空間とする．写像 $(\cdot,\cdot): E \times E \to \mathbf{C}$ は次の性質を満足するとき，E の **内積** といわれる．任意の $x, y, z \in E$ と $\alpha, \beta \in \mathbf{C}$ に対して

(1) $(x, y) = \overline{(y, x)}$
(2) $(\alpha x + \beta y, z) = \alpha(x, z) + \beta(y, z)$
(3) $(x, x) \geq 0$, 等号は $x = 0$ のときのみ成立．

内積 $(\cdot,\cdot)$ をもつベクトル空間 E を **内積空間**, あるいは **前ヒルベルト空間** という. 記号的には $E = (E,(\cdot,\cdot))$ で表す. 内積 $(\cdot,\cdot)$ を取り替えれば内積空間としては異なることに注意しよう. 以下では簡単のため混乱がない場合には, $E = (E,(\cdot,\cdot))$ のかわりに単に E と記すことにする.

例 3.1 $\mathbf{C}^N$ には次の内積が定義できる. 2個のベクトル $x = (x_1, x_2, \ldots x_N)$, $y = (y_1, y_2, \ldots, y_N) \in \mathbf{C}^N$ に対して

$$(x,y) = \sum_{j=1}^{N} x_j \overline{y_j}$$

例 3.2 数列空間 l^2 には次の内積を入れることができる. $x = \{x_1, x_2, \ldots\}$, $y = \{y_1, y_2, \ldots\} \in l^2$ に対して

$$(x,y) = \sum_{j=1}^{\infty} x_j \overline{y_j}$$

例 3.3 連続関数の空間 $C([a,b])$ には次で内積を入れることができる. $f, g \in C([a,b])$ に対して

$$(f,g) = \int_a^b f(x) \overline{g(x)}\, dx$$

この内積から決まるノルム $\|f\| = \sqrt{(f,f)}$ でこの空間は完備ではない. 例えば $a = 0, b = 2$, $f_n(x) = \min\{x^n, 1\}$ を考えれば, $n \to \infty$ で極限 $f(x)$ は
$$\lim_{n\to\infty} f_n(x) = \begin{cases} 0, & 0 \leq x < 1, \\ 1, & 1 \leq x \leq 2, \end{cases}$$
となり, 不連続だからである.

例 3.4 2乗可積分関数の空間 $L^2([a,b])$ にも次で内積を入れることができる. $f, g \in L^2([a,b])$ に対して

$$(f,g) = \int_a^b f(x) \overline{g(x)}\, dx$$

この空間は定理 2.6.6 とそれに続く注意で見たように完備である.

例 3.5 E, F が共に内積空間であれば,直積 $E \times F$ は次のように自然に内積空間となる. $x_j \in E, y_j \in F, j = 1, 2$ に対して

$$((x_1, y_1), (x_2, y_2)) = (x_1, x_2) + (y_1, y_2)$$

3.2. 内積空間におけるノルム

内積空間 $E = (E, (\cdot, \cdot))$ には,内積を用いて自然にノルムを入れることができる. つまり

$$\|x\| = \sqrt{(x, x)}, \quad x \in E$$

と定めればよい. これがノルムになることを確かめていこう.

定理 3.2.1 (シュワルツの不等式) E を内積空間とする. そのとき,次の不等式が成立する.

$$|(x, y)| \leq \|x\| \|y\|, \quad \text{すべての } x, y \in E$$

等号は, x は y が線形従属の場合のみに成立する.

証明 任意の $t \in \mathbf{C}$ に対して

$$0 \leq (x + ty, x + ty) = \|x\|^2 + \bar{t}(x, y) + t(y, x) + |t|^2 \|y\|^2$$

$y \neq 0$ としてよいので, $t = -(x, y)/\|y\|^2$ とおけば

$$0 \leq \|x\| \|y\| - |(x, y)|$$

を得る. 後半は,もし $(x, y)(y, x) = (x, x)(y, y)$ とすれば $(y, y)x - (x, y)y = 0$ となることから従う. 実際,簡単な計算で

$$((y, y)x - (x, y)y, (y, y)x - (x, y)y) = 0$$

がわかるからである. □

後は,三角不等式が成立することがわかれば, $\|x\| = \sqrt{(x, x)}, x \in E$ がノルムであることになる.

系 3.2.1 $\|x\| = \sqrt{(x,x)}$ は三角不等式を満たす. つまり,

$$\|x+y\| \leq \|x\| + \|y\| \qquad \text{すべての } x,y \in E.$$

演習 3.2.1 この系を証明せよ. $Hint:$ 両辺を 2 乗してシュワルツの不等式.

定義 3.2.1 ノルム $\|x\| = \sqrt{(x,x)}$ を内積空間に自然に付随するノルムとして採用する. このノルムで内積空間は常にノルム空間となる.

以下では, 内積空間にこの自然なノルムを入れて考えることにする.

定理 3.2.2 (中線定理) 内積空間 E のノルムは, 次の条件を満たす.

$$\|x+y\|^2 + \|x-y\|^2 = 2(\|x\|^2 + \|y\|^2), \qquad \text{すべての } x,y \in E.$$

この定理の証明は簡単なので演習問題としておく. 逆にこの性質をノルムが備えていれば, その空間は自然に内積空間と見なすことができる.

定理 3.2.3 複素ノルム空間 E のノルムがこの中線定理を満たせば, E は次の内積で内積空間となる.

$$(x,y) = \frac{1}{4}\big[\|x+y\|^2 - \|x-y\|^2 + i\|x+iy\|^2 - i\|x-iy\|^2\big]$$

証明 簡単のため, 実ノルム空間の場合を考える. このときは, $(x,y) = \frac{1}{4}\big[\|x+y\|^2 - \|x-y\|^2\big]$ とすればよい. 内積の線形性；$(x+y,z) = (x,z)+(y,z)$ を示す. まず,

$$\|x+z\|^2 + \|y+z\|^2 = \frac{1}{2}\big[\|x+y+2z\|^2 + \|x-y\|^2\big]$$

$$\|x-z\|^2 + \|y-z\|^2 = \frac{1}{2}\big[\|x+y-2z\|^2 + \|x-y\|^2\big]$$

に注意して，これから次を得る．

$$4(x,z) + 4(y,z)$$
$$= \|x+z\|^2 + \|y+z\|^2 - \|x-z\|^2 - \|y-z\|^2$$
$$= \frac{1}{2}[(\|x+y+2z\|^2 + \|x+y\|^2) - (\|x+y-2z\|^2 + \|x+y\|^2)]$$
$$= \|x+y+z\|^2 - \|x+y-z\|^2$$
$$= 4(x+y,z)$$

このことから，$(2x,y) = 2(x,y)$ が成り立つ．したがって簡単な計算で，すべての有理数 α で $(\alpha x, y) = \alpha(x,y)$ が成り立ち，ノルムの連続性から α が任意の実数のときも成立することがわかる．□

定義 3.2.2 2 つのベクトル x, y が $(x,y) = 0$ となるとき，x と y は **直交** するという．

演習 3.2.2 2 つのベクトル x, y が直交するとき，$\|x+y\|^2 = \|x\|^2 + \|y\|^2$ が成り立つことを示せ．

3.3. ヒルベルト空間の導入

定義 3.3.1 (ヒルベルト空間) 完備な内積空間 $E = (E, (\cdot, \cdot))$ を **ヒルベルト空間** という．但し，ノルム空間として完備という意味である．

例 3.6 $\mathbf{R}^N$, $\mathbf{C}^N$, l^2, $L^2([a,b])$ はそれぞれヒルベルト空間である．

例 3.7 次の内積空間は完備でない．したがって，ヒルベルト空間ではない．

(1) $E = \{x = (x_1, x_2, \ldots) :$ 有限個の番号を除いて $x_n = 0\}$,
$\|x\| = \left(\sum_{n=1}^{\infty} |x_n|^2\right)^{1/2}$

(2) $C([a,b])$, $\|f\| = \left(\int_a^b |f(x)|^2 \, dx\right)^{1/2}$

$Hint$: (1) は $x^k = (1, 1/2, 1/3, \ldots, 1/k, 0, 0, \ldots)$ を考えれば，コーシー列であるが明らかに収束しない．(2) は折れ線関数で，不連続な関数 $f(x) = 1, (0 \le x < 1/2); 0, (1/2 \le x \le 1)$ に収束する列を考えればよい．

例 3.8 (**1 次元のソボレフ空間**) 開区間 $I = (a,b)$ 上で，まず微分可能な関数からなる空間 $\tilde{H}^1(I)$ を次のように定める．

$$\tilde{H}^1(I) = \{f \in C^1(I) : f' \in L^2(I)\}$$

但し内積は次で与えることにする．

$$(f,g) = \int_I f(x)\overline{g(x)}\,dx + \int_I f'(x)\overline{g'(x)}\,dx$$

$\tilde{H}^1(I)$ は完備ではないのでヒルベルト空間ではない．そこで，この完備化を $H^1(I)$ とすれば，ヒルベルト空間となる．

一般に k を正整数として，ヒルベルト空間 $H^k(I)$ を次の空間を完備化することにより定義する．

$$\tilde{H}^k(I) = \{f \in C^k(I) : f^{(j)} \in L^2(I), j = 1, 2, \ldots k\}$$

但し内積は次で与えることにする．

$$(f,g) = \int_I f(x)\overline{g(x)}\,dx + \sum_{j=1}^k \int_I f^{(j)}(x)\overline{g^{(j)}(x)}\,dx$$

次に一般のソボレフ空間を紹介しよう．

例 3.9 (**一般のソボレフ空間**) Ω を $\mathbf{R}^N$ の開集合とする．$H^1(\Omega)$ をすべての偏導関数 $\dfrac{\partial f}{\partial x_1}, \ldots, \dfrac{\partial f}{\partial x_N}$ が $L^2(\Omega)$ に属するような複素数値関数 f の全体を次の内積で完備化した空間とする．

$$(f,g) = \int_\Omega f(x)\overline{g(x)}\,dx + \int_\Omega \sum_{j=1}^N \frac{\partial f}{\partial x_j}(x)\overline{\frac{\partial g}{\partial x_j}}(x)\,dx$$

この空間は **ソボレフ空間** と呼ばれ，応用上重要なヒルベルト空間の 1 つである．

3.4. 強収束と弱収束

定義 3.4.1 (強収束) E をヒルベルト空間とする．ベクトルの列 $\{x_n\} \subset E$ がベクトル $x \in E$ に **強収束** するとは $\|x_n - x\| \to 0, (n \to \infty)$ となることとする．

定義 3.4.2 (弱収束) E をヒルベルト空間とする．ベクトルの列 $\{x_n\} \subset E$ がベクトル $x \in E$ に **弱収束** するとは，すべての $y \in E$ に対して，$(x_n, y) \to (x, y), (n \to \infty)$ となることとする．

本書では $\to$ で強収束を表し，$\rightharpoonup$ で弱収束を表すことにする．次はシュワルツの不等式から明らかであろう．

定理 3.4.1 強収束列は弱収束列である．つまり，$x_n \to x$ ならば，$x_n \rightharpoonup x$ である．

次も簡単な推論で導かれる性質である．

定理 3.4.2 もし $x_n \rightharpoonup x$ かつ, $\|x_n\| \to \|x\|$ ならば，$x_n \to x$ である．

証明
$$\|x_n - x\|^2 = \|x_n\|^2 - 2\operatorname{Re}(x_n, x) + \|x\|^2 \to 0$$
に注意すればよい． □

定理 3.4.3 S をヒルベルト空間 E の稠密な部分集合とする．ベクトル列 $\{x_n\} \subset E$ を有界列とする．もし，すべての $y \in S$ に対して，$(x_n, y) \to (x, y), (n \to \infty)$ が成り立てば，ベクトル列 $\{x_n\}$ は $x \in E$ に弱収束する．

証明 任意の $z \in E$ を固定する．ある列 $\{y_n\} \subset S$ があって，$\|y_n - z\| \to 0, (n \to \infty)$ とできる．そのとき，

$$|(x_n, z) - (x, z)| \leq |(x_n, z) - (x_n, y_m)| + |(x_n, y_m) - (x, y_m)|$$
$$+ |(x, y_m) - (x, z)|$$

仮定より $\{x_n\} \subset E$ は有界列であるから，第1項と第3項は m を十分大きくとれば任意に小さくできる．そのように m を固定すれば，$n \to \infty$ のとき第2項も任意に小さくできる．以上より $|(x_n, z) - (x, z)| \to 0$ がわかった．□

この節の最後にバナッハ・シュタインハウスの定理から導かれるヒルベルト空間の重要な性質を紹介しておこう．

定理 3.4.4 (一様有界性原理) ヒルベルト空間における弱有界列は有界である．つまり，ベクトル列 $\{x_n\}$ が任意の $x \in H$ に対して $\sup_n |(x_n, x)| < \infty$ を満たせば，ある正定数 M があって，$\|x_n\| \leq M, n = 1, 2, \ldots$ となる．特に，弱収束列は有界である．

証明 $\{x_n\} \subset E$ を弱有界列とする．ヒルベルト空間上の有界線形汎関数 $f_n(x)$ を次のように決める．

$$f_n(x) = (x, x_n), \quad n = 1, 2, \ldots$$

すると，バナッハ・シュタインハウスの定理から，ある M があって

$$\|f_n\| \leq M, n = 1, 2 \ldots$$

が成立する．また，有界線形汎関数のノルムの定義とシュワルツの不等式から $\|f_n\| = \sup_{\|x\|=1} |f_n(x)| \leq \|x_n\|$ を得る．そこで，$x = x_n$ とおくことにより $|f_n(x_n)| = \|x_n\|^2$ を得る．よって $\|x_n\|^2 \leq \|f_n\|\|x_n\|$ となり，結局 $\|f_n\| = \|x_n\|$ がわかる．□

3.5. ヒルベルト空間の正規直交基底

定義 3.5.1 内積空間 E に含まれる 0 でないベクトルの部分集合 S が **直交系** であるとは，任意の $x, y \in S, (x \neq y)$ が互いに直交することとする．

さらに，すべての $x \in S$ が $\|x\| = 1$ を満たすとき，**正規直交系** という．

すべてのベクトルは正規化できるので，直交系は正規直交系にすることができる．また，次が成立する．

3.5. ヒルベルト空間の正規直交基底

定理 3.5.1 直交系は線形独立である.

例 3.10 $e_1 = (1, 0, 0, \ldots), e_2 = (0, 1, 0, 0, \ldots), \ldots$ は l^2 の正規直交系である.

例 3.11 (三角関数系)

$$\varphi_n(x) = \frac{e^{inx}}{\sqrt{2\pi}}, \quad n = 0, \pm 1, \pm 2, \ldots$$

は $L^2([-\pi, \pi])$ の正規直交系である. 実際,

$$(\varphi_m, \varphi_n) = \int_0^{2\pi} \varphi_m(x) \overline{\varphi_n(x)} \, dx = \begin{cases} 1, & m = n \\ 0, & m \neq n \end{cases}$$

例 3.12 (ルジャンドル多項式)

$$P_0(x) = 1, \ P_n(x) = \frac{1}{2^n n!} \frac{d^n}{dx^n} (x^2 - 1)^n, \quad n = 1, 2, \ldots$$

をルジャンドル多項式系という. 簡単な計算から, $P_n(x)$ は $n-1$ 次以下のすべての多項式と $L^2([-1, 1])$ において直交する.

$$\int_{-1}^{1} (P_n(x))^2 \, dx = \frac{2}{2n+1}$$

に注意すれば,

$$\left\{ \sqrt{n + \frac{1}{2}} P_n(x) \right\}_{n=1}^{\infty}$$

は $L^2([-1, 1])$ の正規直交系となることがわかる.

演習 3.5.1 ルジャンドル多項式について以下の公式を確かめよ.

(1) $\int_{-1}^{1} P_m(x) P_n(x) \, dx = 0 \ (m \neq n)$
(2) $\int_{-1}^{1} (P_n(x))^2 \, dx = \frac{2}{2n+1}$

$Hint$: (1) は部分積分, (2) は $P_n(x) = \frac{(2n)!}{2^n (n!)^2} x^n + \cdots$ を代入し (1) を用いるとよい.

例 3.13 (エルミート多項式)
$$H_n(x) = (-1)^n e^{x^2} \frac{d^n}{dx^n} e^{-x^2}$$
を n 次エルミート多項式系という. このとき,
$$\varphi_n(x) = e^{-x^2/2} H_n(x),\, n = 1, 2, \ldots$$
と定めれば, $\{\varphi_n(x)\}$ は $L^2(\mathbf{R})$ の直交系となる. さらに,
$$\psi_n(x) = \frac{1}{\sqrt{2^n n! \sqrt{\pi}}} e^{-x^2/2} H_n(x),\, n = 1, 2, \ldots$$
とおけば, 正規化できる.

演習 3.5.2 エルミート多項式について以下の公式を確かめよ.
(1) $\int_{-\infty}^{\infty} \varphi_m(x) \varphi_n(x)\, dx = 0 \quad (m \neq n)$
(2) $\int_{-\infty}^{\infty} (\varphi_n(x))^2\, dx = 2^n n! \sqrt{\pi}$

正規直交系に関して基本的な性質をまとめておこう. 次の 3 つの定理はノルムと内積の関係から明らかであろう.

定理 3.5.2 もし, $x_1, \ldots, x_m$ が内積空間 E の直交系ならば,
$$\|\sum_{j=1}^m x_j\|^2 = \sum_{j=1}^m \|x_j\|^2$$

定理 3.5.3 (ベッセルの不等式) もし, $x_1, \ldots, x_m$ が内積空間 E の正規直交系ならば, すべての $x \in E$ に対して
$$\|x - \sum_{j=1}^m (x, x_j) x_j\|^2 = \|x\|^2 - \sum_{j=1}^m |(x, x_j)|^2$$

これより直ちに
$$\sum_{j=1}^m |(x, x_j)|^2 \leq \|x\|^2$$

3.5. ヒルベルト空間の正規直交基底

定理 3.5.4 $\{x_n\}$ をヒルベルト空間 H の正規直交系とする. $\{c_n\}$ を複素数列とする. このとき, 級数 $\sum_{n=1}^{\infty} c_n x_n$ が E で収束するための必要十分条件は, $\sum_{n=1}^{\infty} |c_n|^2 < \infty$ である. このとき,

$$\Big\| \sum_{n=1}^{\infty} c_n x_n \Big\|^2 = \sum_{n=1}^{\infty} |c_n|^2$$

定義 3.5.2 (完全正規直交系) ヒルベルト空間 H の正規直交系 $\{x_n\}$ が **完全** であるとは, すべての $x \in H$ に対して

$$x = \sum_{n=1}^{\infty} (x, x_n) x_n$$

が成立することとする.

定義 3.5.3 ヒルベルト空間 H の正規直交系 $\{x_n\}$ が **直交基底** であるとは, すべての $x \in H$ が一意的に

$$x = \sum_{n=1}^{\infty} c_n x_n$$

と表せることとする. 特に, 完全正規直交系は直交基底である.

例 3.14 $H = L^2([-\pi, \pi])$, $\varphi_n(x) = \frac{1}{\sqrt{\pi}} \sin nx$, $n = 1, 2, \ldots$ とおけば, $\{\varphi_n\}$ は正規直交系となるが完全ではない. それは, 偶関数 $(1, x^2, \cos x$ 等$)$ を表すことができないことから明らかであろう.

定理 3.5.5 ヒルベルト空間 H の正規直交系 $\{x_n\}$ が完全であるための必要十分条件は $(x, x_n) = 0$, $n = 1, 2, \ldots$ ならば, $x = 0$ となることである.

証明 必要性は明らかなので十分性を示そう.

$$y = \sum_{n=1}^{\infty} (x, x_n) x_n$$

とおき, $(x - y, x_n)$ を計算すれば, すべての n で 0 となる. したがって, $x = y$ が示された. □

定理 3.5.6 (パーセバルの等式) ヒルベルト空間 H の正規直交系 $\{x_n\}$ が完全であるための必要十分条件はすべての $x \in H$ で
$$\|x\|^2 = \sum_{n=1}^{\infty} |(x, x_n)|^2$$
となることである.

証明 完全正規直交系の定義から必要性は明らかである. 逆は, $c_n = (x, x_n) \, (n = 1, 2, \ldots)$ とおくと $y = \sum_{n=1}^{\infty} c_n x_n$ は仮定から収束する. また, $(x - y, x_n) = 0 \, (n = 1, 2, \ldots)$ より $\|x - y\|^2 = \sum_{n=1}^{\infty} |(x - y, x_n)|^2 = 0$ が成り立ち, $x = y$ を得る. □

例 3.15 正規直交系
$$\varphi_n(x) = \frac{e^{inx}}{\sqrt{2\pi}}, \qquad n = 0, \pm 1, \pm 2, \ldots$$
は $L^2([-\pi, \pi])$ で完全である. これは次節で示す.

演習 3.5.3 次が $L^2([0, a])$ の完全正規直交系であることを示せ.
$$\left\{ \frac{1}{\sqrt{a}} e^{2n\pi i x / a} \right\}, \qquad n = 0, \pm 1, \pm 2, \ldots$$

例 3.16
$$\frac{1}{\sqrt{2\pi}}, \frac{\cos x}{\sqrt{\pi}}, \frac{\sin x}{\sqrt{\pi}}, \frac{\cos 2x}{\sqrt{\pi}}, \frac{\sin 2x}{\sqrt{\pi}}, \ldots$$
は $L^2([-\pi, \pi])$ で完全正規直交系となる.

演習 3.5.4 ロードマッハ関数 $\{R(m, x)\}$ を次で定める.
$$R(m, x) = \operatorname{sgn}(\sin(2^m \pi x)), \qquad m = 0, 1, 2, \ldots$$
$\{R(m, x)\}$ は $L^2([0, 1])$ の正規直交系であるが完全ではないことを示せ. 但し,
$$\operatorname{sgn}(x) = \begin{cases} 1, & (x > 0) \\ 0, & (x = 0) \\ -1, & (x < 0) \end{cases}$$

$Hint$: 完全でないことは $f(x) = \chi_{[\frac{1}{4},\frac{3}{4}]}(x)$ (区間 $[\frac{1}{4},\frac{3}{4}]$ の特性関数) を考えるとよい.

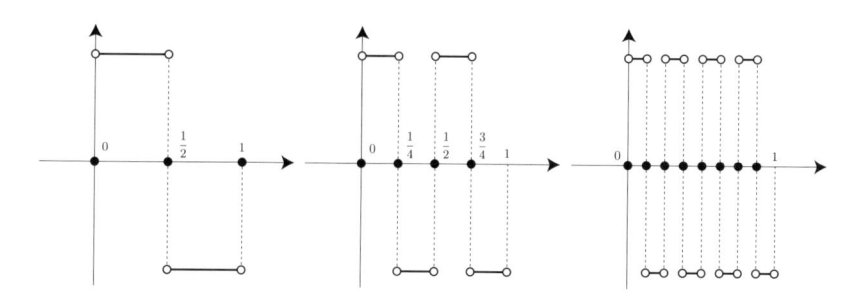

図 3.1. ロードマッハ関数 : $R(1,x)$, $R(2,x)$, $R(3,x)$

3.6. フーリエ三角級数展開

この節では正規直交系

$$\varphi_n(x) = \frac{e^{inx}}{\sqrt{2\pi}}, \qquad n = 0, \pm 1, \pm 2, \ldots$$

が $L^2([-\pi,\pi])$ で完全であることを示そう. 少し準備が必要である.

$f \in L^1([-\pi,\pi])$ に対して, f のフーリエ級数の部分和 f_n を

$$f_n = \sum_{k=-n}^{n} (f, \varphi_k)\varphi_k, \qquad n = 0, 1, 2, \ldots$$

と定める. そのとき

$$f_n(x) = \sum_{k=-n}^{n} \frac{1}{2\pi} \int_{-\pi}^{\pi} f(t) e^{ik(x-t)} \, dt$$

次の性質を示そう.

定理 3.6.1 $f_0, \ldots, f_n$ の平均は f に L^1 で収束する.

$$\lim_{n \to \infty} \frac{f_0 + f_1 + \cdots + f_n}{n+1} = f \in L^1([-\pi,\pi])$$

証明

$$\frac{f_0 + f_1 + \cdots + f_n}{n+1} = \sum_{k=-n}^{n} \left(1 - \frac{|k|}{n+1}\right)(f, \varphi_k)\varphi_k$$

$$= \frac{1}{2\pi} \int_{-\pi}^{\pi} f(t) \Big(\sum_{k=-n}^{n} \left(1 - \frac{|k|}{n+1}\right) e^{ik(x-t)} \Big) dt$$

$$= \frac{1}{2\pi} \int_{-\pi}^{\pi} K_n(x-t) f(t) \, dt$$

$$= \frac{1}{2\pi} \int_{-\pi}^{\pi} K_n(t) f(x-t) \, dt$$

と変形できる.但し,$K_n(t)$ は次の定義で与えられる積分核とする.そのとき,定理の証明は後に述べる定理 3.6.3 に帰着する. □

定義 3.6.1

$$K_n(t) = \sum_{k=-n}^{n} \left(1 - \frac{|k|}{n+1}\right) e^{ikt}$$

とおく.

まず次の初等的な命題が成立することに注意しよう.

命題 3.6.1

$$\sum_{k=-n}^{n} \left(1 - \frac{|k|}{n+1}\right) e^{ikt} = \frac{1}{n+1} \frac{\sin^2((n+1)x/2)}{\sin^2(x/2)}$$

演習 3.6.1 この命題を示せ.

さらに次の定理が成り立つ.

定理 3.6.2 $K_n(t)$ は次の性質を満たす.

(1) $K_n(x) \geq 0$ かつ

$$\int_{-\pi}^{\pi} K_n(t) \, dt = 2\pi$$

3.6. フーリエ三角級数展開

(2) すべての $\delta \in (0, \pi)$ に対して,
$$\lim_{n \to \infty} \int_{\delta}^{2\pi - \delta} K_n(t) \, dt = 0$$

証明 (2) を示す. $t \in (\delta, 2\pi - \delta), \delta \in (0, \pi)$ では $\sin \frac{x}{2} \geq \sin \frac{\delta}{2}$ より,
$$K_n(t) \leq \frac{1}{(n+1) \sin^2 \frac{\delta}{2}}$$
が成り立つ. したがって題意は明らかに成立する. □

定理 3.6.3 任意の $f \in L^1([-\pi, \pi])$ に対して,
$$\lim_{n \to \infty} \frac{1}{2\pi} \int_{-\pi}^{\pi} K_n(t) f(x-t) \, dt = f(x)$$
が $L^1([-\pi, \pi])$ ノルムの意味で成り立つ.

証明 (1) を用いて少し式を変形すれば, 次を示すことに帰着する.
$$\int_{-\pi}^{\pi} \left| \frac{1}{2\pi} \int_{-\pi}^{\pi} K_n(t)(f(x-t) - f(x)) \, dt \right| dx \to 0 \quad (n \to \infty)$$
そのとき, 上の式の左辺を I とおけば,
$$I \leq \int_{-\pi}^{\pi} \frac{1}{2\pi} \int_{-\delta}^{\delta} K_n(t) |f(x-t) - f(x)| \, dt \, dx$$
$$+ \int_{-\pi}^{\pi} \frac{1}{2\pi} \int_{\delta}^{2\pi - \delta} K_n(t) |f(x-t) - f(x)| \, dt \, dx$$
$$\leq \frac{1}{2\pi} \max_{|t| \leq \delta} \int_{-\pi}^{\pi} |f(x-t) - f(x)| \, dx \int_{-\pi}^{\pi} K_n(t) \, dt$$
$$+ \frac{1}{2\pi} \max_{|t| \leq \pi} \int_{-\pi}^{\pi} |f(x-t) - f(x)| \, dx \int_{\delta}^{2\pi - \delta} K_n(t) \, dt$$
$$\leq \max_{|t| \leq \delta} \int_{-\pi}^{\pi} |f(x-t) - f(x)| \, dx$$
$$+ \frac{1}{\pi} \int_{-\pi}^{\pi} |f(x)| \, dx \int_{\delta}^{2\pi - \delta} K_n(t) \, dt$$

最後の行で, 第 1 項は $\delta \to 0$ で任意に小さくでき, 第 2 項は δ を固定し $n \to \infty$ とすれば, 前定理 (2) により 0 に収束する. したがって題意は示された. □

以上の準備のもとに

定理 3.6.4 もし, $f \in L^1([-\pi, \pi])$ がすべての番号 n で $(f, \varphi_n) = 0$ を満たせば $f = 0$ がほとんど至るところ成立する.

証明 仮定より, $f_n = 0, n = 0, 1, 2, \ldots$. よって
$$\frac{f_0 + f_1 + \cdots + f_n}{n + 1} = 0$$
一方, 前定理より $L^1([-\pi, \pi])$ で
$$\frac{f_0 + f_1 + \cdots + f_n}{n + 1} \to f, \quad n \to \infty$$
が成立するので, f はほとんど至るところ 0 でなければならない. □

定理 3.6.5 正規直交系
$$\varphi_n(x) = \frac{e^{inx}}{\sqrt{2\pi}}, \qquad n = 0, \pm 1, \pm 2, \ldots$$
は $L^2([-\pi, \pi])$ で完全である

証明 $f \in L^2([-\pi, \pi])$ ならば $f \in L^1([-\pi, \pi])$ であることを用いよ. □

この定理によれば $f \in L^2([-\pi, \pi])$ は
$$f = \sum_{-\infty}^{\infty} c_n \varphi_n$$

$$c_n = \frac{1}{\sqrt{2\pi}} \int_{-\pi}^{\pi} f(t) e^{-ikt} \, dt$$
とフーリエ三角級数展開できることになる. 実はこの級数はほとんど至るところ収束しているがその証明は難しい.

3.7. 直交射影とリースの表現定理

定義 3.7.1 $S \neq \emptyset$ をヒルベルト空間 H の部分集合とする. このとき, S に直交する H のベクトル全体 を S の **直交補集合** といい $S^\perp$ で表す, つまり

$$S^\perp = \{x \in H; (x,y) = 0 \text{ がすべての } y \in S \text{ に対して成立}\}$$

定理 3.7.1 H をヒルベルト空間とする. 任意の部分集合 $S \subset H$ に対して $S^\perp$ は H の閉部分空間となる.

証明 ベクトル列 $\{x_n\} \subset S^\perp$ が $x \in H$ に収束するとしよう. すると内積の連続性より, 任意の $y \in S$ に対して

$$(x,y) = \lim_{n \to \infty}(x_n, y) = 0$$

したがって, $x \in S^\perp$ が示された. □

定義 3.7.2 S が 凸 であるとは, すべての $x, y \in S$ と $\alpha \in (0,1)$ に対して $\alpha x + (1-\alpha)y \in S$ となることである.

定理 3.7.2 S をヒルベルト空間 H の閉凸部分集合とする. このとき, すべての $x \in H$ に対して一意的なベクトル $y \in S$ があって次が成立する.

$$\|x-y\| = \inf_{z \in S}\|x-z\|$$

証明 右辺を d とおき, $\{y_n\}$ を下限に向かう S のベクトル列とする. つまり

$$\lim_{n \to \infty}\|x - y_n\| = \inf_{z \in S}\|x-z\| = d.$$

$\{y_n\}$ はコーシー列である. なぜなら, S の凸性から $(y_n + y_m)/2 \in S$ なので,

$$\|x - \frac{1}{2}(y_n + y_m)\| \geq d$$

この不等式と中線定理より

$$\|y_m - y_n\|^2 = 2(\|x - y_m\|^2 + \|x - y_n\|^2) - 4\left\|x - \frac{1}{2}(y_n + y_m)\right\|^2$$
$$\leq 2(\|x - y_m\|^2 + \|x - y_n\|^2) - 4d^2 \to 0 \quad (n \to \infty)$$

がわかり, $\{y_n\}$ はコーシー列である. したがって極限があり, それを $y \in S$ とすればよい. 一意性も中線定理を用いれば容易に示すことができる. □

定理 3.7.3 S を 実ヒルベルト空間 H の閉凸部分集合とする. $y \in S$, $x \in H$ とするとき次は互いに同値である.
(1) $\|x - y\| = \inf_{z \in S} \|x - z\|$
(2) $(x - y, z - y) \leq 0$ がすべての $z \in S$ で成立する.

証明 必要性 (1) ⇒ (2) は, $z \in S, \lambda \in (0,1)$ に対し, $\lambda z + (1 - \lambda)y \in S$ を考えれば

$$\|x - y\| \leq \|(x - y) - \lambda(z - y)\|$$

を得る. ここで, 両辺を 2 乗すれば直ちに,

$$(x - y, z - y) \leq \frac{\lambda}{2}\|z - y\|^2$$

を得るが, ここで $\lambda \to 0$ とすればよい.

十分性 (2) ⇒ (1) を見るには恒等式

$$\|x - y\|^2 - \|x - z\|^2 = 2(x - y, z - y) - \|z - y\|^2$$

を用いればよい. □

同じような議論で, 次の直交分解定理が証明できる.

定理 3.7.4 (**直交分解**) S をヒルベルト空間 H の閉部分空間とする. そのとき, すべてのベクトル $x \in H$ が一意的に

$$x = y + z, \quad y \in S, \quad z \in S^\perp$$

と分解される.

3.7. 直交射影とリースの表現定理

証明 簡単のため, H を実ヒルベルト空間とする. $y \in S$ を $\|x-y\| = \inf_{z \in S} \|x-z\|$ の一意解とする. 任意の $z \in S$ と $\lambda \in \mathbf{R}$ で

$$\|x-y\|^2 \leq \|x-y-\lambda z\|^2 = \|x-y\|^2 - 2\lambda(z, x-y) + |\lambda|^2 \|z\|^2$$

が成り立つので, 整理して $\lambda > 0$ で $\lambda \to +0$ とすれば,

$$(z, x-y) \leq 0$$

を得る. 同様に $\lambda < 0$ で $\lambda \to -0$ とすれば逆向きの不等式も得られるので

$$(z, x-y) = 0$$

を得る. このことから, $x - y \in S^\perp$ が示された. H が複素ヒルベルト空間の場合には, λ を $\pm i\lambda$ で置き換えて同様に推論すればよい. □

系 3.7.1 S がヒルベルト空間 H の閉部分空間ならば, $S^{\perp\perp} = S$ となる.

証明 $S \subset S^{\perp\perp}$ は明らかなので, $S^{\perp\perp} \subset S$ を示す. $x \in S^{\perp\perp}$ とすれば, $x = y + z, y \in S, z \in S^\perp$ と分解できる. $y \in S^{\perp\perp}$ でもあるから, $z = x - y \in S^{\perp\perp}$ となるが, $z \in S^\perp$ なので $z = 0$ となる. □

さて, 連続線形汎関数に関するリースの表現定理を述べる前に, 線形汎関数の例をあげておこう.

例 3.17 $H = L^2([0,1])$ で次の線形汎関数は連続であり,

$$f(x) = \int_0^1 x(t)\, dt$$

$x_0(t) = 1$ とすれば, $f(x) = (x, x_0)$ と内積で表せる.

例 3.18 $H = L^2([0,1])$

$$f(x) = x(0)$$

とすると, f は線形であるが有界ではない. したがって不連続である.

例 3.19 $H = \mathbf{R}^N$, $f(x) = x_1$, $x = (x_1, x_2, \ldots, x_N)$ とすれば, 連続線形汎関数であり, $e = (1, 0, 0, \ldots, 0)$ を用いて, $f(x) = (x, e)$ と表せる.

命題 3.7.1 f を内積空間 E 上の有界線形汎関数とする．このとき，$N(f) = \{x \in E; f(x) = 0\}$ とおけば，$\dim N(f)^\perp \leq 1$ である．

証明 $f \neq 0$ としてよい．$\dim N(f)^\perp = 1$ を示す．連続性から $N(f)$ は閉部分空間となるので $N(f)^\perp \neq \emptyset$ である．$x, y \in N(f)^\perp$ かつ $f(x) \neq 0$, $f(y) \neq 0$ とする．そのとき，$c = -f(x)/f(y)$ とおくと $f(x + cy) = 0$ となる．したがって，$x + cy \in N(f)$．これは，$x, y \in N(f)^\perp$ と矛盾する． $\square$

定理 3.7.5 (リースの表現定理) f をヒルベルト空間 H 上の有界線形汎関数とする．そのとき，一意的な $x_0 \in H$ が存在して，
$$f(x) = (x, x_0), \qquad \text{すべての } x \in H$$
が成り立つ．また，$\|f\| = \|x_0\|$ が成り立つ．

証明 $f = 0$ なら明らかなので，$f \neq 0$ としてよい．前命題より $\dim N(f)^\perp = 1$ である．$z_0 \in N(f)^\perp$ を単位ベクトルとする．そのとき，$x \in H$ に対して
$$x = x - (x, z_0)z_0 + (x, z_0)z_0$$
と分解し，$x - (x, z_0)z_0 \in N(f)$ となることに注意すれば，
$$f(x) = f((x, z_0)z_0) = (x, z_0)f(z_0) = (x, \overline{f(z_0)}z_0)$$
がわかる．したがって $x_0 = \overline{f(z_0)}z_0$ とおけばよい．一意性は，もし $x_1 \neq x_0$ かつ $f(x) = (x, x_1)$ となれば，$(x, x_0 - x_1) = 0$ となるので，$x_1 = x_0$ がわかる．また，
$$\|f\| = \sup_{\|x\|=1} |f(x)| = \sup_{\|x\|=1} |(x_0, x)| \leq \|x_0\|$$
と
$$\|x_0\|^2 = (x_0, x_0) = |f(x_0)| \leq \|f\|\|x_0\|$$
から，$\|f\| = \|x_0\|$ が成立することがわかる． $\square$

定義 3.7.3 (可分性) ヒルベルト空間 H は完全正規直交系を含むとき **可分** であるという．

例 3.20 l^2, $L^2([a,b])$ は可分である.

例 3.21 (可分でないヒルベルト空間の例) $\mathcal{F}(\mathbf{C})$ を $\mathbf{C}$ 上で定義される複素数値関数で有限集合の補集合では 0 となるものの全体とする. そのとき内積を $(f,g) = \displaystyle\sum_{z\in\mathbf{C}} f(z)\overline{g(z)}$ と定めれば, $\mathcal{F}(\mathbf{C})$ はヒルベルト空間となるが明らかに可分ではない.

定理 3.7.6 すべての可分なヒルベルト空間は, 可算個の稠密な部分集合を含む.

演習 3.7.1 この定理を証明せよ.

3.8. 章末問題 A

問題 3.1 ヒルベルト空間の正規直交系 $\{e_n\}$ は弱収束することを証明せよ.

問題 3.2 (リーマン・ルベーグの定理) $f \in L^2([-\pi,\pi])$ ならば,
$$\lim_{n\to\infty}\int_{-\pi}^{\pi} f(x)\cos nx\, dx = 0, \quad \lim_{n\to\infty}\int_{-\pi}^{\pi} f(x)\sin nx\, dx = 0$$
が成り立つことを証明せよ.

問題 3.3 (チェザロ和の一様収束性) 定理 3.6.3 を参考にして, 次のことを証明せよ. f が周期 2π の連続関数ならば, f のフーリエ級数のチェザロ和
$$f_n(x) = \sum_{k=-n}^{n} \frac{1}{2\pi}\left(1 - \frac{|k|}{n+1}\right)\int_{-\pi}^{\pi} f(t)e^{-ikt}dt\, e^{ikx}$$
は, $n\to\infty$ のとき $[-\pi,\pi]$ 上で f に一様収束することを証明せよ.

問題 3.4 (ワイエルシュトラスの三角多項式近似定理) f が周期 2π の連続関数ならば, $[-\pi,\pi]$ 上で f に一様収束する三角多項式の列
$$f_n(x) = a_{n,0} + \sum_{k=1}^{n}(a_{n,k}\cos kx + b_{n,k}\sin kx)$$
が存在することを証明せよ.

問題 3.5 (ワイエルシュトラスの多項式近似定理) $f \in C([0,1])$ ならば, f に $[0,1]$ 上で一様収束する多項式の列が存在することを証明せよ.

コーヒーブレイク：フィールズ賞

物理，化学などで最高の栄誉であるノーベル賞．最近では日本人研究者が立て続けにノーベル賞を受賞しました．そのノーベル賞には数学賞がありません．なぜないのかについては，複素解析の基礎のコーヒーブレイクで触れておきました．では，数学で最高の栄誉となる賞はというと，一般にはあまり知られていませんが，フィールズ賞という賞がこれにあたり，数学のノーベル賞といわれることもあります．このフィールズ賞は，4年に1度開催される国際数学者会議 (ICM) において，顕著な業績をあげた40歳以下の若手の数学者に授与されます．フィールズ賞の名前の由来は，1932年に亡くなったカナダ人数学者ジョン・チャールズ・フィールズ (John Charles Fields) の遺志によって作られた賞であることによります．フィールズの遺言に従い，同年にチューリッヒで開催された国際数学者会議で制定されて，1936年に第1回の賞が授与されました．しかし，受賞機会は4年に1度で，かつ受賞時点で40歳以下，という制限がついていることから，時のめぐり合わせに恵まれなかった数学者も数多くいます．数年前に話題になったフェルマー予想を解決したワイルズもその一人ですが，あまりにも有名な問題を解決したことから，1998年のフィールズ賞選考委員会は知恵を絞り，ワイルズには特別賞として，フィールズ賞の金メダルと同じデザインの銀メダルが，1998年ベルリンでの国際数学者会議で授与されました．メダルは銀ですが，このメダルを手にしたのはワイルズただ一人です．

日本人ではこれまでに，小平邦彦 (1954年)，広中平祐 (1970年)，森重文 (1990年) の3人が受賞しています．

第 4 章

ヒルベルト空間上の線形作用素

4.1. 線形作用素に関する基本的事項

E を内積空間, あるいはノルム空間とする. 線形写像 $A: E \to E$ を E 上の **線形作用素** という.

定義 4.1.1 線形作用素 A の ノルム を

$$\|A\| = \sup_{\|x\|=1} \|Ax\|$$

で定める.

線形汎関数の場合と同様にして, 線形作用素の連続性は有界性と同値になることがわかる. また, 有界線形作用素の全体は上のノルムでノルム空間になるが, この空間を $B(E)$ で表す. E が完備であれば $B(E)$ も完備でバナッハ空間となることに注意しよう.

例 4.1 恒等作用素 $I: E \to E$ を $Ix = x$, 同様に **零作用素** 0 を $0x = 0$ で定める. これらは有界線形作用素である.

例 4.2 (行列) A を $\mathbf{C}^N$ 上の有界線形作用素としよう. $\mathbf{C}^N$ の正規直交系を $\{e_1, e_2, \ldots, e_N\}$ を, $e_1 = (1, 0, 0, \ldots, 0)$, $e_2 = (0, 1, 0, \ldots, 0)$, $\ldots e_N = (0, 0, \ldots, 0, 1)$ で定める. さらに

$$a_{i,j} = (Ae_j, e_i)$$

と定める. そのとき, $x = \sum_{j=1}^{N} \lambda_j e_j$ に対して, $Ax = \sum_{j=1}^{N} \lambda_j A e_j$,

$$(Ax, e_i) = \sum_{j=1}^{N} \lambda_j (Ae_j, e_i) = \sum_{j=1}^{N} a_{i,j} \lambda_j$$

つまり, 作用素 A に対して, $N \times N$ 行列 $(a_{i,j})$ が基底を定めるごとに一意的に対応することがわかる. 固定された基底のもとでは, この行列と作用素を同一視することができるのであった.

$$A \longleftrightarrow (a_{i,j})$$

また, 基底の変換に対してこの行列が対応する変換を受けることは, 線形代数学により, よく知られている. もし, 作用素 A が行列 $(a_{i,j})$ で定義されていれば, ノルムは次の不等式を満たす.

$$\|A\| \leq \left(\sum_{i=1}^{N} \sum_{j=1}^{N} |a_{i,j}|^2 \right)^{1/2}$$

例 4.3 (ヒルベルト・シュミット型の積分作用素)

$$(Tf)(x) = \int_a^b K(x,y) f(y) \, dy$$

$K(x,y)$ は **積分核** といわれる $[a,b] \times [a,b]$ 上の関数である. 例えば,

$$M = \left(\int_a^b \int_a^b |K(x,y)|^2 \, dxdy \right)^{1/2} < \infty \qquad (4.1.1)$$

を満たせば, T は $L^2([a,b])$ 上の有界線形作用素となる.
実際, シュワルツの不等式より

$$\int_a^b |(Tf)(x)|^2 \, dx = \int_a^b \left| \int_a^b K(x,y) f(y) \, dy \right|^2 dx$$
$$\leq \int_a^b \int_a^b |K(x,y)|^2 \, dxdy \int_a^b |f(x)|^2 \, dx$$

つまり

$$\|Tf\| \leq M \|f\|$$

が成立することがわかるからである. 条件 (4.1.1) を満たす積分核 $K(x,y)$ を
ヒルベルト・シュミット型の積分核という.

例 4.4 (有界積分作用素) ほとんど至るところの x に対して $K(x) = \int_a^b |K(x,y)|\,dy$ が存在して有界で, かつ, ほとんど至るところの y に対して $H(y) = \int_a^b |K(x,y)|\,dx$ が存在して有界であるとする. この条件の下で, T は $L^2([a,b])$ 上の有界線形作用素となる. 実際,

$$|(Tf)(x)| \le \int_a^b |K(x,y)||f(y)|\,dy$$
$$\le \Big(\int_a^b |K(x,y)|\,dy\Big)^{\frac{1}{2}} \Big(\int_a^b |K(x,y)||f(x)|^2\,dx\Big)^{\frac{1}{2}}$$

より

$$|(Tf)(x)|^2 \le K(x) \int_a^b |K(x,y)||f(y)|^2\,dy$$
$$\le (\sup_{x \in [a,b]} K(x)) \int_a^b |K(x,y)||f(y)|^2\,dy$$

ゆえに

$$\int_a^b |(Tf)(x)|^2\,dx \le (\sup_{x \in [a,b]} K(x))(\sup_{y \in [a,b]} H(y)) \int_a^b |f(y)|^2\,dy$$

すなわち, ある正定数 C で $\|Tf\| \le C\|f\|$ が成立する.

例 4.5 (かけ算作用素) $g \in C([a,b])$ に対して

$$(Af)(x) = g(x)f(x)$$

と定めれば A は $L^2([a,b])$ のかけ算作用素となる. もちろん有界である.

作用素 A と B の合成 $A \circ B$ を AB (かけ算) で表すことにする. 一般には $AB \ne BA$ である. 次は明らかであろう.

補題 4.1.1 2つの有界線形作用素の積に関して,

$$\|AB\| \le \|A\|\|B\|$$

定義 4.1.2 (双線形写像) 写像 $\phi(x,y) : E \times E \to \mathbf{C}$ が次を満たすとき **双線形写像** であるという. すべての $x, x_1, x_2, y, y_1, y_2 \in E, \alpha, \beta \in \mathbf{C}$ に対して

(1) $\phi(\alpha x_1 + \beta x_2, y) = \alpha \phi(x_1, y) + \beta \phi(x_2, y)$,
(2) $\phi(x, \alpha y_1 + \beta y_2) = \overline{\alpha} \phi(x, y_1) + \overline{\beta} \phi(x, y_2)$

また, すべての $x, y \in E$ で

$$\phi(x,y) = \overline{\phi(y,x)}$$

が成り立つとき ϕ は対称であるといい,

$$\phi(x,x) \geq 0 \qquad (\phi(x,x) > 0, \, x \neq 0)$$

が成り立つとき非負値 (正値) であるという.

最後に ϕ のノルムは次で与えられる.

$$\|\phi\| = \sup_{\|x\|=\|y\|=1} |\phi(x,y)|$$

例 4.6 内積は双線形写像である.

例 4.7 A, B を有界線形作用素とすれば, $(Ax, y), (x, By), (Ax, By)$ 等は双線形写像である.

定義 4.1.3 ϕ を双線形写像とするとき, $\Phi(x) = \phi(x,x)$ を E 上の ϕ に付随する 2 次形式という.

内積空間の内積に $\|\cdot\| = \sqrt{(\cdot,\cdot)}$ でノルムが対応していたように, 双線形写像と 2 次形式にも同様の関係があることを注意しておこう.

定理 4.1.1 ϕ を E 上の双線形写像, Φ を ϕ に付随する 2 次形式とする. このとき, すべての $x, y \in E$ に対して次の恒等式が成立する.

$$4\phi(x,y) = \Phi(x+y) - \Phi(x-y) + i\Phi(x+iy) - i\Phi(x-iy)$$

4.1. 線形作用素に関する基本的事項

証明 次の公式を用いれば容易である.

$$\Phi(\alpha x + i\beta y) = \phi(\alpha x + i\beta y, \alpha x + i\beta y)$$
$$= |\alpha|^2 \Phi(x) + \alpha\overline{\beta}\phi(x,y) + \overline{\alpha}\beta\phi(y,x) + |\beta|^2 \Phi(y). \quad \square$$

例 4.8 A, B が線形作用素で, $(Ax, x) = (Bx, x)$ がすべての $x \in E$ で成り立てば $A = B$ となる. これは, それぞれに対応する双線形写像 (Ax, y), (Bx, y) が上の定理から一致することになるからである.

定義 4.1.4 (**強圧性**) ϕ を双線形写像とするとき, ある正定数 M があって,

$$\phi(x, x) \geq M\|x\|^2, \qquad \text{すべての } x \in E$$

とできるとき, ϕ は **強圧的** であるという.

定理 4.1.2 (**ラックス・ミルグラムの定理**) ϕ をヒルベルト空間 H 上の有界, 強圧的な双線形写像とする. H 上の任意の有界線形汎関数 f に対して, ある $x_f \in H$ が存在して

$$f(x) = \phi(x, x_f) \qquad \text{すべての } x \in H$$

が成り立つ.

証明 リースの定理よりすべての $x, y \in H$ で

$$\phi(x, y) = (x, Ay)$$

が成り立つような有界線形作用素が存在する. 実際 y を固定して考えれば, 対応 $x \to \phi(x, y)$ は連続線形写像であるからある $z \in H$ があって $\phi(x, y) = (x, z)$ と一意的に内積で書ける. この対応 $y \in H \to z \in H$ で連続線形作用素 A を定めればよい.

仮定から, ある正定数 M があって $M\|x\| \leq \|Ax\|$ が成立するので A は 1 対 1 で可逆な作用素となる. 一方, リースの定理よりある $x_0 \in H$ で $f(x) = (x, x_0)$ が成り立つことを用いれば, $x_0 = Ax_f$ として

$$f(x) = (x, x_0) = (x, Ax_f) = \phi(x, x_f)$$

を得る. □

4.2. 自己共役作用素

定義 4.2.1 (共役作用素) A をヒルベルト空間 H 上の有界線形作用素とする. そのとき, $A^* : H \to H$ を

$$(Ax, y) = (x, A^*y) \qquad \text{すべての } x, y \in H \text{ で成立}$$

で定義する. この作用素 A^* を A の **共役作用素** という. その存在は, リースの定理から保証されている.

次は自明であろう.

定理 4.2.1

$$(A+B)^* = A^* + B^*, (aA)^* = \bar{a}A^*, (A^*)^* = A, (AB)^* = B^*A^*$$

定理 4.2.2 A が有界線形作用素ならば, A^* も有界線形作用素で

$$\|A^*\| = \|A\|, \quad \|A^*A\| = \|A\|^2$$

が成り立つ.

証明 $\|A\|^2 = \sup_{\|x\| \leq 1}(Ax, Ax) = \sup_{\|x\| \leq 1}(x, A^*Ax) \leq \|A^*A\|$ と $\|A^*A\| \leq \|A^*\|\|A\|$ から直ちに $\|A\| \leq \|A^*\|$ がわかる. 同様に $\|A^*\| \leq \|A\|$ も成り立つので $\|A\| = \|A^*\|$ が示された.

また $\|A\|^2 \leq \|A^*A\| \leq \|A\|^2$ も成り立つので $\|A\|^2 = \|A^*A\|$ もわかる. □

定義 4.2.2 $A = A^*$ であるとき, A を **自己共役作用素** という.

4.2. 自己共役作用素

例 4.9 $H = \mathbf{C}^N$ の標準的な基底を固定して考えるとき, H 上の作用素は行列と同一視できる. そのとき共役作用素は共役行列 (転置行列の複素共役) と同一視される.

例 4.10 (積分作用素の共役) $L^2([a,b])$ 上の積分作用素

$$(Tf)(x) = \int_a^b K(x,y) f(y)\, dy$$

の共役作用素は,

$$(T^*f)(x) = \int_a^b \overline{K(y,x)} f(y)\, dy$$

で与えられる. よって, $K(x,y) = \overline{K(y,x)}$ のとき自己共役となる.

演習 4.2.1 $L^2([a,b])$ 上のかけ算作用素 $(Af)(x) = xf(x)$ が自己共役であることを示せ.

演習 4.2.2 A が有界線形作用素ならば, $A + A^*, A^*A$ が自己共役であることを示せ.

定理 4.2.3 T をヒルベルト空間 H 上の自己共役作用素とすれば

$$\|T\| = \sup_{\|x\|=1} |(Tx, x)|$$

証明 $\|T\| \leq \sup_{\|x\|=1} |(Tx,x)| = K$ を示せばよい.

$$\lambda = \sqrt{\frac{\|Tx\|}{\|x\|}}, \quad y = \frac{Tx}{\lambda}, \quad (Tx \neq 0)$$

とおく. そのとき,

$$4\|Tx\|^2 = (T(\lambda x + y), \lambda x + y) - (T(\lambda x - y), \lambda x - y)$$

に注意して

$$\begin{aligned} 4\|Tx\|^2 &\leq K(\|\lambda x + y\|^2 + \|\lambda x - y\|^2) \\ &= 2K(\|\lambda x\|^2 + \|y\|^2) \\ &= 4K\|Tx\|\|x\| \end{aligned}$$

したがって, $\|T\| \leq K$ が示された. □

4.3. 逆作用素

有限次元の場合と同様にして, ヒルベルト空間 H 上の有界線形作用素 A が 1 対 1 かつ上への写像ならばその逆を考えることができる. それを A^{-1} で表し, A の **逆作用素** という.

定理 4.3.1 ヒルベルト空間 H 上の有界線形作用素 A が $R(A) = H$ かつ有界な逆作用素 A^{-1} をもてば, A^* も可逆で $(A^*)^{-1} = (A^{-1})^*$ となる. さらに A が自己共役ならば A^{-1} も自己共役である.

証明
$$(A^{-1})^* A^* x = A^* (A^{-1})^* x = x$$
がすべての $x \in H$ で成立することを示せばよい. 実際, 任意の $y \in H$ で
$$(y, (A^{-1})^* A^* x) = (A^{-1} y, A^* x) = (AA^{-1} y, x) = (y, x)$$
同様に,
$$(y, A^* (A^{-1})^* x) = (Ay, (A^{-1})^* x) = (A^{-1} Ay, x) = (y, x)$$
となるので
$$(y, (A^{-1})^* A^* x) = (y, A^* (A^{-1})^* x) = (y, x)$$
が成立する. このことから定理の主張が従う. □

一般に, バナッハ空間 H 上の線形作用素 A が 1 対 1 かつ上への写像になっていれば, バナッハの開写像定理により, 逆写像は連続になることが知られている.

例 4.11 $E = l^2$
$$A(x_1, x_2, \ldots) = (0, x_1, x_2, \ldots)$$
で線形作用素 A を定めれば, 1 対 1 かつ有界である. しかし, 値域 $R(A)$ は E の真部分空間である.

例 4.12 $E = l^2$
$$A(x_1, x_2, \ldots) = (x_1/1, x_2/2, \ldots, x_N/N, \ldots)$$
で線形作用素 A を定めれば，1対1かつ有界である．しかし，$e_1 = (1, 0, 0, \ldots)$, $e_2 = (0, 1, 0, 0, \ldots), \ldots$ の逆像は $ne_n = A^{-1}e_n$ となり，A^{-1} は有界作用素ではない．(これより，$R(A) \neq E$ でなければならない．)

定義 4.3.1 (**正規作用素**) 有界作用素 T は次の性質をもつとき **正規作用素** であるという．
$$TT^* = T^*T$$

もちろん自己共役作用素は正規作用素であるが，次の正規作用素の特徴付けが知られている．

定理 4.3.2 有界作用素 T が正規作用素であるための必要十分条件はすべての $x \in H$ に対して
$$\|Tx\| = \|T^*x\|$$
が成立することである．

証明 $\|Tx\| = \|T^*x\|$ を仮定しよう．すると
$$(TT^*x, x) = (T^*Tx, x)$$
がすべての $x \in H$ に対して成立する．したがって，例 4.8 から $TT^* = T^*T$ が成り立つことがわかる．この逆は明らかであろう． □

例 4.13 H をヒルベルト空間，T を $Tx = ix, x \in H$ で定まる作用素とする．そのとき
$$T^*x = -ix = -Tx$$
であるから T は正規であるが自己共役ではないが，$\|Tx\| = \|T^*x\|$ を満たしている．

例 4.14 H をヒルベルト空間, T を 有界作用素とする. そのとき
$$A = \frac{T+T^*}{2}, \quad B = \frac{T-T^*}{2i}$$
とすれば, A, B は自己共役作用素で
$$T = A + iB$$
が成立する. さらに, T が正規作用素であれば
$$AB = BA$$
が成り立つ. また逆に2つの自己共役作用素 A, B が $AB = BA$ を満たせば, 上で定まる T は正規作用素である.

定義 4.3.2 (ユニタリー作用素) ヒルベルト空間 H 上の有界線形作用素 A が,
$$A^*A = AA^* = I$$
を満たすとき, **ユニタリー作用素** であるという.

定理 4.3.3 ヒルベルト空間 H 上の作用素 A がユニタリー作用素ならば,
(1) $A^{-1} = A^*$
(2) すべての $x \in H$ に対して
$$\|Ax\| = \|x\| \quad \text{(等距離性)}$$

証明 (1) は明らかである. (2) も $\|Ax\|^2 = (Ax, Ax) = (A^*Ax, x) = \|x\|^2$ より従う. □

4.4. 正値作用素

定義 4.4.1 (正値作用素) H 上の自己共役作用素 A は次を満たすとき **非負値 (正値)** であるといわれる.
$$(Ax, x) \geq 0 \, (> 0) \qquad \text{すべての } x \in H, x \neq 0$$
非負値 (正値) であることを簡単に $A \geq 0 \, (A > 0)$ で表す.

4.4. 正値作用素

例 4.15 非負値関数 $g(x) \in C([a,b])$ を用いて

$$(Af)(x) = g(x)f(x), \quad f \in L^2([a,b])$$

と定めれば非負値となる.

例 4.16 A をヒルベルト空間 H 上の有界作用素とする. このとき

$$AA^*, \quad A^*A$$

は共に正値作用素である. 実際 $(A^*Ax, x) = (Ax, Ax) \geq 0$ と $(AA^*x, x) = (A^*x, A^*x) \geq 0$ が成立する.

定理 4.4.1 A をヒルベルト空間 H 上の可逆な有界作用素とする. そのとき, A が正値作用素ならば A^{-1} も正値作用素となる.

証明 $y = Ax$ とおけば

$$(y, A^{-1}y) = (Ax, A^{-1}Ax) = (Ax, x) \geq 0$$

となり, 主張が成り立つことがわかる. □

この正値性の概念により, 2 つの作用素の "大小関係" が比較できる. つまり, $A - B \geq 0$ のとき $A \geq B$ と約束すればよい.

定義 4.4.2 ヒルベルト空間 H 上の 2 つの自己共役作用素 A, B に対してすべての $x \in H$ に対して

$$(Ax, x) \geq (Bx, x)$$

が成り立つとき,

$$A \geq B$$

と定める. 実際, 次が成り立つからである.

$$((A - B)x, x) = (Ax, x) - (Bx, x) \geq 0$$

例 4.17 自己共役作用素 A が $\|A\| \leq 1$ を満たせば, $A \leq I$ (I は恒等写像) である. それは, $(Ax, x) \leq \|A\|\|x\|^2 \leq \|x\|^2$ から $((I-A)x, x) = \|x\|^2 - (Ax, x) \geq 0$ が成立するからである.

2つの非負値作用素の積は必ずしも非負値作用素とはならない. そのような例をあげておこう.

例 4.18 $\mathbf{R}^2$ 上の行列で表される作用素を考える.

$$A = \begin{pmatrix} 1 & 0 \\ 0 & 0 \end{pmatrix} \qquad B = \begin{pmatrix} 1 & 1 \\ 1 & 1 \end{pmatrix}$$

すると,

$$AB = \begin{pmatrix} 1 & 1 \\ 0 & 0 \end{pmatrix} \quad BA = \begin{pmatrix} 1 & 0 \\ 1 & 0 \end{pmatrix}$$

は非負値ではない.

演習 4.4.1 上の例を検証せよ.

定理 4.4.2 ヒルベルト空間 H 上の2つの正値作用素 A, B が $AB = BA$ (**交換法則**) を満たせば, 2つの積作用素 AB, BA は正値作用素である.

証明 一般性を失うことなく, $\|A\| = 1$ と仮定しよう. 帰納的に,

$$A_1 = A, \quad A_{n+1} = A_n - A_n^2, \quad n = 1, 2, \ldots$$

で定まる正値作用素の列 $\{A_n\}$ を考える. すると帰納的に A_n は

$$0 \leq A_n \leq I \quad n = 1, 2, \ldots$$

を満たし, B と交換法則が成り立つことがわかる. 実際, $k \leq n$ のとき $0 \leq A_k \leq I$ と仮定すれば, $(A_{n+1}x, x) = (A_n(I-A_n)x, x) = (A_n(I-A_n)x, (I-A_n)x) + ((I-A_n)A_n x, A_n x) \geq 0$ から $A_{n+1} \geq 0$ がわかる. 同様に,

$((I-A_{n+1})x, x) = \|x\|^2 - (A_n x, x) + \|A_n x\|^2 = \|x - A_n x\|^2 + (A_n x, x) \geq 0$
から $A_{n+1} \leq I$ もわかる. さらに,

$$\sum_{k=1}^{n} A_k^2 = A_1 - A_{n+1} \leq A_1 = A$$

から $\sum_{n=1}^{\infty} \|A_n x\|^2$ が任意の $x \in H$ で収束することがわかる. このことから

$$\sum_{n=1}^{\infty} A_n^2 x = A_1 x = Ax$$

が成り立ち, 各 A_n が B と交換法則が成り立つので

$$(ABx, x) = (BAx, x) = \sum_{n=1}^{\infty}(BA_n^2 x, x) = \sum_{n=1}^{\infty}(BA_n x, A_n x) \geq 0$$

を得る. □

系 4.4.1 A と B をヒルベルト空間 H 上の自己共役作用素で, $A \leq B$ を満たすとする. そのとき, A と B の両方と可換なすべての正値作用素 C に対して, $AC \leq BC$ が成り立つ.

次の定理は後でウェーブレットの解析に役立つので, ここで紹介しておこう.

定理 4.4.3 A をヒルベルト空間 H 上の自己共役作用素で, ある正数 α と β があって次の不等式を満たすとする.

$$\alpha I \leq A \leq \beta I \tag{4.4.1}$$

そのとき,

(1) A は可逆である.
(2) $R(A) = H$
(3) $\frac{1}{\beta} I \leq A^{-1} \leq \frac{1}{\alpha} I$

証明 まず, 不等式 (4.4.1) は次と同値であることに注意しよう.

$$\alpha \|x\|^2 \leq (Ax, x) \leq \beta \|x\|^2. \tag{4.4.2}$$

したがって, A は明らかに可逆である. また, 系 4.4.1 から,
$$\alpha A^{-1} \leq AA^{-1} \leq \beta A^{-1}$$
が成り立つことがわかるので, $\frac{1}{\beta}I \leq A^{-1} \leq \frac{1}{\alpha}I$ が示される. 最後に 2 番目の主張を検証しよう. そのためには, $R(A)$ が閉集合で, かつ $R(A)^{\perp} = \{0\}$ であることを示せば十分である. 列 $y_n \in R(A)$ がある $y \in H$ に収束すると仮定する. 仮定より, ある $x_n \in H$ で $y_n = Ax_n$ と表される. そのとき
$$\alpha \|x_n - x_m\|^2 \leq (A(x_m - x_n), x_m - x_n)$$
$$= (y_m - y_n, x_m - x_n) \leq \|y_m - y_n\| \|x_m - x_n\|$$
より,
$$\alpha \|x_n - x_m\| \leq \|y_m - y_n\|$$
を得る. これから, $\{x_n\}$ がコーシー列であることがわかり, 収束するのでその極限を $x \in H$ としよう. A の連続性から直ちに
$$y_n = Ax_n \to Ax$$
がわかるので $R(A)$ が閉集合であることが示された.

次に, すべての $x \in H$ に対して $(Ax, y) = 0$ を仮定しよう. すると, $(Ay, y) = 0$ でなければならないから, (4.4.2) により $y = 0$ となる. したがって, $R(A)^{\perp} = \{0\}$ である. $\square$

次は自己共役作用素の単調収束に関するものであるが, 実数の性質と類似であり興味深い.

定理 4.4.4 $A_1 \leq A_2 \leq \cdots \leq A_n \leq \cdots$ をヒルベルト空間 H 上の自己共役作用素の非減少列とし, すべての番号 m, n で $A_m A_n = A_n A_m$ を満たすと仮定する. もし B がヒルベルト空間 H 上の自己共役作用素であり, すべての番号 n で $A_n B = BA_n$ かつ $A_n \leq B$ を満たせば, ある自己共役作用素 A が存在して次を満たす.

$$\lim_{n \to \infty} A_n x = Ax, \quad (\text{すべての } x \in H), \tag{4.4.3}$$

4.4. 正値作用素

$$A_n \leq A \leq B \quad (\text{すべての } n \in \mathbf{N}). \tag{4.4.4}$$

証明 $C_n = B - A_n$ とおく．これらの作用素 C_n は互いに可換であり

$$C_1 \geq C_2 \geq \cdots \geq 0$$

を満たしている．$n < m$ のとき $(C_m - C_n)C_m$ と $C_n(C_m - C_n)$ は正値であるので，

$$(C_m^2 x, x) \geq (C_m C_n x, x) \geq (C_n^2 x, x)$$

がすべての $x \in H$ で成り立つ．したがって固定された $x \in H$ に対しては，$\{(C_n^2 x, x)\}$ は単調減少かつ有界な実数列となるから収束する．すなわち

$$\lim_{m,n \to \infty} (C_m C_n x, x) = \lim_{n \to \infty} (C_n^2 x, x).$$

これより

$$\begin{aligned}
\|C_m x - C_n x\|^2 &= ((C_m - C_n)^2 x, x) \\
&= (C_m^2 x, x) - 2(C_m C_n x, x) + (C_n^2 x, x) \to 0
\end{aligned}$$

が従うので，$\{C_n x\}$ はコーシー列となる．そのとき明らかに $\{A_n x\}$ はコーシー列となるので $A_n x$ は H で収束する．このとき，作用素 A を $Ax = \lim_{n \to \infty} A_n x$ で定めれば，自己共役でかつ $A_n \leq A \leq B$ を満たすことが容易にわかる．□

次も正値作用素の基本的で有効な性質である．

定理 4.4.5 すべての正値作用素 A は一意的な正の平方根 B をもつ．つまりある自己共役作用素 B が存在して $B^2 = A$ となる．

証明 $\alpha > 0$ を $\alpha^2 A \leq I$ を満たすように取る．次に $T_0 = 0$ として，帰納的に

$$T_{n+1} = T_n + \frac{1}{2}(\alpha^2 A - T_n^2) \quad (n = 1, 2, \ldots) \tag{4.4.5}$$

で自己共役作用素の列 $\{T_n\}$ を定める．これらは A と可換であるすべての作用素と可換であり，特に $T_m T_n = T_n T_m$ をすべての m と n で満たす．

さて, 任意の $n \in \mathbf{N}$ に対して

$$I - T_{n+1} = \frac{1}{2}(I - T_n)^2 + \frac{1}{2}(I - \alpha^2 A) \tag{4.4.6}$$

$$T_{n+1} - T_n = \frac{1}{2}((I - T_{n-1}) + (I - T_n))(T_n - T_{n-1}) \tag{4.4.7}$$

が成り立つ. したがって (4.4.6) より, $T_n \leq I$ がすべての $n \in \mathbf{N}$ でわかる. さらに

$$T_1 = \frac{1}{2}\alpha^2 A \geq 0 = T_0$$

と (4.4.7) から帰納的に

$$T_0 \leq T_1 \leq \cdots \leq T_n \leq \cdots$$

が成立することがわかる. したがって前定理から, $\{T_n\}$ はある正値自己共役作用素 T に収束する. この T は明らかに

$$T = T + \frac{1}{2}(\alpha^2 A - T^2)$$

を満たさなければならないので

$$\left(\frac{T}{\alpha}\right)^2 = A$$

が成立する. よって $B = T/\alpha$ とおけば, 明らかに 正値作用素で $B^2 = A$ を満たす.

あとは一意性を示せばよい. そこで B 以外に同じ性質をもつ正値作用素 C があったと仮定しよう. C は B とも可換であることに注意する. $x \in H$ として $y = (B-C)x$ とおく. そのとき, $B^2 = C^2 = A$ だから

$$(By, y) + (Cy, y) = ((B + C)y, y)$$
$$= ((B + C)(B - C)x, y)$$
$$= ((B^2 - C^2)x, y) = 0$$

となる. B と C は正値であるから, このことから $(By, y) = (Cy, y) = 0$ がわかる. ここで D を B の平方根とすれば

$$\|Dy\|^2 = (D^2 y, y) = (By, y) = 0.$$

よって $Dy = 0$ となり, 結局 $By = D^2y = 0$ を得る. 同様に $Cy = 0$ から,
$$\|Bx - Cx\|^2 = ((B-C)^2 x, x) = ((B-C)y, x) = 0$$
がすべての $x \in H$ で成立することになり, これから $B = C$ が結論される. □

4.5. 射影作用素

定義 4.5.1 (直交射影作用素) S をヒルベルト空間 H の閉部分空間とする. H 上の作用素 P を
$$Px = y, \text{ 但し}, x = y + z, y \in S, z \in S^\perp$$
で定めるとき, P を **直交射影作用素** という. また, y を x の S への **直交射影** という.

例 4.19 ヒルベルト空間 H の正規直交系 $\{e_1, e_2, \ldots\}$ を 1 つ固定するとき,
$$Px = \sum_{n=1}^{\infty}(x, e_n)e_n$$
とおくと, P は直交射影作用素となる. この場合は $S = \text{span}\{e_n\}$ である.

例 4.20 $H = L^2([-\pi, \pi])$ とし, P を次のように定義する.
$$(Px)(t) = \begin{cases} 0, & (t \leq 0) \\ x(t), & (t > 0) \end{cases}$$
この P は $t \leq 0$ で 0 となる関数のなす部分空間の上への射影である.

定義 4.5.2 作用素 T は $T^2 = T$ を満たすとき, **べき等** といわれる.

射影作用素はべき等であるが, 次の例のように, 逆は必ずしも正しくない.

例 4.21 $\mathbf{C}^2$ 上の作用素 T を $T(x, y) = (x - y, 0) \in \mathbf{C}^2$ で定める. そのとき, 明らかに T はべき等であるが,

$$(T(x,y),(x,y)-T(x,y)) = ((x-y,0),(x,y)-(x-y,0)) = x\overline{y}-|y|^2$$
であるから, $T(x,y)$ は必ずしも $(x,y)-T(x,y)$ と直交しない.

定理 4.5.1 有界作用素 P が直交射影作用素になるためには, $P^2 = P$ かつ自己共役となることが必要十分である.

証明 必要性は次のように簡単にわかる. P を H の閉部分空間 S への直交射影作用素としよう. $x, y \in H$ とするとき $x = x_1 + x_2$, $y = y_1 + y_2$, $x_1, y_1 \in S$, $x_2, y_2 \in S^\perp$ と一意的に分解できるが, そのとき

$$(Px, y) = (x_1, y_1 + y_2) = (x_1, y_1) = (x_1 + x_2, y_1) = (x, Py),$$
$$(P^2 x, y) = (Px, Py) = (x_1, y_1) = (Px, y).$$

ゆえに $P^* = P$ と $P^2 = P$ が成立する. 十分性を示そう. P が $P^2 = P$ かつ自己共役とする. $S = \{x : Px = x\}$ とおくと, S は明らかに閉部分空間である. すべての x で $Px \in S$, $x - Px \in S^\perp$ をいえばよい. 前半は明らかなので, 後半を示そう. 任意の $z \in S$ で

$$(x - Px, z) = (x, z) - (Px, z) = (x, z) - (x, Pz) = (x, z) - (x, z) = 0$$

したがって示された. □

系 4.5.1 P がヒルベルト空間 H 上の直交射影作用素ならば次が成立する.
$$(Px, x) = \|Px\|^2, \text{ すべての } x \in H$$

定義 4.5.3 (射影作用素の直交性) 2つの射影作用素 $P : H \to R$, $Q : H \to S$ が互いに直交するとは $PQ = 0$ となることとする. これは, $R \perp S$ というのと同じである.

$PQ = (QP)^*$ から, $PQ = 0$ と $QP = 0$ は同値である.

例 4.22 P が直交射影作用素であれば, $I - P$ もそうで, これらは互いに直交する.

4.6. コンパクト作用素

定義 4.6.1 ヒルベルト空間 H 上の作用素 A が **コンパクト作用素** であるとは, 任意の有界列 $\{x_n\} \subset H$ に対して, その像 $\{Ax_n\}$ が収束する部分列を含むこととする. このことは, 任意の有界集合の像の閉包がコンパクトであると言い換えても同じである.

コンパクト集合は有界であるから, この定義から次は明らかであろう.

命題 4.6.1 ヒルベルト空間上のコンパクト作用素は, 有界作用素である.

例 4.23 積分核 $K(x, y)$ が連続関数である $L^2([a, b])$ 上の積分作用素

$$(Tf)(x) = \int_a^b K(x, y) f(y) \, dy$$

は, アスコリ・アルツェラの定理より, コンパクト作用素である.

注意 4.6.1 アスコリ・アルツェラの定理を復習しよう. 連続関数列 $\{f_n(x)\}$ ($x \in [a, b]$) が同等連続であるとする. すなわち, 任意の点 $x_0 \in [a, b]$ と任意の $\varepsilon > 0$ に対して, ある $\delta = \delta(x_0, \varepsilon) > 0$ がとれて, $|x - x_0| < \delta$ ならば

$$|f_n(x) - f_n(x_0)| < \varepsilon \qquad (n = 1, 2, \ldots)$$

が成り立つものとする. さらに, $\{f_n(x)\}_{n=1}^\infty$ が一様に有界であるとする. そのとき, 適当な部分列 $\{f_{n_j}(x)\}_{j=1}^\infty$ があって一様収束列をなす.

演習 4.6.1 上の注意の中のアスコリ・アルツェラの定理を証明せよ.
$Hint$: 次の 2 段階に分けるとよい.
(1) $[a, b]$ の中に稠密な可算個の点 $\{x_p\}_{p=1}^\infty$ をとる. そのとき適当な部分列 $\{f_{n_j}(x)\}_{j=1}^\infty$ があって, この部分列は点集合 $\{x_p\}_{p=1}^\infty$ では収束する. すなわち, $\{f_{n_j}(x_p)\}_{j=1}^\infty$ は収束列である.
(2) この部分列 $\{f_{n_j}(x)\}_{j=1}^\infty$ は $[a, b]$ で一様に収束する.

定義 4.6.2 値域が有限次元であるような作用素を **有限次元作用素** という.

例 4.24 任意の有限次元ヒルベルト空間 H 上の有界作用素はコンパクト作用素である.

例 4.25 ヒルベルト空間 H 上の有界作用素でその値域の次元が有限であるものはコンパクト作用素である．例えば，$f(x) = (x,y)z, y, z, \in H$ は値域が 1 次元なのでコンパクト作用素である．また，有限次元部分空間上への射影作用素もコンパクト作用素である．

定理 4.6.1 ヒルベルト空間 H 上のコンパクト作用素の列 $\{A_n\}$ がある H 上の作用素 A にノルム収束 ($\|A_n - A\| \to 0, (n \to \infty)$) すれば，作用素 A はコンパクト作用素である．

特に，有限次元作用素列の一様収束極限はコンパクト作用素である．

証明 証明は対角線論法の簡単な応用である．実際，$\{x_n\}$ を H の任意の有界列とすると，対角線論法よりある部分列 $\{x_{p_n}\}$ がとれて，すべての $k \in \mathbf{N}$ で $\{A_k x_{p_n}\}$ が収束するようにできる．そこで，任意の $\varepsilon > 0$ に対してある N_0 があって，$m,n > N_0$ では $\|A_k x_{p_n} - A_k x_{p_m}\| < \varepsilon$ となる．一方，$A_n \to A$ より，任意の $\varepsilon > 0$ に対してある N_1 があって，$k > N_1$ では $\|A_k - A\| < \varepsilon$ とできる．以上から

$$\|A x_{p_n} - A x_{p_m}\| \leq \|A x_{p_n} - A_k x_{p_n}\| + \|A_k x_{p_n} - A_k x_{p_m}\|$$
$$+ \|A_k x_{p_m} - A x_{p_m}\| \leq 3\varepsilon \quad (m, n > N_0, k > N_1)$$

したがって，$\{A x_{p_n}\}$ がコーシー列であることが示された． □

次の 2 つも同様に示すことができる．

定理 4.6.2 コンパクト作用素の共役作用素もコンパクト作用素である．

証明 有界列 $\{x_n\}$ をとり，$y_k = A^* x_k$ とし，$\{A y_k\}$ の収束部分列を $\{A y_{k_n}\}$ とおくと

$$\|y_{k_m} - y_{k_n}\|^2 = \|A^* x_{k_m} - A^* x_{k_n}\|^2$$
$$= (AA^*(x_{k_m} - x_{k_n}), x_{k_m} - x_{k_n})$$
$$\leq C \|A(y_{k_m} - y_{k_n})\| \to 0 \quad m, n \to \infty$$

が成り立つ．これより直ちに題意が示される． □

定理 4.6.3 ヒルベルト空間 H 上の作用素 A がコンパクト作用素であるための必要十分条件は任意の弱収束列が A で強収束列に写像されることである. つまり, $x_n \rightharpoonup x$ ならば $Ax_n \to Ax$ となることである.

証明 弱収束列は有界であるから (一様有界性原理) 必要性は明らかであろう. 十分性も有界列が弱収束部分列を含むという事実から従う. 以下では, この事実を簡単に説明しよう. 一般性を失うことなく H は可分であるとする. そこで稠密な可算部分集合 $\{y_p\}_{p=1}^\infty \subset H$ をとる. $\{x_n\}_{n=1}^\infty$ を有界列とし, y_1 に対して (x_n, y_1), $n = 1, 2, \ldots$ を考える. これは明らかに有界列なので収束部分列 $\{x_{1,n}\}_{n=1}^\infty$ を含む. 次に, y_2 に対して $(x_{1,n}, y_2)$, $n = 1, 2, \ldots$ を考えれば, 再び収束部分列 $\{x_{2,n}\}_{n=1}^\infty$ がとれる. したがって帰納的に $\{x_{p,n}\}_{n=1}^\infty$, $p = 1, 2, \ldots$ を構成できる. 最後に対角線 $z_n = \{x_{n,n}\}_{n=1}^\infty$ をとれば $\{z_n\}_{n=1}^\infty$ は点集合 $\{y_p\}_{p=1}^\infty$ に対して (z_n, y_p) が収束することがわかる. したがって, 内積の連続性から任意の点 $y \in H$ に対しても, (z_n, y) は収束する. 実際, 点集合 $\{y_p\}_{p=1}^\infty$ の稠密性から部分列がとれて $y_{p_k} \to y$ $(k \to \infty)$ とできるので $(z_n, y) = (z_n, y_{p_k}) + (z_n, y - y_{p_k})$ と分解すれば, 右辺の第 2 項は k を大きくとればいくらでも小さくでき, そのとき第 1 項は $n \to \infty$ とすれば収束するからである. □

最後に次の定理を紹介しておこう.

定理 4.6.4 (ヒルベルト・シュミット型積分作用素のコンパクト性)
ヒルベルト・シュミット型積分作用素 (積分核 $K(x,y)$ が

$$M = \int_a^b \int_a^b |K(x,y)|^2 \, dxdy < \infty$$

を満たす (例 4.3))

$$(Tf)(x) = \int_a^b K(x,y)f(y) \, dy$$

は $L^2([a,b])$ のコンパクト作用素である.

証明 $f_j \rightharpoonup f$ (弱収束) とし,

$$g_j(x) = \int_a^b K(x,y)f_j(y)\,dy, \quad g(x) = \int_a^b K(x,y)f(y)\,dy$$

とおこう. これらは共に $x \in (a,b) \setminus e_x$ (e_x は $m(e_x) = 0$ つまり零集合) で定義される. $x \in (a,b) \setminus e_x$ を取り固定すれば, $K(x,y)$ は y の関数として $L^2((a,b))$ の要素であるから, 弱収束の定義から $g_j(x) \to g(x) \quad x \in (a,b) \setminus e_x$ が従う. ある $K(x)$ が存在して

$$|g_j(x)| \leq K(x)\|f_j\|$$

である. 弱収束列の強有界性から $\|f_j\|$ が有界列となるので, ある正定数 C があって

$$|g_j(x)| \leq CK(x) \quad j = 1, 2, \ldots$$

となる. ゆえに, $C^2 K(x)^2 \in L^1((a,b))$ に注意してルベーグの収束定理を用いれば

$$\lim_{j \to \infty} \int_a^b |g_j(x)|^2\,dx = \int_a^b |g(x)|^2\,dx$$

同様にして, 任意の $\varphi \in L^2((a,b))$ に対して

$$\lim_{j \to \infty} \int_a^b g_j(x)\varphi(x)\,dx = \int_a^b g(x)\varphi(x)\,dx$$

も成り立つので, 定理 3.4.2 から, $\|g_j - g\| \to 0$ がいえる. □

4.7. 固有値と固有ベクトル

定義 4.7.1 (固有値) 複素数 λ が, 複素ベクトル空間 E 上の作用素 A の **固有値** であるとは, ゼロでないベクトル $x \in E$ があって $Ax = \lambda x$ となることである. このベクトル x を固有値 λ に対する A の **固有ベクトル** という.

定義 4.7.2 1つの固有値 λ に対応する固有ベクトル全体がなすベクトル空間を **固有空間** という. また, 固有空間の次元を固有値の **重複度** という.

4.7. 固有値と固有ベクトル

例 4.26 S をヒルベルト空間 E の閉部分空間とする. S への直交射影作用素 P の固有値は 0 か 1 である. このとき, 固有値 1 に対する固有空間の次元は $\dim S$ と一致する.

例 4.27 $A : L^2([0, 2\pi]) \to L^2([0, 2\pi])$ を次で与える.
$$(Au)(x) = \int_0^{2\pi} \cos(t - y) u(y) \, dy$$
このとき, 0 以外の固有値は π のみで, その重複度は 2 である. 実際, u は $u(t) = a \cos t + b \sin t$ の形であることがわかるので, 方程式 $Au = \lambda u$ に代入してみれば $\lambda = \pi$ を得る. また, 解 u の自由度は明らかに 2 であるので重複度が 2 であることになる.

演習 4.7.1 $(Au)(x) = \int_0^{2\pi} \sin(t - y) u(y) \, dy$ について上と同様の考察をせよ.

λ が A の固有値でなければ, $A - I\lambda$ は可逆になる. そこで

定義 4.7.3 (レゾルベント) A をノルム空間上の作用素とする. このとき,
$$A_\lambda = (A - I\lambda)^{-1}$$
を A の **レゾルベント** という. A_λ が存在して有界作用素となるような λ を **正則点** といい, 正則点以外を A の **スペクトル** という.

例 4.28 $E = C([0, 1])$, $(Au)(t) = tu(t)$ とすれば,
$$(A - I\lambda)^{-1} u(t) = \frac{u(t)}{t - \lambda}$$
となるので, A のスペクトルは $t = \lambda$ となる $t \in [0, 1]$ がある λ となり, それは $[0, 1]$ である.

固有値と固有ベクトルに関する基本的な事実を簡単にまとめておこう.

定理 4.7.1 T をノルム空間 E 上の可逆な作用素, A を E 上の作用素とする. このとき, A と TAT^{-1} は同じ固有値をもつ.

定理 4.7.2 (1) ヒルベルト空間上の正値作用素の固有値は正数である.

(2) ヒルベルト空間上の自己共役作用素の固有値は実数である.

(3) ヒルベルト空間上のユニタリー作用素の固有値は絶対値が 1 である.

(4) ヒルベルト空間上の自己共役作用素 (またはユニタリー作用素) の相異なる固有値に対する固有ベクトルは互いに直交する.

(5) 有界作用素 A はその任意の固有値 λ に対して $|\lambda| \leq \|A\|$ となる.

演習 4.7.2 この定理を証明せよ.

次に, コンパクト作用素に関する基本事項をあげておく.

定理 4.7.3 A をヒルベルト空間 H 上の 0 でないコンパクト自己共役作用素とする. このとき, A は $\lambda = \|A\|$ または $\lambda = -\|A\|$ を固有値としてもつ.

証明 $\{u_n\} \subset H$ を $\|u_n\| = 1$ で
$$\|Au_n\| \to \|A\| \quad (n \to \infty)$$
となる列とする. そのとき
$$\begin{aligned}\|A^2 u_n - \|Au_n\|^2 u_n\|^2 &= \|A^2 u_n\|^2 - 2\|Au_n\|^2 (A^2 u_n, u_n) + \|Au_n\|^4 \|u_n\|^2 \\ &= \|A^2 u_n\|^2 - \|Au_n\|^4 \\ &\leq \|A\|^2 \|Au_n\|^2 - \|Au_n\|^4 \\ &= \|Au_n\|^2 (\|A\|^2 - \|Au_n\|^2)\end{aligned}$$
仮定より, $\|Au_n\| \to \|A\|$ $(n \to \infty)$ であるから,
$$\|A^2 u_n - \|Au_n\|^2 u_n\|^2 \to 0 \quad (n \to \infty)$$
となる. A^2 はコンパクト作用素であるから, 適当な部分列が存在して $\{A^2 u_{p_n}\}$ が収束するようにできる. この部分列を再び $\{u_n\}$ で表すことにする. $\|A\| \neq 0$ であるから, この極限を $\|A\|^2 v$, $(0 \neq v \in H)$ とおくことにしよう. そのとき,
$$\begin{aligned}\|\|A\|^2 v - \|A\|^2 u_n\| &\leq \|\|A\|^2 v - A^2 u_n\| + \|A^2 u_n - \|Au_n\|^2 u_n\| \\ &\quad + \|\|Au_n\|^2 u_n - \|A\|^2 u_n\| \to 0 \quad (n \to \infty)\end{aligned}$$

4.7. 固有値と固有ベクトル

であるから,
$$A^2 v = \|A\|^2 v$$
を得ることができた. したがって,
$$(A - \|A\|I)(A + \|A\|I)v = 0$$
から, $\|A\|$ か $-\|A\|$ の一方は必ず固有値となることがわかる. □

系 4.7.1 A がヒルベルト空間 H 上の 0 でないコンパクト自己共役作用素であるとき, ある $w \in H$ が存在して, $\|w\| = 1$ かつ
$$|(Aw, w)| = \sup_{\|x\| \leq 1} |(Ax, x)|$$
が成り立つ.

定理 4.7.4 A をヒルベルト空間 H 上の 0 でないコンパクト, 自己共役作用素とする. このとき, 相異なる固有値の列 $\{\lambda_n\}$ は有限列であるか, $\lim_{n \to \infty} \lambda_n = 0$ である.

証明 A が無限個の固有値からなる列 $\{\lambda_n\}$ をもつとしよう. 対応する正規化された固有ベクトルを $\{u_n\}$ とする. そのとき, $\{u_n\}$ は正規直交系となるので, 0 に弱収束することになるが, 作用素のコンパクト性から Au_n はノルム収束する. つまり

$$0 = \lim_{n \to \infty} \|Au_n\|^2 = \lim_{n \to \infty} (Au_n, Au_n) = \lim_{n \to \infty} (\lambda_n u_n, \lambda_n u_n) = \lim_{n \to \infty} \lambda_n^2$$

が成立する. □

例 4.29 $L^2([0, 2\pi])$ 上の作用素 A を次で定義する.
$$(Au)(x) = \int_0^{2\pi} k(x-t)u(t)\,dt$$
ここで, $k(t)$ は周期 2π の $L^2([0, 2\pi])$ の要素とする. すると, $u_n(x) = e^{inx}$ が固有ベクトル (固有関数) であることが次のように簡単にわかる.

$$(Au_n)(x) = \int_0^{2\pi} k(x-t)e^{int}\,dt = e^{inx}\int_{x-2\pi}^x k(t)e^{-int}\,dt$$

$k(t)$ は周期 2π 関数であるので, $\lambda_n = \int_0^{2\pi} k(t)e^{-int}\,dt$ とおくと,

$$Au_n = \lambda_n u_n \qquad (n = 0, \pm 1, \cdots)$$

が成立する. したがって, $k(t)$ が偶関数であるときに限り A が自己共役作用素になることがわかる.

演習 4.7.3 上で, $k(t)$ が偶関数であるときに限り A が自己共役作用素になることを示せ.

例 4.30 $\{P_n\}$ を任意の 2 つが互いに直交するヒルベルト空間 H 上の直交射影作用素の列であるとする. $\{\lambda_n\}$ を 0 に収束する数列とするとき, 次が成立する.

(1) $A = \sum_{n=1}^{\infty} \lambda_n P_n$ は有界作用素である.
(2) A の固有値は 0 と $\lambda_n\,(n = 1, 2, \ldots)$ である.
(3) もし, すべての λ_n が実数ならば, A は自己共役有界作用素となる.
(4) もし, すべての直交射影 P_n の値域が有限次元であれば, A はコンパクト作用素となる.

定義 4.7.4 (近似固有値) A がヒルベルト空間 H 上の作用素で, スカラー λ は次の性質を満たすとき, 作用素 A の **近似固有値** といわれる. あるベクトル列 $\{x_n\}$ が存在して, $\|x_n\| = 1$ かつ

$$\|Ax_n - \lambda x_n\| \to 0 \qquad (n \to \infty)$$

例 4.31 $\{e_n\}$ をヒルベルト空間の正規直交基底, $\{\lambda_n\}$ を λ に収束するスカラーの列として, 作用素 T を

$$Tx = \sum_{n=1}^{\infty} \lambda_n (x, e_n) e_n$$

で定義する. このとき, λ_n は固有値であるが, λ は固有値ではない. しかし

$$\|Te_n - \lambda e_n\| = \|\lambda_n e_n - \lambda e_n\| \to 0 \qquad (n \to \infty)$$

となっている.

4.8. スペクトル分解

次の基本的な性質の紹介から始めよう.

定理 4.8.1 無限次元ヒルベルト空間 H 上の任意の自己共役コンパクト作用素 A に対して, 作用素 A の零でない固有値に対する固有ベクトルからなる正規直交系 $\{u_n\}$ が存在して, 任意の要素 $x \in H$ が

$$x = \alpha_n u_n + v$$

の形に表される. 但し, α_n はスカラーの列で, v は $Av = 0$ を満たす H のある要素である. また, A が無限個の相異なる固有値 $\lambda_1, \lambda_2, \ldots$ をもてば $\lambda_n \to 0, (n \to \infty)$ である.

証明 仮定から, ある固有値 λ_1 があって

$$|\lambda_1| = \sup_{\|x\|=1} |(Ax, x)|$$

を満たす. そこで, u_1 を固有値 λ_1 に対する正規化された固有ベクトルとしよう. 次に,

$$Q_1 = \{x \in H : x \perp u_1\}$$

とする. すると, Q_1 は閉部分空間で A で不変となっている. 実際 $AQ_1 \subset Q_1$ であることは, $x \in Q_1$ のとき

$$(Ax, u_1) = (x, Au_1) = \lambda(x, u_1) = 0$$

が成り立つことからわかる. したがって, Q_1 に制限された A は再び定理の仮定を満たすので, ある λ_2 があって

$$|\lambda_2| = \sup_{\|x\|=1, x \in Q_1} |(Ax, x)|$$

を満たす. そこで, この λ_2 に対する正規化された固有ベクトルを u_2 とおいて

$$Q_2 = \{x \in Q_1 : x \perp u_2\}$$

とする. 明らかに, $u_1 \perp u_2$ である. 以下帰納的に, 固有値 λ_n と固有ベクトル u_n を次のように選ぶことができる.

$$Q_n = \{x \in Q_{n-1} : x \perp u_n\},$$

$$|\lambda_{n+1}| = \sup_{\|x\|=1, x \in Q_n} |(Ax, x)|$$

もしこの操作が有限回で終われば, 定理の主張は明らかなので, 固有値の無限列 $\{\lambda_n\}$ と固有ベクトルの列 $\{u_n\}$ が構成できたことにしよう. そのとき, 各固有ベクトルは互いに直交するので, 列 $\{u_n\}$ は正規直交系となる. したがって, 0 に弱収束するので, 作用素のコンパクト性から Au_n は 0 に強収束 (ノルム収束) することがわかる. よって $|\lambda_n| = \|Au_n\| \to 0 \, (n \to \infty)$ がわかる.

S を $\{u_n\}$ で生成される部分空間としよう. すると, 任意の $x \in H$ は

$$x = \sum_{n=1}^{\infty} \alpha_n u_n + v, \quad v \in S^\perp$$

と分解される. 最後に, $v \neq 0$ と仮定して, $Av = 0$ を示そう. $w = v/\|v\|$ とおけば $w \in S^\perp \subset Q_n \, (n = 1, 2, \ldots)$ なので

$$|(Av, v)| = \|v\|^2 |(Aw, w)| \leq \|v\|^2 |\lambda_{n+1}|$$

がすべての正整数 n で成り立ち, 一方で $|\lambda_n| = \|Au_n\| \to 0 \, (n \to \infty)$ から $(Av, v) = 0$ を得る. したがって, A を $S^\perp$ に制限すればノルムが 0 であることになり, $Av = 0$ が, すべての $v \in S^\perp$ に対して成立することがわかった. □

この定理から直ちに次の定理を得ることができる.

定理 4.8.2 (自己共役コンパクト作用素のスペクトル分解定理) 無限次元ヒルベルト空間 H 上の任意の自己共役コンパクト作用素 A に対して, 作用素 A の固有値に対する固有ベクトルからなる正規直交基底 $\{v_n\}$ が存在して, 任意の要素 $x \in H$ が

$$Ax = \sum_{n=1}^{\infty} \lambda_n (x, v_n) v_n$$

の形に表される. 但し, λ_n は A の固有ベクトル v_n に対する固有値である.

証明 前定理の証明で現れた部分空間 $S^\perp$ の正規直交基底を1組とり, $\{u_n\}$ に付け加えればよい. 実際, $S^\perp$ は A の固有値 0 に対する固有空間であるからである. □

この定理で,
$$P_n x = (x, v_n) v_n$$
と定めれば, 1次元空間への直交射影作用素となる. したがって
$$A = \sum_{n=1}^{\infty} \lambda_n P_n$$
を分解できることがわかる. この無限級数がノルム収束することは $\lambda_n \to 0$ $(n \to \infty)$ からわかる. さらに,
$$A^k = \sum_{n=1}^{\infty} \lambda_n^k P_n, \qquad k = 1, 2, \ldots$$
が帰納的にわかる. したがって, 任意の多項式 $p(t) = \alpha_n t^n + \cdots + \alpha_1 t$ に対して
$$p(A) = \sum_{n=1}^{\infty} p(\lambda_n) P_n$$
が成り立つのである.

定義 4.8.1 (作用素関数) $f(t), t \in \mathbf{R}$ を実数値関数で, $f(0) = 0$ かつ
$$f(\lambda) \to 0, \qquad \lambda \to 0$$
を満たすとする. そのとき, 任意の自己共役コンパクト作用素 $A = \sum_{n=1}^{\infty} \lambda_n P_n$ に対して
$$f(A) = \sum_{n=1}^{\infty} f(\lambda_n) P_n$$
と定義する.

例 4.32 自己共役コンパクト作用素 $A = \sum_{n=1}^{\infty} \lambda_n P_n$ を考える. 各 λ_n が $\lambda \geq 0$ であれば A の **平方根** が次のように定まる.

$$\sqrt{A} = \sum_{n=1}^{\infty} \sqrt{\lambda_n} P_n$$

演習 4.8.1 $(\sqrt{A})^2 = A$ を示せ.

例 4.33 自己共役コンパクト作用素 $A = \sum_{n=1}^{\infty} \lambda_n P_n$ に対して

$$\sin A = \sum_{n=1}^{\infty} \sin(\lambda_n) P_n$$

$\lim_{\lambda \to 0} f(\lambda) = 0$ という性質は, 原点の近傍での f の有界性で置き換えることができる. 実際, $P_n x = (x, v_n) v_n$ ならば,

$$f(A)x = \sum_{n=1}^{\infty} f(\lambda_n)(x, v_n) v_n$$

となるが,

$$|f(\lambda_n)||(x, v_n)| \leq M|(x, v_n)| \qquad n = 1, 2, \ldots$$

がある正数 M で成り立ち, ベッセルの不等式より $\{f(\lambda_n)(x, v_n)\} \in l^2$ であることがわかるからである.

例 4.34

$$\cos A = \sum_{n=1}^{\infty} \cos(\lambda_n) P_n$$

演習 4.8.2 $\sin(2A) = 2 \sin A \cos A$ は成立するか?

演習 4.8.3 もしヒルベルト空間 H 上の自己共役作用素 T の固有ベクトル $u_1, u_2, \ldots$ が, H の完全正規直交基底をなし, 対応する固有値がすべて正ならば, T は正作用素であることを示せ.

演習 4.8.4 A をヒルベルト空間 H 上の有界作用素とする. t を実数のパラメーターとして

$$A(t) = \sum_{n=0}^{\infty} \frac{t^n A^n}{n!}$$

と定める. このとき, $A(t)$ が有界作用素で $t \to 0$ のとき $A(t) \to I$ となることを示せ.

また, $x \in H$ を固定して $x(t) = A(t)x$ と定めれば, $s \to 0$ のとき $x(t)$ は H で
$$\frac{x(t+s) - x(t)}{s} \to Ax(t)$$
となることを示せ (この $A(t)$ を e^{tA} と書くことがある).

4.9. 非有界作用素

本章では, 作用素の有界性を本質的な仮定としてほとんどすべての定理が証明されてきた. そしてそこで使われた多くの理論は作用素の有界性 (連続性) を念頭において発展してきたのである. しかしながら, ヒルベルト空間の理論を応用する場合, しばしば非有界作用素に遭遇するのも事実である. 例えば, 初等的な微分作用素 $\frac{d}{dx}$ でさえそのままでは $L^2(\mathbf{R})$ 関数には作用させることはできないのである. この節では, 非有界作用素の理論における基本的な問題, 概念や手段をできるだけ簡単に説明することにする.

この節においては, 「ヒルベルト空間 H 内の作用素 A」という言い方で, 「定義域が H の部分空間である作用素 A」を意味することにする. 有界作用素の場合は, A の定義域がヒルベルト空間 H の真部分空間であれば, $D(A)$ の閉包まで一意的に拡張できる. つまり, $D(A)$ の閉包上のある有界作用素 B があって, すべての $x \in D(A)$ に対して $Ax = Bx$ を満たすのである. したがって有界作用素は最初から定義域が H 全体であるか, 少なくとも閉部分空間であるとしてよいのであった. ところが非有界作用素には大抵このような拡張は存在しないのである. 例えば微分作用素 $\frac{d}{dx}$ は $L^2(\mathbf{R})$ の稠密な部分空間で定義されるが, $L^2(\mathbf{R})$ 全体への自然な拡張はできないのである. しかし非有界作用素の定義域の全体への拡張は無理でも, よりよい性質をもたせるような拡張は可能な場合があるのである.

定義 4.9.1 (作用素の拡張) A と B をベクトル空間 E 内の作用素とする. もし

$$D(A) \subset D(B) \quad \text{かつ} \quad Ax = Bx \quad \text{がすべての } x \in D(A),$$

ならば，B は A の **拡張** であるといい，$A \subset B$ と書く．

定義 4.9.2 (稠密な定義域をもつ作用素) A をノルム空間 E 内の作用素とする．もし $D(A)$ が E の稠密な部分集合であれば A は **稠密な定義域をもつ作用素** といわれる．

例 4.35 微分作用素 $\frac{d}{dx}$ は $L^2(\mathbf{R})$ 内で稠密な定義をもつ作用素である．実際，微分可能で 2 乗可積分な関数の全体は $L^2(\mathbf{R})$ で稠密な部分空間をなしているからである．

定義 4.9.3 (稠密な定義域をもつ作用素の共役作用素) A をヒルベルト空間 H 内で稠密な定義域をもつ作用素であるとする．そのとき，$y \in D(A^*)$ であるとは，ある $z \in H$ があって，

$$(Ax, y) = (x, z) \quad \text{すべての } x \in D(A) \tag{4.9.1}$$

が成り立つときとする．そして

$$A^* y = z \tag{4.9.2}$$

によって A の **共役作用素** A^* を定義する．

注意 4.9.1 A とその共役作用素 A^* は次を満たす．

$$(Ax, y) = (x, A^* y) \quad \text{すべての } x \in D(A) \text{ と } y \in D(A^*). \tag{4.9.3}$$

ここで A^* の定義域 $D(A^*)$ は，「x に関して (Ax, y) が $D(A)$ の上で連続汎関数になるような $y \in H$ の全体」であることには注意が必要である．

また，$y \in D(A^*)$ に対して，上の等式を成り立たせる $z \in H$ は一意的に決まることを注意しておこう．もし，w に対して $(Ax, y) = (x, w)\, (x \in D(A))$ が成り立つとすると，(4.9.1) と合わせれば，$(x, y - w) = 0\, (x \in D(A))$ が従い，$D(A)$ が H で稠密であることから，$y - w = 0$ となる．A^* が線形であることも定義から明らかである．

定理 4.9.1 A と B をヒルベルト空間 H 内で稠密な定義域をもつ作用素であるとする．そのとき，

(1) もし $A \subset B$ ならば, $B^* \subset A^*$.
(2) もし $D(B^*)$ が H で稠密であれば, $B \subset B^{**}$.

証明 まず $A \subset B$ ならば

$$(Ax, y) = (x, B^*y) \quad \text{すべての } x \in D(A) \text{ と } y \in D(B^*) \qquad (4.9.4)$$

が成立することに注意する. 一方, 共役作用素の定義から

$$(Ax, y) = (x, A^*y) \quad \text{すべての } x \in D(A) \text{ と } y \in D(A^*) \qquad (4.9.5)$$

が成立するが, これらを比較すれば, $D(B^*) \subset D(A^*)$ と $A^*y = B^*y$ がすべての $y \in D(B^*)$ に対して成立することがわかる. したがって主張 (1) が示された.

主張 (2) を示すために, 共役作用素 B^* に関する条件

$$(Bx, y) = (x, B^*y) \quad \text{すべての } x \in D(B) \text{ と } y \in D(B^*) \qquad (4.9.6)$$

を次のように書き換えよう.

$$(B^*y, x) = (y, Bx) \quad \text{すべての } y \in D(B^*) \text{ と } x \in D(B) \qquad (4.9.7)$$

また $D(B^*)$ は H で稠密であるから, B^{**} が存在する. したがって

$$(B^*y, x) = (y, B^{**}x) \quad \text{すべての } y \in D(B^*) \text{ と } x \in D(B^{**}) \qquad (4.9.8)$$

これらから直ちに $D(B) \subset D(B^{**})$ と $Bx = B^{**}x$ がすべての $x \in D(B)$ について成立することがわかり, 主張 (2) が示された. □

定理 4.9.2 A をヒルベルト空間 H 内で稠密な定義域をもつ作用素とする. もし A が 1 対 1 で, かつ A^{-1} がヒルベルト空間 H 内で稠密な定義域をもてば, A^* も 1 対 1 で, かつ

$$(A^*)^{-1} = (A^{-1})^*. \qquad (4.9.9)$$

証明 $y \in D(A^*)$ としよう.そのとき,すべての $x \in D(A^{-1})$ に対して $A^{-1}x \in D(A)$ となるので

$$(A^{-1}x, A^*y) = (AA^{-1}x, y) = (x, y).$$

これより,$A^*y \in D((A^{-1})^*)$ と

$$(A^{-1})^*A^*y = (AA^{-1})^*y = y$$

がわかる.次に,任意の $y \in D((A^{-1})^*)$ をとる.そのとき,すべての $x \in D(A)$ に対して $Ax \in D(A^{-1})$ となるので

$$(Ax, (A^{-1})^*y) = (A^{-1}Ax, y) = (x, y).$$

これより,$(A^{-1})^*y \in D(A^*)$ と

$$A^*(A^{-1})^*y = (A^{-1}A)^*y = y$$

を得る.これらから $(A^*)^{-1} = (A^{-1})^*$ が従うことがわかる.□

定理 4.9.3 A, B と AB がヒルベルト空間 H 内で稠密な定義域をもつ作用素であるとする.そのとき,$B^*A^* \subset (AB)^*$.

証明 $x \in D(AB)$ かつ $y \in D(B^*A^*)$ と仮定する.そのとき,$x \in D(B)$ かつ $A^*y \in D(B^*)$ であるので,

$$(Bx, A^*y) = (x, B^*A^*y)$$

一方,$Bx \in D(A)$ かつ $y \in D(A^*)$ であるので,

$$(ABx, y) = (Bx, A^*y).$$

したがって

$$(ABx, y) = (x, B^*A^*y)$$

を得る.この等式はすべての $x \in D(AB)$ で成立しているので,$y \in D((AB)^*)$ かつ $(B^*A^*)y = (AB)^*y$ が示された.□

4.9. 非有界作用素

有界作用素に関しては対称作用素, 自己共役作用素の概念はすでに導入済みであるが, ここではその概念を非有界作用素まで拡張しよう.

定義 4.9.4 (自己共役作用素) A をヒルベルト空間 H 内で稠密な定義域をもつ作用素とする. $A = A^*$ が成り立つとき, A を **自己共役作用素** という.

注意 4.9.2 $A = A^*$ は $D(A) = D(A^*)$ かつ $Ax = A^*x\,(x \in D(A))$ を意味する. A が有界でヒルベルト空間 H 内で稠密な定義域をもつ作用素ならば, 一意的に H 上の有界作用素に拡張される. そのとき, A^* の定義域も H 全体に拡張されるのである. 一方 A が非有界の場合は, その共役作用素 A^* が $D(A) \cap D(A^*)$ 上で $Ax = A^*x$ を満たすことはあり得るが, 一般には $D(A) \neq D(A^*)$ である. そこで, 次のように条件をゆるめて対称作用素を導入することは非有界作用素を解析する上では有効である.

定義 4.9.5 (対称作用素) A をヒルベルト空間 H 内で稠密な定義域をもつ作用素とする. A が **対称作用素** であるとは

$$(Ax, y) = (x, Ay) \quad すべての\ x, y \in D(A) \qquad (4.9.10)$$

が成り立つときをいう.

例 4.36 $H = l^2$ とし, 作用素 A を次で定める.

$$A\{x_n\} = \left\{\frac{x_n}{n}\right\}$$

A は明らかに自己共役作用素である. また, 部分空間 $R(A) = D(A^{-1})$ は H で稠密であり, それは次の性質をもつすべての要素 $\{y_n\} \in l^2$ からなる.

$$\sum_{n=1}^{\infty} n^2 |y_n|^2 < \infty$$

A^{-1} は

$$A^{-1}\{y_n\} = \{ny_n\}$$

で定義される. この作用素 A^{-1} は非有界である. 実際, e_n を n 番目が 1 で, それ以外 0 となる H の単位ベクトルとすれば,

$$\|A^{-1}e_n\| = \|ne_n\| = n \to \infty$$

となるからである.しかし,定理 4.9.2 より
$$(A^{-1})^* = (A^*)^{-1} = A^{-1}$$
が成立し,A^{-1} も自己共役となる.

例 4.37 微分作用素 $A = i\frac{d}{dt}$ の定義域を次のように定めよう.
$$D(A) = \{f \in L^2(\mathbf{R}) : f' \text{ が連続であり},\text{ かつ } f(a) = f(b) = 0\}$$
そのとき,
$$\begin{aligned}(Af, g) &= \int_a^b if'(t)\overline{g(t)}\,dt \\ &= if(b)\overline{g(b)} - if(a)\overline{g(a)} - \int_a^b if(t)\overline{g'(t)}\,dt \\ &= \int_a^b f(t)\overline{ig'(t)}\,dt \\ &= (f, Ag)\end{aligned}$$

したがって,A は対称作用素である.しかし,微分可能な任意の g に対して (Af, g) は $D(A)$ 上の連続汎関数となるので,境界条件 $g(a) = g(b) = 0$ を g は満たす必要がない.つまり,$D(A^*) \neq D(A)$ であり,A は自己共役ではない.

次の定理は対称作用素を見事に特徴づけている.

定理 4.9.4 A をヒルベルト空間 H 内で稠密な定義域をもつ作用素とする.A が対称作用素であることと $A \subset A^*$ が成り立つことは同値である.

証明 $A \subset A^*$ を仮定しよう.
$$(Ax, y) = (x, A^*y) \quad \text{すべての } x \in D(A) \text{ と } y \in D(A^*), \tag{4.9.11}$$
であるから,
$$(Ax, y) = (x, Ay) \quad \text{すべての } x, y \in D(A). \tag{4.9.12}$$

したがって, A は対称作用素である.

もし, A が対称作用素であれば, 上の2つの式は共に成立するので, $A \subset A^*$ である. □

次に閉作用素という新しい概念を導入しよう. これは有界性より少し弱い性質である. そのために作用素のグラフを思い出そう (定理 1.6.6).

E_1, E_2 をベクトル空間とするとき, 作用素 $A : E_1 \to E_2$ の **グラフ** $G(A)$ とは

$$G(A) = \{(x, Ax) : x \in D(A)\}$$

で定まる, $E_1 \times E_2$ の部分空間のことであった. もし $A \subset B$ ならば, $G(A) \subset G(B)$ である.

定義 4.9.6 (**閉作用素**) ノルム空間 E_1 からノルム空間 E_2 の中への作用素 A が **閉作用素** であるとは, そのグラフ $G(A)$ が $E_1 \times E_2$ の閉部分空間であることとする. すなわち,

$x_n \in D(A), x_n \to x$, かつ $Ax_n \to y$ ならば $x \in D(A)$ かつ $Ax = y$

が成立することである.

注意 4.9.3 閉作用素の定義域は閉集合とは全然限らないことに注意する必要がある. 有名なバナッハの閉グラフ定理によれば, バナッハ空間からバナッハ空間の中への閉作用素は有界作用素になるのである. このようにヒルベルト空間 H 内の非有界作用素 A の定義域 $D(A)$ は決して閉集合にはならないのである. 特に $D(A) \neq H$ (全空間) である.

定理 4.9.5 閉作用素の逆は閉作用素である.

証明 もし $G(A) = \{(x, Ax) : x \in D(A)\}$ が閉集合であれば, 明らかに

$$G(A^{-1}) = \{(Ax, x) : x \in D(A)\}$$

も閉集合である. □

定理 4.9.6 A をヒルベルト空間 H 内で稠密な定義域をもつ作用素とする．そのとき，A^* は閉作用素である．

証明 もし $y_n \in D(A^*), y_n \to y$, かつ $A^* y_n \to z$, ならば，任意の $x \in D(A)$ に対して
$$(Ax, y) = \lim_{n \to \infty} (Ax, y_n) = \lim_{n \to \infty} (x, A^* y_n) = (x, z)$$
が成り立つ．したがって $y \in D(A^*)$ かつ $A^* y = z$ である． □

注意 4.9.4 ここで，$D(A^*)$ は H で稠密とは限らないことに注意しよう．もしも，A が閉作用素であれば $D(A^*)$ が稠密となることをあとで証明する．このことから，閉作用素が非有界作用素の 1 つの望ましい拡張といえるのである．

さて，与えられた非有界作用素が適当な閉作用素への拡張できるかという問題を考えよう．もし対称作用素に話を限れば次の結果が直ちに成立する．

定理 4.9.7 A がヒルベルト空間 H 内で稠密な定義域をもつ対称作用素であるとする．そのとき，閉である対称作用素 B が存在して $A \subset B$ を満たす．

証明 まず B の定義域を定めよう．すなわち，$D(B)$ を次の性質をもつ $x \in H$ の全体とする：ある列 $\{x_n\} \subset D(A)$ と $y \in H$ が存在して
$$x_n \to x \quad \text{かつ} \quad Ax_n \to y.$$
明らかに $D(B)$ はベクトル空間で $D(A) \subset D(B)$ を満たす．そこで，作用素 B を
$$Bx = \lim_{n \to \infty} Ax_n$$
で定める．但し，$\{x_n\} \subset D(A)$ は $x_n \to x$ かつ，極限 $\lim_{n \to \infty} Ax_n$ が存在するような列である．

この定義は列 $\{x_n\}$ の選び方には依存しないことが次のようにしてわかる．
$$x_n \to x, \quad Ax_n \to y$$
$$z_n \to x, \quad Az_n \to w$$

と仮定しよう. すると, 作用素 A の対称性から
$$(u, Ax_n - Az_n) = (Au, x_n - z_n),$$
がすべての $u \in D(A)$ に対して成り立ち, $n \to \infty$ で
$$(u, y - w) = (Au, x - x) = 0$$
を得る. $D(A)$ は H で稠密であるから, $y = w$ が成り立つのである. これで作用素 B が定義できたので, 次に B が定理の主張を満たすことを示そう.

$x \in D(A)$ とすると, 明らかに $x \in D(B)$ であり, $Ax = Bx$ が成り立つ. よって, $A \subset B$ である.

次に, $x, y \in D(B)$ としよう. そのとき, $\{x_n\}, \{y_n\} \subset D(A)$ があって
$$x_n \to x, \quad Ax_n \to Bx$$
$$y_n \to y, \quad Ay_n \to By$$
とできるが, 再び作用素 A の対称性から
$$(Ax_n, y_n) = (x_n, Ay_n)$$
が成り立つので, $n \to \infty$ とすれば
$$(Bx, y) = (x, By)$$
を得る. したがって, B は対称作用素である.

最後に, B が閉作用素であることを示そう. 任意の列 $\{x_n\} \subset D(B)$ を
$$x_n \to x \text{ かつ } Bx_n \to y \text{ が, ある } x, y \in H \text{ に対して成立する} \quad (4.9.13)$$
ようにとる. そのとき, $x \in D(B)$ かつ $Bx = y$ を示せばよい. $D(B)$ の定義から明らかなように, 任意の $m \in \mathbf{N}$ に対して $y_m \in D(A)$ を
$$\|x_m - y_m\| < \frac{1}{m} \quad \text{かつ} \quad \|Bx_m - Ay_m\| < \frac{1}{m}$$
を満たすようにとることができる. ゆえに, (4.9.13) から
$$y_m \to x \quad \text{かつ} \quad Ay_m \to y.$$

がわかるから, $x \in D(B)$ かつ $Bx = y$ が満たされることが示された. □

注意 4.9.5 この定理で述べられた閉作用素への拡張は **最小閉拡張** と呼ばれるものである.

注意 4.9.6 一般の作用素について同様なことができないかを考えてみよう. A をヒルベルト空間 H 内で稠密な定義域をもつ作用素とすると, 共役作用素 A^* は閉作用素になるが, そのグラフは次のような特徴付けができる. すなわち

$$G(A^*) = J(G(A))^\perp. \tag{4.9.14}$$

ここで J とは, 直積空間 $K = H \times H$ において, $J(x,y) = (y,-x)$ によって定義された作用素である. J はユニタリー作用素で $J^* = -J, J^2 = -I_K$ を満たす (ここで I_K は K の恒等作用素). これを見るには, $(x,z) - (Ax,y) = ((x,Ax),(z,-y))$ から $(Ax,y) = (x,z)$ と $(z,-y) \in (G(A))^\perp$ が同値になることに注意すると, さらに $(y,z) \in J(G(A))^\perp$ と同等であることがわかる.

定理 4.9.8 A をヒルベルト空間 H 内で稠密な定義域をもつ閉作用素とする. そのとき, $D(A^*)$ は H で稠密である. したがって, $A^{**} = (A^*)^*$ が存在するが,

$$A = A^{**}$$

が成り立つ.

証明 もし, $D(A^*)$ が稠密でなければ, $z \neq 0$ かつ $z \in (D(A^*))^\perp$ であるようなものが存在する. このとき, $y \in D(A^*)$ ならば, 上の注意から,

$$((0,z), J(y, A^*y)) = ((0,z),(A^*y,-y)) = -(z,y) = 0$$

したがって,

$$(0,z) \in (JG(A^*))^\perp = (JJ(G(A))^\perp)^\perp = (G(A))^{\perp\perp} = \overline{G(A)} = G(A)$$

ゆえに, $z = A0 = 0$ でなければならないが, これは矛盾である.

また

$$G(A^{**}) = J(G(A^*))^\perp = (JG(A^*))^\perp = G(A)$$

より, グラフが一致するので $A^{**} = A$ となる.

4.9. 非有界作用素

最後に $J(G(A^*))^\perp = (JG(A^*))^\perp$ を示そう. 一般に S を H の部分集合として,
$$JS^\perp = (JS)^\perp$$
を示す. ユニタリーだから $(Jx, Jy) = (x, y) = (J^*x, J^*y)$ が成り立つので, $x \in S^\perp$ ならば $Jx \in (JS)^\perp$ である. よって $JS^\perp \subset (JS)^\perp$. 同様に $J^*S^\perp \subset (J^*S)^\perp$ となるが, ここで S の代わりに JS を代入すれば, $J^* = J^{-1}$ なので
$$J^*(JS)^\perp \subset (J^*JS)^\perp = S^\perp$$
ゆえに両辺に J をかければ
$$(JS)^\perp = JJ^*(JS)^\perp \subset JS^\perp$$
となって, 結局 $(JS)^\perp = JS^\perp$ を得る. □

次の定理も最小閉拡張に関するものである.

定理 4.9.9 ヒルベルト空間 H 内で稠密な定義域をもつ作用素 A に対して, 次の条件は同値である.

(1) $A \subset B$ を満たす閉作用素 B が存在する.
(2) $D(A^*)$ は H で稠密である.

証明 (1) を仮定しよう. $B^* \subset A^*$ で, 定理 4.9.8 より, $D(B^*)$ は稠密であるから, $D(A^*)$ も稠密である.

今度は (2) を仮定しよう.
$$G(A^{**}) = J(G(A^*))^\perp = J(J(G(A))^\perp)^\perp = \overline{G(A)} \supset G(A)$$
であるから, $A \subset A^{**}$. また A^{**} は閉作用素である. さて, B が閉作用素で $A \subset B$ とすれば, $B^* \subset A^*$, $A^{**} \subset B^{**} = B$ (定理 4.9.8). これから, A^{**} が A の最小の閉拡張であることがわかる. □

注意 4.9.7 A をヒルベルト空間 H 内の閉作用素とする. 前にも述べたように, このことは A の有界性を意味しない. しかし, $D(A)$ の内積を次のように定義し直せば, $D(A)$ がヒルベルト空間になる. すなわち, 任意の $x, y \in D(A)$ に対して
$$(x, y)_1 = (x, y) + (Ax, Ay),$$

で新しい内積 $(\cdot,\cdot)_1$ を定めればよい．この事実を確かめるには，この内積から定まるノルムに関する完備性を示せばよいが，$\{x_n\}$ が新しいノルムでコーシー列になれば，$\{Ax_n\}$ もコーシー列となることに注意して，あとは A が閉作用素であることを用いればよい．

例 4.38 $H = L^2([0,1])$ 上で積分作用素
$$(Ax)(t) = \int_0^t x(s)\,ds \qquad x(t) \in L^2([0,1])$$
を考える．シュワルツの不等式から
$$|Ax(t) - Ax(t')| = \left|\int_t^{t'} x(s)\,ds\right| \leq \sqrt{|t-t'|}\|x\|$$
が成り立つので，$y(t) = (Ax)(t)$ は連続関数 (実は絶対連続関数) であり，したがって $y \in L^2([0,1])$ である．このような y の全体を S とする．x に $y = Ax$ を対応させる写像 A は有界作用素であり，逆作用素 A^{-1} をもつ．S は $[0,1]$ 上の C^1 クラスの関数で $x(0) = 0$ であるものをすべて含んでいるから，$L^2([0,1])$ で稠密である．そして，A^{-1} は S を定義域とする作用素となる．A が有界作用素であるから，A^{-1} は閉作用素であり，この作用素を $\frac{d}{dt}$ で表すことができる．
$$(A^{-1}y)(t) = \frac{d}{dt}y(t) = x(t)$$
A^* は $y^*(t) = (A^*x)(t) = \int_t^1 x(s)\,ds$ で与えられるから，$(A^{-1})^* = (A^*)^{-1}$ は $S^* = R(A^*)$ 上で，$(A^{-1})^*y^*(t) = x(t) = -\frac{d}{dt}y^*(t)$ と表せる．しかし，上の作用素 $\frac{d}{dt}$ を用いて $(\frac{d}{dt})^* = -\frac{d}{dt}$ とはかけない．なぜならば $D((\frac{d}{dt})^*) = S^*, D(-\frac{d}{dt}) = S$ で定義域が異なるからである．例えば，$x(t) = t \in S$ は $x(t) \notin S^*$ である．

4.10. 章末問題 A

問題 4.1 U をヒルベルト空間 E 上のユニタリー作用素とする．A が E 上の有界自己共役作用素ならば，$U^{-1}AU$ も有界自己共役作用素になることを証明せよ．

第 5 章

フーリエ変換とラプラス変換

 この章では, $L^2(\mathbf{R})$ におけるフーリエ変換について考察します. 下の定義から直ちに可積分関数がフーリエ変換できることがわかりますが, $L^2(\mathbf{R})$ のフーリエ変換は自明ではありません. それは, $L^2(\mathbf{R})$ の関数が一般には可積分でないからです. そこで, まず $L^1(\mathbf{R}) \cap L^2(\mathbf{R})$ 上でのフーリエ変換を詳しく調べ, その準備の下でフーリエ変換を $L^2(\mathbf{R})$ 上に拡張することにしましょう. 章の後半ではラプラス変換について考察します.

5.1. フーリエ変換

定義 5.1.1 ($L^1(\mathbf{R})$ 上のフーリエ変換) $f \in L^1(\mathbf{R})$ に対して

$$\hat{f}(\xi) = \frac{1}{\sqrt{2\pi}} \int_{-\infty}^{\infty} e^{-i\xi x} f(x)\, dx$$

と定め, f の **フーリエ変換** という. また, フーリエ変換を表すのに

$$\mathcal{F}(f(x))(\xi), \quad \mathcal{F}_{x \to \xi}(f(x))$$

という記号も用いることにする.

 例 5.1 $\alpha > 0$ で

(1)
$$\mathcal{F}(e^{-\alpha|x|})(\xi) = \sqrt{\frac{2}{\pi}} \frac{\alpha}{\alpha^2 + \xi^2}$$

(2)
$$\mathcal{F}(e^{-\alpha x^2})(\xi) = \frac{1}{\sqrt{2\alpha}} e^{-\frac{\xi^2}{4\alpha}}$$

演習 5.1.1 この例を示せ.
$Hint$: (2) は $\int_{-\infty}^{\infty} e^{-x^2}\, dx = \sqrt{\pi}$ を用いよ.

定理 5.1.1 $f, g \in L^1(\mathbf{R}),\ \alpha, \beta \in \mathbf{C}$ のとき, 次が成り立つ.
(1) $\mathcal{F}(f(x))(\xi)$ は ξ の連続関数である.
(2) (線形性)
$$\mathcal{F}(\alpha f + \beta g) = \alpha \mathcal{F}(f) + \beta \mathcal{F}(g)$$

証明 (2) は明らかなので (1) を示そう. $f \in L^1(\mathbf{R})$ とする. 任意の $\xi, h \in \mathbf{R}$ で
$$|\hat{f}(\xi + h) - \hat{f}(\xi)| = \frac{1}{\sqrt{2\pi}} \Big| \int_{-\infty}^{\infty} e^{-i\xi x}(e^{-ihx} - 1)f(x)\, dx \Big|$$
$$\leq \frac{1}{\sqrt{2\pi}} \int_{-\infty}^{\infty} |e^{-ihx} - 1||f(x)|\, dx$$

$|e^{-ihx} - 1| \leq 2$ かつ $\lim_{h \to 0} |e^{-ihx} - 1| = 0$ だから, $|e^{-ihx} - 1||f(x)|$ にルベーグの収束定理を適用すればよい. □

定理 5.1.2 $\{f_n\} \subset L^1(\mathbf{R})$ かつ $\|f_n - f\|_1 \to 0\ (n \to \infty)$ が成り立てば, $\hat{f}_n$ は $\hat{f}$ に一様収束する. 但し, $\|f\|_1 = \int_{-\infty}^{\infty} |f(x)|\, dx$ である.

証明 次の不等式を用いれば前定理と同様である.
$$\sup_{\xi \in \mathbf{R}} |\hat{f}_n(\xi) - \hat{f}(\xi)| \leq \frac{1}{\sqrt{2\pi}} \int_{-\infty}^{\infty} |f_n(x) - f(x)|\, dx \quad \square$$

定理 5.1.3 (リーマン・ルベーグの定理) もし, $f \in L^1(\mathbf{R})$ ならば
$$\lim_{|\xi| \to \infty} |\hat{f}(\xi)| = 0.$$

証明

$$\hat{f}(\xi) = -\frac{1}{\sqrt{2\pi}} \int_{-\infty}^{\infty} e^{-i\xi x - i\pi} f(x)\, dx = -\frac{1}{\sqrt{2\pi}} \int_{-\infty}^{\infty} e^{-i\xi x} f\left(x - \frac{\pi}{\xi}\right) dx$$

したがって

$$\hat{f}(\xi) = \frac{1}{2}\left[\frac{1}{\sqrt{2\pi}} \int_{-\infty}^{\infty} e^{-i\xi x} f(x)\, dx - \frac{1}{\sqrt{2\pi}} \int_{-\infty}^{\infty} e^{-i\xi x} f\left(x - \frac{\pi}{\xi}\right) dx\right]$$

$$= \frac{1}{2\sqrt{2\pi}} \int_{-\infty}^{\infty} e^{-i\xi x}\left(f(x) - f\left(x - \frac{\pi}{\xi}\right)\right) dx.$$

よって

$$|\hat{f}(\xi)| \leq \frac{1}{2\sqrt{2\pi}} \int_{-\infty}^{\infty} \left|f(x) - f\left(x - \frac{\pi}{\xi}\right)\right| dx$$

を得ることができる.ここで,f が階段関数ならば明らかに題意は成立する.一般の $f \in L^1(\mathbf{R})$ は階段関数で近似すればよい. □

次も簡単な計算で示すことができる.

定理 5.1.4 もし,$f \in L^1(\mathbf{R})$ ならば

(1) $\mathcal{F}(e^{i\alpha x} f(x)) = \hat{f}(\xi - \alpha)$ (平行移動)
(2) $\mathcal{F}(f(x - y)) = \hat{f}(\xi) e^{i\xi y}$
(3) $\mathcal{F}(f(\alpha x)) = \frac{1}{\alpha}\hat{f}(\frac{\xi}{\alpha}),\quad \alpha > 0$ (相似変換)
(4) $\mathcal{F}(\overline{f(x)}) = \overline{\mathcal{F}(f(-x))}$

演習 5.1.2 この定理を証明せよ.

定理 5.1.5 f が区分的に微分可能で,$f, f' \in L^1(\mathbf{R})$ であれば

$$\mathcal{F}(f')(\xi) = i\xi \hat{f}(\xi)$$

が成り立つ.ここで区分的に微分可能とは,有限個の点を除いて微分可能であることとする.

証明 部分積分を実行すればよい. □

系 5.1.1 f が n 回区分的に微分可能で, $f, f', \ldots f^{(n)} \in L^1(\mathbf{R})$ であれば
$$\mathcal{F}(f^{(n)})(\xi) = (i\xi)^n \hat{f}(\xi)$$
が成り立つ.

L^1 関数の合成積を定義しておこう. この定義はフーリエ変換との関係で少し <u>定数倍が調整されている</u> ことに注意しよう.

定義 5.1.2 $f, g \in L^1(\mathbf{R})$ のとき, f と g の **合成積** を次で定める.
$$(f * g)(x) = \frac{1}{\sqrt{2\pi}} \int_{-\infty}^{\infty} f(x-y)g(y)\,dy$$

このとき, $f * g \in L^1(\mathbf{R})$ がフビニの定理から直ちにわかる. 実際,
$$\|f * g\|_1 \leq \frac{1}{\sqrt{2\pi}} \int_{-\infty}^{\infty} |g(y)| \left(\int_{-\infty}^{\infty} |f(x-y)|\,dx \right) dy = \frac{1}{\sqrt{2\pi}} \|f\|_1 \|g\|_1$$
が成り立つからである. さらに

定理 5.1.6 $f, g \in L^1(\mathbf{R})$ のとき, 次が成り立つ.
$$\mathcal{F}(f * g) = \mathcal{F}(f)\mathcal{F}(g)$$

証明 $f, g \in L^1(\mathbf{R})$ とし, $h = f * g$ とおく. そのとき
$$\begin{aligned}
\hat{h}(\xi) &= \frac{1}{\sqrt{2\pi}} \int_{-\infty}^{\infty} e^{-i\xi x} h(x)\,dx \\
&= \frac{1}{\sqrt{2\pi}} \int_{-\infty}^{\infty} e^{-i\xi x} \frac{1}{\sqrt{2\pi}} \int_{-\infty}^{\infty} f(x-y)g(y)\,dydx \\
&= \frac{1}{2\pi} \int_{-\infty}^{\infty} g(y) \int_{-\infty}^{\infty} e^{-i\xi x} f(x-y)\,dxdy \\
&= \frac{1}{2\pi} \int_{-\infty}^{\infty} g(y) \int_{-\infty}^{\infty} e^{-i\xi(x+y)} f(x)\,dxdy \\
&= \frac{1}{\sqrt{2\pi}} \int_{-\infty}^{\infty} e^{-i\xi y} g(y)\,dy \frac{1}{\sqrt{2\pi}} \int_{-\infty}^{\infty} e^{-i\xi x} f(x)\,dx \\
&= \hat{g}(\xi)\hat{f}(\xi) \qquad \square
\end{aligned}$$

5.2. $L^2(\mathbf{R})$ 関数のフーリエ変換

さて,今度は $L^2(\mathbf{R})$ 関数のフーリエ変換を調べよう.この節ではノルムは次の $L^2(\mathbf{R})$ 空間のノルムとする.

$$\|f\|_2 = \Big(\int_{-\infty}^{\infty} |f(x)|^2\,dx\Big)^{\frac{1}{2}}, \qquad f \in L^2(\mathbf{R})$$

1次元ユークリッド空間上のテスト関数の空間を準備しよう.この空間は後に一般次元に拡張される重要な関数空間である.まず関数 f の 台 $\operatorname{supp} f$ を次のように定める.

$$\operatorname{supp} f = \overline{\{x : f(x) \neq 0\}}$$

定義 5.2.1 $\mathbf{R}$ で定義された無限回微分可能で,台がコンパクトな関数を **テスト関数** といいその全体を $\mathcal{D}(\mathbf{R})$ とおく.

例 5.2 次の関数は典型的な釣り鐘状のテスト関数である.

$$\varphi(x) = \begin{cases} \exp\big((x^2-1)^{-1}\big), & |x| < 1 \\ 0 & その他 \end{cases}$$

また,$\varphi'(x)$, $\varphi(ax+b)$, $\varphi^2(x)$ などもテスト関数である.

定理 5.2.1 $f \in \mathcal{D}(\mathbf{R})$ のフーリエ変換 $\hat{f}$ は $\hat{f} \in L^2(\mathbf{R})$ かつ

$$\|\hat{f}\|_2 = \|f\|_2$$

を満たす.

証明 まず,$\operatorname{supp} f \subset [-\pi, \pi]$ の場合を考える.$L^2([-\pi, \pi])$ の正規直交基底

$$\varphi_n = \frac{1}{\sqrt{2\pi}} e^{-inx}, \qquad n = 0, \pm 1, \ldots$$

を用いて f を展開し,パーセバルの等式を使えば

$$\|f\|_2^2 = \sum_{-\infty}^{\infty} \Big|\frac{1}{\sqrt{2\pi}} \int_{-\infty}^{\infty} e^{-inx} f(x)\,dx\Big|^2 = \sum_{-\infty}^{\infty} |\hat{f}(n)|^2$$

ここで, f を $e^{-i\xi x}f(x)$ $(\xi \in \mathbf{R})$ で置き換えれば, すべての $\xi \in \mathbf{R}$ について
$$\|f\|_2^2 = \sum_{n=-\infty}^{\infty} |\hat{f}(n+\xi)|^2$$
を得る. この両辺を ξ について 0 から 1 まで積分すれば
$$\|f\|_2^2 = \sum_{n=-\infty}^{\infty} \int_0^1 |\hat{f}(n+\xi)|^2 \, d\xi = \int_{-\infty}^{\infty} |\hat{f}(\xi)|^2 \, d\xi = \|\hat{f}\|_2^2$$
最後に一般の場合には, 正数 λ を関数 $g(x) = f(\lambda x)$ の台が $[-\pi, \pi]$ に含まれるように大きくとり, 関係式 $\hat{g}(\xi) = \frac{1}{\lambda}\hat{f}(\frac{\xi}{\lambda})$ に注意して計算すれば
$$\|f\|_2^2 = \lambda\|g\|_2^2 = \lambda\|\hat{g}\|_2^2 = \|\hat{f}\|_2^2$$
となり証明が終わる. □

テスト関数の空間 $\mathcal{D}(\mathbf{R})$ は $L^2(\mathbf{R})$ で稠密であるから, $L^2(\mathbf{R})$ 関数のフーリエ変換を次のように自然に定義することができる.

定義 5.2.2 ($L^2(\mathbf{R})$ 関数のフーリエ変換) $f \in L^2(\mathbf{R})$ とし, $\{f_n\}$ を f に $L^2(\mathbf{R})$ で収束するテスト関数の列とする. すなわち
$$f_n \in \mathcal{D}(\mathbf{R}), \quad \|f - f_n\|_2 \to 0 \quad n \to \infty.$$
そのとき $f \in L^2(\mathbf{R})$ のフーリエ変換を
$$\hat{f} = \lim_{n \to \infty} \hat{f}_n \text{ (極限は } L^2(\mathbf{R}) \text{ 空間のノルムでとる)}$$
で定義する.

前定理からこの定義の中の極限が収束列 $\{f_n\}$ のとり方に無関係に一意的に存在することがわかる. さらに次の定理が直ちに得られる.

定理 5.2.2 (パーセバルの等式) もし $f \in L^2(\mathbf{R})$ ならば
$$\|\hat{f}\|_2 = \|f\|_2$$

同様にして

5.2. $L^2(\mathbf{R})$ 関数のフーリエ変換

定理 5.2.3 もし $f \in L^2(\mathbf{R})$ ならば,
$$\hat{f}(\xi) = \lim_{n \to \infty} \frac{1}{\sqrt{2\pi}} \int_{-n}^{n} e^{-ix\xi} f(x)\, dx$$
但し,収束は $L^2(\mathbf{R})$ ノルムで考えるものとする.

証明 $\chi_{[-n,n]}(x)$ を区間 $[-n,n]$ の特性関数として $f_n(x) = \chi_{[-n,n]}(x) f(x)$, $n = 1, 2, \ldots$ と定めれば,$f_n \in L^2(\mathbf{R})$ かつ $\|f_n - f\|_2 \to 0$ $(n \to \infty)$ である.したがって,前定理から直ちに主張が従う. □

定理 5.2.4 もし $f, g \in L^2(\mathbf{R})$ ならば
$$\int_{-\infty}^{\infty} f(x) \hat{g}(x)\, dx = \int_{-\infty}^{\infty} \hat{f}(x) g(x)\, dx$$

証明 $f_n, g_n \in \mathcal{D}(\mathbf{R})$ を $f_n \to f,\ g_n \to g\ (n \to \infty)$ を満たすようにとる.フビニの定理から
$$\int_{-\infty}^{\infty} \hat{f}_m(x) g_n(x)\, dx = \frac{1}{\sqrt{2\pi}} \int_{-\infty}^{\infty} g_n(x)\, dx \int_{-\infty}^{\infty} e^{-ix\xi} f_m(\xi)\, d\xi$$
$$= \frac{1}{\sqrt{2\pi}} \int_{-\infty}^{\infty} f_m(\xi)\, d\xi \int_{-\infty}^{\infty} e^{-ix\xi} g_n(x)\, dx$$
$$= \int_{-\infty}^{\infty} f_m(x) \hat{g}_n(x)\, dx$$
が成り立つ.ここで,内積の連続性に注意すれば,
$$\int_{-\infty}^{\infty} f_m(x) \hat{g}(x)\, dx = \lim_{n \to \infty} \int_{-\infty}^{\infty} \hat{f}_m(x) g_n(x)\, dx$$
となり,さらに $m \to \infty$ として目的の等式を得ることができる. □

例 5.3 $f \in L^2(\mathbf{R})$, $g = \overline{\hat{f}}$ とおく.そのとき,
$$(f, \overline{\hat{g}}) = (\hat{f}, \overline{g}) = (\hat{f}, \hat{f}) = \|\hat{f}\|_2^2 = \|f\|_2^2, \quad \overline{(f, \overline{\hat{g}})} = \|f\|_2^2$$
が成り立つ.さらに
$$\|f - \overline{\hat{g}}\|_2^2 = \|f\|_2^2 - (f, \overline{\hat{g}}) - \overline{(f, \overline{\hat{g}})} + \|\hat{g}\|_2^2 = 0$$
から $f = \overline{\hat{g}}$ がわかる.

定理 5.2.5 (フーリエ逆変換) $f \in L^2(\mathbf{R})$ とするとき

$$f(x) = \lim_{n \to \infty} \frac{1}{\sqrt{2\pi}} \int_{-n}^{n} e^{ix\xi} \hat{f}(\xi)\, d\xi$$

但し, 収束は $L^2(\mathbf{R})$ の意味とする.

証明 上の例のように $g = \overline{\hat{f}}$ とおくと, $f = \overline{\hat{g}}$ が成り立つから,

$$\begin{aligned}
f(x) = \overline{\hat{g}}(x) &= \lim_{n \to \infty} \frac{1}{\sqrt{2\pi}} \int_{-n}^{n} \overline{e^{-ix\xi} g(\xi)}\, d\xi \\
&= \lim_{n \to \infty} \frac{1}{\sqrt{2\pi}} \int_{-n}^{n} e^{ix\xi} \overline{g(\xi)}\, d\xi \\
&= \lim_{n \to \infty} \frac{1}{\sqrt{2\pi}} \int_{-n}^{n} e^{ix\xi} \hat{f}(\xi)\, d\xi. \qquad \square
\end{aligned}$$

系 5.2.1 $\hat{f} \in L^1(\mathbf{R}) \cap L^2(\mathbf{R})$ ならば, ほとんど至るところで次が成り立つ.

$$f(x) = \frac{1}{\sqrt{2\pi}} \int_{-\infty}^{\infty} e^{ix\xi} \hat{f}(\xi)\, d\xi$$

上の変換を **フーリエ逆変換** という. 次も基本的な性質である.

定理 5.2.6 もし $f, g \in L^2(\mathbf{R})$ ならば

$$\int_{-\infty}^{\infty} f(x) \overline{g(x)}\, dx = \int_{-\infty}^{\infty} \hat{f}(x) \overline{\hat{g}(x)}\, dx$$

証明 次の等式に注意する.

$$4(f, g) = \|f + g\|_2^2 - \|f - g\|_2^2 + i\|f + ig\|_2^2 - i\|f - ig\|_2^2$$

したがって, 内積が等距離作用素 (L^2 ノルムを不変に保つ変換) で不変であることが直ちにわかる. フーリエ変換は等距離作用素だから主張が成立する. $\square$

定理 5.2.7 フーリエ変換は $L^2(\mathbf{R})$ 上のユニタリー作用素である.

5.2. $L^2(\mathbf{R})$ 関数のフーリエ変換

証明 フーリエ変換を $\mathcal{F}$ で表そう.

$$(\mathcal{F}f, g) = \int_{-\infty}^{\infty} \mathcal{F}f(x)\overline{g(x)}\, dx = \int_{-\infty}^{\infty} f(x)\mathcal{F}(\overline{g})(x)\, dx$$

$$= \int_{-\infty}^{\infty} f(x)\overline{\mathcal{F}^{-1}g(x)}\, dx$$

$$= (f, \mathcal{F}^{-1}(g))$$

したがって, $\mathcal{F}^{-1} = \mathcal{F}^*$ が成立する. □

この節の最後にフーリエ変換の例を紹介しよう. これらはウェーブレット変換と関連しており興味深いものたちである.

例 5.4 (メキシカンハット・ウェーブレット; ガウス分布関数の 2 階微分)

$$f(x) = (1-x^2)e^{-x^2/2},$$

を考える. すると直ちに

$$\mathcal{F}((1-x^2)e^{-\frac{x^2}{2}})(\xi) = -\mathcal{F}\left(\frac{d^2}{dx^2}e^{-\frac{x^2}{2}}\right)(\xi) = \xi^2 \mathcal{F}(e^{-\frac{x^2}{2}})(\xi) = \xi^2 e^{-\frac{\xi^2}{2}}.$$

例 5.5 (ハール関数)

$$\psi(x) = \begin{cases} 1, & 0 \leq x < 1/2 \\ -1, & 1/2 \leq x < 1 \\ 0, & その他 \end{cases}$$

そのとき,

$$\hat{\psi}(\xi) = \frac{1}{\sqrt{2\pi}}\left(\int_0^{1/2} e^{-i\xi x}\, dx - \int_{1/2}^1 e^{-i\xi x}\, dx\right)$$

$$= \frac{1}{\sqrt{2\pi}}\frac{1}{i\xi}(1 - 2e^{-i\xi/2} + e^{-i\xi})$$

$$= \frac{1}{\sqrt{2\pi}}\frac{e^{-i\xi/2}}{i\xi}(e^{i\xi/2} - 2 + e^{-i\xi/2})$$

$$= \frac{i}{\sqrt{2\pi}}e^{-i\xi/2}\frac{\sin^2(\xi/4)}{\xi/4}.$$

例 5.6 (シャノン関数) 次の関数は シャノン関数 といわれている．
$$f(x) = \frac{\sin 2\pi x - \sin \pi x}{\pi x}$$
このフーリエ変換は次のようになる．
$$\hat{f}(\xi) = \begin{cases} \frac{1}{\sqrt{2\pi}}, & \pi < |\xi| < 2\pi \\ 0, & \text{その他}. \end{cases}$$

5.3. ラプラス変換

この節では，フーリエ変換と並び重要なラプラス変換の基本事項を解説する．ラプラス変換とフーリエ変換は互いに密接な関係があることが知られている．この節では，$t > 0$ で定義された局所可積分関数 (任意の有界閉区間上で絶対可積分な関数) $f(t) \in L^1_{loc}([0, +\infty))$ のラプラス変換について考察するが，話を簡単にするため $t \leq 0$ では $f = 0$ として自動的に延長されていることにする．正確には $f \in L^1_{loc}([0, \infty))$ に対して

$$\begin{cases} f(t), & t > 0 \\ 0, & t \leq 0 \end{cases}$$

を対応させて，この関数のラプラス変換を議論するわけである．簡単のため，0 で $t < 0$ に延長された関数も同じ記号で表すことにする．

定義 5.3.1 (ラプラス変換) $f(t) \in L^1_{loc}([0, +\infty))$ に対して，
$$\mathcal{L}(f)(s) = \int_0^\infty e^{-st} f(t)\, dt$$
と定め，f の **ラプラス変換** と呼ぶ．ここで，s は複素数のパラメーターである．

ある正数 s_0 があって $s = s_0$ のとき，関数 $f(t)e^{-s_0 t} \in L^1([0, \infty))$ であるとしよう．そのとき f のラプラス変換が存在する．簡単な考察により $\mathrm{Re}(s) > s_0$ のとき，f のラプラス変換 $\mathcal{L}(f)(s)$ が存在し，$\mathcal{L}(f)(s)$ は s の正則関数になることがわかる．このような s_0 ($f(t)e^{-s_0 t}$ が絶対可積分になり

5.3. ラプラス変換

ラプラス変換が存在するような s_0) の下限を絶対収束の横座標ということがある. すなわち

定義 5.3.2 $f(t) \in L^1_{loc}([0,+\infty))$ に対して, $f(t)e^{-\operatorname{Re}(s)t} \in L^1([0,\infty))$ となる $\operatorname{Re}(s)$ の下限 s_0 をラプラス変換に関する **絶対収束の横座標** という.

例 5.7 $f(t) = 1$ のラプラス変換は, $\operatorname{Re}(s) > 0$ のときに限り収束し

$$\mathcal{L}(t)(s) = \int_0^\infty e^{-st}\, dt = \frac{1}{s}, \qquad s_0 = 0$$

同様にして

例 5.8 $f(t) = t^n$, $n = 1, 2, \ldots$ のラプラス変換は, $\operatorname{Re}(s) > 0$ のときに限り収束し

$$\mathcal{L}(t)(s) = \int_0^\infty e^{-st} t^n\, dt = \frac{n!}{s^{n+1}}, \qquad s_0 = 0$$

例 5.9 $f(t) = e^{\alpha t}$, $\alpha \in \mathbf{C}$ のラプラス変換は, $\operatorname{Re}(s) > \operatorname{Re}(\alpha)$ のときに限り収束し

$$\mathcal{L}(e^{\alpha t})(s) = \int_0^\infty e^{-st} e^{\alpha t}\, dt = \frac{1}{s-\alpha}, \qquad s_0 = \operatorname{Re}(\alpha)$$

演習 5.3.1 次を示せ. $Hint$: オイラーの公式を用いよ.

$$\mathcal{L}(\sin t)(s) = \frac{1}{s^2+1}, \quad \mathcal{L}(\cos t)(s) = \frac{s}{s^2+1}$$

ここで, ラプラス変換に関する基本公式をまとめておこう.

補題 5.3.1 $F(s) = \mathcal{L}(f(t))(s)$ とするとき,

(1) $\mathcal{L}(f(\lambda t))(s) = \frac{1}{\lambda} F\left(\frac{s}{\lambda}\right)$, $\lambda > 0$ (相似性)
(2) $\mathcal{L}(e^{\lambda t} f(t))(s) = F(s - \lambda)$ (像の平行移動)
(3) $\mathcal{L}(f(t - \lambda))(s) = e^{-\lambda s} F(s)$, $\lambda > 0$ (原像の平行移動)
(4) $\mathcal{L}(f'(t))(s) = sF(s) - f(+0)$ (原関数の微分)
(5) $\mathcal{L}\left(\int_0^t f(\tau)\, d\tau\right)(s) = \frac{1}{s} F(s)$ (原関数の積分)
(6) $\mathcal{L}(tf(t))(s) = -F'(s)$ (像関数の微分)
(7) $\mathcal{L}\left(\frac{f(t)}{t}\right)(s) = \int_s^\infty F(\tau)\, d\tau$ (像関数の積分)

補題 5.3.2 $F(s) = \mathcal{L}(f(t))(s)$ とする. (1) では f は n 回連続微分可能とする. 前補題の (4), (6) を n 回繰り返し用いれば, 次を得る.

(1) $\mathcal{L}(f^{(n)}(t))(s) = s^n F(s) - f(+0)s^{n-1} - f'(+0)s^{n-2} - \cdots - f^{(n-1)}(+0)$
(原関数の微分の一般形)

(2) $\mathcal{L}(t^n f(t))(s) = (-1)^n F^{(n)}(s)$ (像関数の微分の一般形)

演習 5.3.2 補題 5.3.1 を証明せよ.

例 5.10 次の公式が成り立つ.

$$\mathcal{L}(te^{\lambda t})(s) = \frac{1}{(s-\lambda)^2},$$
$$\mathcal{L}(\sin \omega t)(s) = \frac{\omega}{s^2 + \omega^2}, \quad \mathcal{L}(\cos \omega t)(s) = \frac{s}{s^2 + \omega^2}.$$

次に, ラプラス変換と合成積 (畳み込み) の関係を調べよう.

定義 5.3.3 $[0, \infty)$ で定義される 2 つの関数 $f(t)$ と $g(t)$ に対して, 積分

$$\int_0^t f(\tau)g(t-\tau)\,d\tau$$

を $f(t)$ と $g(t)$ の合成積といい $(f * g)(t)$ で表す.

$f(t)$ と $g(t)$ が $t < 0$ で 0 で延長してある場合には, 上の合成積の定義はフーリエ変換の節の定義と, 定数倍を除いて一致することを注意しておこう.

定理 5.3.1 ある $s_0 \in \mathbf{R}$ で $f(t)e^{-s_0 t}, g(t)e^{-s_0 t} \in L^1([0, \infty))$ ならば,

$$\mathcal{L}((f * g)(t))(s) = \mathcal{L}(f(t))(s)\mathcal{L}(g(t))(s), \qquad \mathrm{Re}(s) > s_0.$$

5.4. ラプラス逆変換

証明 仮定からフビニの定理が使えて

$$\text{左辺} = \int_0^\infty e^{-st} dt \Big(\int_0^t f(\tau)g(t-\tau)\, d\tau \Big)$$
$$= \int_0^\infty f(\tau)\, d\tau \Big(\int_\tau^\infty e^{-st} g(t-\tau)\, dt \Big)$$
$$= \int_0^\infty f(\tau)\, d\tau \Big(\int_0^\infty e^{-s(\tau+u)} g(u)\, du \Big)$$
$$= \int_0^\infty e^{-s\tau} f(\tau)\, d\tau \int_0^\infty e^{-su} g(u)\, du = \text{右辺.} \qquad \square$$

演習 5.3.3 $f(t) = \sin t, g(t) = \cos t$ のとき、次を示せ.

$$(f*g)(t) = \frac{1}{2} t \sin t,$$
$$\mathcal{L}((f*g)(t)) = \mathcal{L}(f(t))\mathcal{L}(g(t)) = \frac{s}{(s^2+1)^2}, \qquad \mathrm{Re}(s) > 0.$$

5.4. ラプラス逆変換

前節で述べたように, $f \in L^1_{loc}([0,\infty))$ のラプラス変換は絶対収束の横座標を s_0 とすると, $\{\mathrm{Re}(s) > s_0\} \subset \mathbf{C}$ における s の正則関数である. そこで,

$$s = x + iy, \quad x, y \in \mathbf{R}, x > s_0$$

とおくことにする. すなわち

$$\mathcal{L}(f(t))(x+iy) = \int_0^\infty e^{-(x+iy)t} f(t)\, dt, \qquad \mathrm{Re}(s) > s_0$$

さらに, 形式的には

$$\mathcal{L}(f(t))(x+iy) = \int_0^\infty e^{-iyt}[e^{-xt} f(t)]\, dt$$
$$= \int_{-\infty}^\infty e^{-iyt}[e^{-xt} f(t)]\, dt \qquad (f(t) = 0, t < 0)$$
$$= \sqrt{2\pi} \mathcal{F}(e^{-xt} f(t))(y) \qquad (e^{-xt} f(t) \text{ のフーリエ変換})$$

とフーリエ変換を用いて表すことができる. そのとき, フーリエ逆変換を用い

れば次が成立することがわかる.

定理 5.4.1 (ラプラス逆変換) $f \in L^1_{loc}([0,\infty))$ の絶対収束の横座標を s_0 とする. $x > s_0$ のとき, $e^{-xt}f(t) \in L^1([0,\infty)) \cap L^2([0,\infty))$ ならばほとんど至るところで
$$e^{-xt}f(t) = \frac{1}{\sqrt{2\pi}} \mathcal{F}^{-1}_{y \to t}[\mathcal{L}(f(t))(x+iy)]$$
すなわち
$$f(t) = \frac{1}{2\pi} \int_{-\infty}^{\infty} e^{(x+iy)t}[\mathcal{L}(f(t))(x+iy)] \, dy$$
$$= \frac{1}{2\pi i} \int_{x-i\infty}^{x+i\infty} e^{st}[\mathcal{L}(f(t))(s)] \, ds \qquad x > s_0$$
が成立する.

この定理の中の公式を **ラプラス逆変換** という. ラプラス逆変換はフーリエ逆変換で定義されるので, 定理の仮定の下で 1 対 1 かつ連続な写像である.

例 5.11 $\mathcal{L}(f(t)) = F(s)$ のとき $\frac{F(s)}{s-a}$ のラプラス逆変換を求めてみよう. $g(t) = e^{at}$ とおけば $\mathcal{L}(g(t)) = \frac{1}{s-a}$ であるから
$$\mathcal{L}((f*g)(t)) = \frac{F(s)}{s-a}$$
したがって,
$$(f*g)(t) = \mathcal{L}^{-1}\left(\frac{F(s)}{s-a}\right) = \int_0^t e^{a(t-\tau)}f(\tau)\,d\tau.$$

$f(t)$ のラプラス変換を $F(s) = \mathcal{L}(f(t))(s)$ とおく. このとき, $F(s)$ が孤立特異点 $a_1, a_2, \ldots, a_n$ を除いて全平面 $\mathbf{C}$ で正則関数であるとしよう. その場合にはラプラス逆変換を留数定理を用いて次のように直接求めることができる. $R > 0$ を十分大きくとり $x - iR$ から $x + iR$ への $\mathbf{C}$ 上の線分を C_1, x 中心の半径 R の半円を C_R とおく. 但し, $x = \text{Re}(s) > s_0$ で単一閉曲線 $C = C_1 + C_R$ がすべての $F(s)$ の孤立特異点を内部に囲んでいるように R

を大きくとるものとする. そのとき, 留数定理 (堀内・下村 [**15**]6.4節) により

$$\frac{1}{2\pi i}\int_C e^{st}F(s)\,ds = \sum_{k=1}^n \mathrm{Res}(e^{st}F(s),a_k)$$

$R\to\infty$ のとき $x>s_0$ から,

$$\frac{1}{2\pi i}\int_{C_1} e^{st}F(s)\,ds = \frac{1}{2\pi i}\int_{x-i\infty}^{x+i\infty} e^{st}F(s)\,ds$$

ここでもし

$$\int_{C_R} e^{st}F(s)\,ds \to 0 \quad (R\to\infty)$$

が成り立つと仮定すれば, 公式

$$f(t) = \sum_{k=1}^n \mathrm{Res}(e^{st}F(s),a_k)$$

を得る.

例 5.12 $F(s)=\frac{1}{s-a}$ のラプラス逆変換は次のようになる.

$$f(t) = \mathrm{Res}(e^{st}F(s),a) = e^{at}$$

演習 5.4.1 留数定理を用いてラプラス逆変換を求めよ.

$$\frac{1}{(s-a)^2},\quad \frac{\omega}{s^2+\omega^2},\quad \frac{s}{s^2+\omega^2}$$

5.5. ラプラス変換の常微分方程式への応用

ここで, ラプラス変換を用いて初等的な常微分方程式を解いてみよう.

例 5.13 次の微分方程式を解け. a,b は定数である.

$$\frac{du}{dt}+bu = e^{at},\quad t>0,$$
$$u(0)=1$$

$v(s)=\mathcal{L}(u(t))(s)$ とおく. 原関数の微分法則から

$$sv(s) - v(0) + bv(s) = \frac{1}{s-a}$$

初期条件から
$$sv(s) - 1 + bv(s) = \frac{1}{s-a}$$

これから,
$$v(s) = \frac{s-a+1}{(s-a)(s+b)} = \frac{1}{a+b}\Big(\frac{1}{s-a} + \frac{a+b-1}{s+b}\Big)$$

これをラプラス逆変換して
$$u(t) = \mathcal{L}^{-1}(v(s))(t) = \frac{1}{a+b}\big(e^{at} + (a+b-1)e^{-bt}\big)$$

コーヒーブレイク：フーリエ変換とは何か？

フーリエ変換とはいったい何なのでしょうか？ 数学だけではなく, 数理物理学 (特に量子力学) や情報数理学 (特にウェーブレット解析) においてその威力は絶大であり, 現代科学はそれなしには成立しないかのように見えます. いいすぎかも知れませんが, 少なくともフーリエ変換なしには多くの理論がその絶妙なエレガントさを微妙に失い色あせてしまうのは確かでしょう.

フーリエ変換とはいったい何なのでしょうか？ 筆者にはその問に答えることはまだできないのですが, かわりに, その答えに限りなく近づいた数学者の一人を紹介しましょう. その人は, スウェーデンの数学者ラーシュ・ヘルマンダー氏 (Lars Hörmander) です. 彼はルンド大学の解析学の教授を長年勤め, フーリエ変換の理論を用いて偏微分方程式論を飛躍的に発展させた研究者です. 1962年にはその功績でフィールズ賞を受賞しました. 1986年に彼がミッタクレフラー研究所 (スウェーデンにある数学の研究所) の所長を兼任していたとき, 幸運にも筆者はそこに居合わせたのでした. その時期は, あの伝説の名著 [The Analysis of Linear Partial Differential Operators I ~ IV] のシリーズが完成に近づいていた頃でした. 彼は, その著書の中で, 当時の筆者のような初学者にフーリエ変換を次のように説明しています.

「$\mathbf{R}^N$ におけるフーリエ変換の目的は, 任意の関数を平行移動に対する固有関数の連続的な和に分解することである. ここでいう平行移動の固有関数とは, 次のような関数 f のことである.

すべての $y \in \mathbf{R}^N$ に対して

$$f(x+y) = f(x)c(y), \qquad x \in \mathbf{R}^N \tag{5.5.1}$$

が, 何かある関数 $c(y)$ で成立する. もし $f(0) = 0$ なら, 直ちに f は恒等的に 0 となるので, この場合を除外して考えてみよう. $f(0) = 1$ としても一般性は失われない. そのとき, $x = 0$ とすると $f(y) = c(y)$ を得る. つまり,

$$f(x+y) = f(x)f(y), \qquad f(0) = 1. \tag{5.5.2}$$

f が連続関数であると仮定しよう. $g \in C^\infty$ をある有界閉集合の外では 0 で, かつ $\int_{\mathbf{R}^N} f(x)g(x)\,dx = 1$ を満たす関数としよう. すると

$$f(x) = \int_{\mathbf{R}^N} f(x+y)g(y)\,dy \in C^\infty$$

となることは容易にわかる. (5.5.2) を y について微分し $y=0$ とおけば

$$\partial_{x_j} f(x) = a_j f(x), \qquad a_j = \partial_{x_j} f(0).$$

さらに, $f(0) = 1$ より次が得られる.

$$f(x) = \exp(x, a), \qquad (x, a) = \sum_{j=1}^N x_j a_j. \tag{5.5.3}$$

逆に, これらの指数関数 (5.5.3) は (5.5.2) を満たしているので, すべての連続な平行移動に対する固有関数が求まったことになる. さて, どの固有関数が最も役に立つのであろうか？ 現時点では, 無限遠方であまり大きく変動しない関数が有効であると考えられている. そこで, a を純虚数にとってみよう. そのとき, $f \in L^1$ に対してそのフーリエ変換が

$$\hat{f}(\xi) = \frac{1}{(2\pi)^{N/2}} \int_{\mathbf{R}^N} e^{-i(x,\xi)} f(x)\,dx \qquad \xi \in \mathbf{R}^N$$

によって, 自然に有界連続関数として定まることになる. そして $\hat{f}(\xi)$ が可積分であればフーリエ逆変換を用いて, f が次のように復元されるのである.

$$f(x) = \frac{1}{(2\pi)^{N/2}} \int_{\mathbf{R}^N} e^{i(x,\xi)} \hat{f}(\xi)\,d\xi \qquad x \in \mathbf{R}^N$$

すなわち, $\hat{f}(\xi)$ は平行移動に対する固有関数を用いた f の連続的な分解における密度関数なのである.」

パート2…応用

パート2(第6章～第13章)ではパート1で準備した関数解析学の理論をいろいろな問題に実際に適用します．まずプロローグとして比較的単純な線形の常微分方程式にあてはめてみます．具体的にはフーリエ変換で一般的にアプローチした後，ストルム・リュイヴィル型境界値問題に焦点を絞り，ヒルベルト空間の理論(特にコンパクトな自己共役作用素と非有界作用素の理論)を適用してその有効性を実証することになります．その後，本格的に線形偏微分方程式の解析に応用します．実際には有名な超関数の理論を概観した後，フーリエ変換やラプラス変換を用いて偏微分作用素の基本解やグリーン関数の構成を学びます．そして，楕円型偏微分方程式に焦点を絞りヒルベルト空間の理論を用いて「弱解」の一意存在とその正則性を調べます．ここで，読者はヒルベルト空間の内積やリースの定理に衝撃的に再会することになるでしょう．

　関数解析学のもう1つの重要なルーツは，非線形問題を解析するために考案された変分法に由来するといわれています．変分法は一言でいえば非線形汎関数に対する微分積分学であり，現代数学では1つの重要な分野です．そこで，後半では非線形方程式への応用をできるだけ幅広く紹介します．本書が非線形解析学への橋渡しになれば幸いです．最後の章では世紀末に突然現れ，その後各方面で必要不可欠な基礎理論と考えられるに至った「ウェーブレット」の理論の一端をその応用と共に紹介します．これはフーリエ解析の直接の延長上に位置しますが，本書を読まれた方々の今後の新たなスタート地点として，これが相応しいと考えて最後に取り上げました．

第 6 章

プロローグ：線形常微分方程式

まず，線形の常微分方程式に焦点を絞り，それらの解法に関数解析的手法でアプローチしてみましょう．

6.1. フーリエ変換の線形常微分方程式への応用

この節では，n 階の定数係数の常微分方程式を考察する．つまり

$$Lu(x) = f(x), \qquad (6.1.1)$$

ここで，L は次で定義される n 階の定数係数の微分作用素である．(ここでは L の定義域をはっきりさせずに「作用素」という言葉を用いている．区別して「演算子」と呼ぶ場合もあるが，本書では作用素という言葉で通すことにする．)

$$L = a_n D^n + a_{n-1} D^{n-1} + \cdots + a_1 D + a_0, \qquad (6.1.2)$$

$a_0, a_1, \ldots, a_n$ は定数，$D = \frac{d}{dx}$，そして $f \in L^1(\mathbf{R})$ あるいは $f \in L^2(\mathbf{R})$ である．まず ある関数 $u(x)$ が (6.1.1) を満たしているとして，その両辺を形式的にフーリエ変換してみよう．すると，

$$(a_n(i\xi)^n + a_{n-1}(i\xi)^{n-1} + \cdots + a_1(i\xi) + a_0)\hat{u}(\xi) = \hat{f}(\xi) \qquad (6.1.3)$$

となり，$p(i\xi) = a_n(i\xi)^n + a_{n-1}(i\xi)^{n-1} + \cdots + a_1(i\xi) + a_0$ とおけば

$$p(i\xi)\hat{u}(\xi) = \hat{f}(\xi). \qquad (6.1.4)$$

と表される. このようにして,

$$\hat{u}(\xi) = \frac{\hat{f}(\xi)}{p(i\xi)} = \hat{f}(\xi)\hat{g}(\xi) \tag{6.1.5}$$

となる. 但し,

$$\hat{g}(\xi) = \frac{1}{p(i\xi)}.$$

この両辺を逆フーリエ変換すれば解 $u(x)$ が得られるが, 形式的には合成積を用いて次の公式が得られる.

$$u(x) = \frac{1}{\sqrt{2\pi}} \int_{-\infty}^{\infty} f(y)g(x-y)\,dy \tag{6.1.6}$$

この公式は $g(x) = \mathcal{F}^{-1}\hat{g}(\xi)$ が意味をもてば解を具体的に与えているのである. この関数 $g(x)$ は基本解あるいはグリーン関数と呼ばれ以後の展開において非常に重要な役割を果たすことになるが, ここでは具体的に $g(x)$ が計算できるような例を紹介しておこう.

例 6.1 次の問題をフーリエ変換を用いて解いてみよう.

$$-\frac{d^2u}{dx^2} + \alpha^2 u = f(x),$$

ここで, $f \in L^2(\mathbf{R})$ とする.

この両辺をフーリエ変換すれば,

$$(\xi^2 + \alpha^2)\hat{u}(\xi) = \hat{f}(\xi).$$

したがって,

$$\hat{u}(\xi) = \frac{\hat{f}(\xi)}{\xi^2 + \alpha^2}.$$

一方, 例 5.1 (1) により,

$$\frac{1}{\sqrt{2\pi}} \frac{1}{\xi^2 + \alpha^2} = \mathcal{F}\left\{\frac{1}{2\alpha} e^{-\alpha|x|}\right\}.$$

ゆえに, フーリエ変換と合成積の関係から

$$u(x) = \frac{1}{2} \int_{-\infty}^{\infty} \frac{e^{-\alpha|x-t|}}{\alpha} f(t)\,dt$$

となる.

6.2. 常微分作用素の境界値問題

例 6.2 (一定の張力で張られた弦のたわみ) 2 点 a と b で張力 T_0 で水平に張られた細い弦の各点 x に下向きの力 $f(x)$ がかかるとき, この弦は次の微分方程式を近似的に満たすことが知られている.

$$\frac{d^2}{dx^2}u = f(x)$$
$$u(a) = u(b) = 0.$$

ここで, $f(x) = g/T_0$ で g は重力加速度である.

このように微分作用素を考察する場合には, その境界条件を同時に考慮する必要があるのである. したがって, 作用素の定義域を決定する場合にも境界条件が重要な役割を果たすことになる.

ここでは, 次のような 2 階の常微分作用素に話をかぎり, その境界値問題を関数解析的に考察してみよう. $I = [a, b]$ とし, $a_2(x), a_1(x), a_0(x)$ (但し $a_2(x) \neq 0, x \in I$) を適当な関数として,

$$Lu(x) = a_2(x)\frac{d^2}{dx^2}u(x) + a_1(x)\frac{d}{dx}u(x) + a_0(x)u(x) \tag{6.2.1}$$

と定め, この区間 I 上で **境界値問題** を考える. 次の場合が最も基本的である. g と h は定数とする.

定義 6.2.1 (分離型境界条件) c を a または b のどちらか一方として,

$$\alpha_1 u(c) + \alpha_2 u'(c) = g, \tag{6.2.2}$$

$$\gamma_1 u(c) + \gamma_2 u'(c) = h. \tag{6.2.3}$$

定義 6.2.2 (ディリクレ条件)

$$u(a) = u(b) = 0. \tag{6.2.4}$$

定義 6.2.3 (ノイマン条件)
$$u'(a) = u'(b) = 0. \tag{6.2.5}$$

次も重要な条件である．

定義 6.2.4 (周期境界条件)
$$u(a) = u(b), \qquad u'(a) = u'(b) \tag{6.2.6}$$

さらに一般に，次の **境界値問題** を考えよう．
$$Lu = f, \tag{6.2.7}$$
$$B_1(u) = g, \tag{6.2.8}$$
$$B_2(u) = h. \tag{6.2.9}$$

(6.2.8) と (6.2.9) は **境界条件** といわれるものである．ここでは基本的な次の条件を考えよう．$\alpha_k, \beta_k, \gamma_k, \delta_k$ $(k = 1, 2)$ を実数として
$$B_1(u) = \alpha_1 u(a) + \alpha_2 u'(a) + \beta_1 u(b) + \beta_2 u'(b) = g, \tag{6.2.10}$$
$$B_2(u) = \gamma_1 u(a) + \gamma_2 u'(a) + \delta_1 u(b) + \delta_2 u'(b) = h. \tag{6.2.11}$$

さらに，2つのベクトル $(\alpha_1, \alpha_2, \beta_1, \beta_2)$ と $(\gamma_1, \gamma_2, \delta_1, \delta_2)$ は互いに1次独立であるとする．そのとき，条件 (6.2.10) と (6.2.11) は本質的に異なる2つの条件となる．特に $g = h = 0$ の場合を **斉次境界条件** (同次境界条件) という．

注意 6.2.1 境界条件 (6.2.10) と (6.2.11) において，$\beta_1 = -\alpha_1$, $\delta_2 = -\gamma_2$, $\alpha_2 = \beta_2 = \gamma_1 = \delta_1 = 0$, $g = h = 0$ とすれば，周期条件が得られる．

定義 6.2.5 L を $L^2([a,b])$ 内で定義された2階の常微分作用素とし，$B_1(u) = B_2(u) = 0$ を境界条件をする．この境界条件の下で考えられた微分作用素 L の定義域 $D(L)$ は次で定められる $L^2([a,b])$ の部分空間である．
$$\{u \in L^2([a,b]) : u, u' \in AC([a,b]), u', u'' \in L^2([a,b]), B_1(u) = B_2(u) = 0\} \tag{6.2.12}$$

ここで $AC([a,b])$ は区間 $[a,b]$ で絶対連続な関数の全体を表す. 定義 2.6.1 参照.

さて, 微分作用素 L は非有界作用素であるので, その共役作用素は, 定義 4.9.3 で定められることになる. すなわち,

定義 6.2.6 (微分作用素の共役作用素) L を $L^2([a,b])$ 内で定義された 2 階の常微分作用素とし, 斉次境界条件 $B_1(u) = B_2(u) = 0$ のもとで考える. このとき, 次を満たす作用素 L^* を L の **共役作用素** という.

$$(Lu, v) = (u, L^*v) \qquad \text{すべての } u \in D(L) \text{ と } v \in D(L^*).$$

この共役作用素 L^* とその定義域 $D(L^*)$ は次のように求めることができる. u, v を 2 回連続微分可能とすれば, 部分積分して

$$\begin{aligned}
(Lu, v) &= \int_a^b (Lu)(x) v(x)\, dx \\
&= \int_a^b \bigl(a_2(x) u''(x) + a_1(x) u'(x) + a_0(x) u(x) \bigr) v(x)\, dx \\
&= \bigl[a_2(x) \bigl(u'(x) v(x) - u(x) v'(x) \bigr) + \bigl(a_1(x) - a_2'(x) \bigr) u(x) v(x) \bigr]_a^b \\
&\quad + \int_a^b u(x) \bigl\{ \bigl(a_2(x) v(x) \bigr)'' - \bigl(a_1(x) v(x) \bigr)' + a_0(x) v(x) \bigr\}\, dx.
\end{aligned}$$

という関係式を得ることができる. もしこれが (u, L^*v) に等しければ,

$$\begin{aligned}
(u, L^*v) &= \int_a^b u(x) \bigl\{ \bigl(a_2(x) v(x) \bigr)'' - \bigl(a_1(x) v(x) \bigr)' + a_0(x) v(x) \bigr\}\, dx \\
&\quad + \bigl[a_2(x) \bigl(u'(x) v(x) - u(x) v'(x) \bigr) + \bigl(a_1(x) - a_2'(x) \bigr) u(x) v(x) \bigr]_a^b.
\end{aligned}$$

となる. ここで $v \in L^2([a,b])$ として, 2 回連続微分可能かつ境界で v と v' が消えるような関数をとれば, 右辺第 2 項は 0 となり, 次の微分作用素が L

の共役作用素 L^* であることがわかる.

$$L^*v = \frac{d^2}{dx^2}(a_2(x)v(x)) - \frac{d}{dx}(a_1(x)v(x)) + a_0(x)v(x) \qquad (6.2.13)$$

$$= \left(a_2\frac{d^2}{dx^2} + (2a_2' - a_1)\frac{d}{dx} + (a_2'' - a_1' + a_0)\right)v(x) \qquad (6.2.14)$$

ここで補助的に, 各 $x \in [a,b]$ に対して

$$J(u,v)(x) = a_2(x)(v(x)u'(x) - u(x)v'(x)) + (a_1(x) - a_2'(x))u(x)v(x)$$
$$(6.2.15)$$

という双線形形式を定めよう. これを用いて L^* の定義域 $D(L^*)$ を次のように定めることができる. すなわち, $v \in D(L^*)$ であるとは $v, v' \in AC([a,b])$, $v, v', v'' \in L^2([a,b])$ でかつ $[J(u,v)]_a^b = 0$ がすべての $u \in D(L)$ に対して成立することである. $J(u,v)$ の定義から, この最後の条件は v がある斉次境界条件 $B_1^*(v) = B_2^*(v) = 0$ を満たすことと同値なことがわかるが, この境界条件を共役境界条件という. 言い換えれば, 2 階常微分作用素に関する斉次境界値問題

$$Lu = f, \quad B_1(u) = B_2(u) = 0$$

に対して, その **共役境界値問題** が次で決まるということである.

$$L^*v = f, \quad B_1^*(v) = B_2^*(v) = 0$$

最後に, 自己共役作用素の定義をしよう.

定義 6.2.7 (形式的自己共役作用素と自己共役作用素) 微分作用素 L が **形式的自己共役** であるとは, $L = L^*$ であることである. さらに $D(L) = D(L^*)$ が成り立つとき L を **自己共役作用素** という.

この定義から, もし $a_2' = a_1$ であれば (6.2.1) で定められた L が形式的自己共役作用素になることがわかる. そのとき,

$$Lu(x) = \frac{d}{dx}\left(a_2(x)\frac{d}{dx}u(x)\right) + a_0 u(x) \qquad (6.2.16)$$

と表せ，双線形形式 $J(u,v)$ は

$$J(u,v)(x) = a_2(x)(u'(x)v(x) - u(x)v'(x)) \tag{6.2.17}$$

となる．

例 6.3 最も簡単な作用素を考察しよう．すなわち，

$$Lu = \frac{d^2}{dx^2}u.$$

次の境界値問題を考える．

$$Lu = 0, \qquad a \leq x \leq b,$$
$$B_1(u) = u(a) = 0, \quad B_2(u) = u'(a) = 0.$$

明らかに，$L = L^*$ であるから，L は形式的に自己共役である．共役境界条件を定めるために，$J(u,v)$ を調べよう．

$$\begin{aligned}[][J(u,v)]_a^b &= [u'(x)v(x) - u(x)v'(x)]_a^b \\ &= u'(b)v(b) - u(b)v'(b) - u'(a)v(a) + u(a)v'(a) \\ &= u'(b)v(b) - u(b)v'(b) \end{aligned}$$

したがって，$[J(u,v)]_a^b = 0$ がすべての $u \in D(L)$ に対して成り立つためには

$$B_1^*(v) = v(b) = 0 \quad \text{かつ} \quad B_2^*(v) = v'(b) = 0$$

が必要十分であることがわかる．このとき，$D(L) \neq D(L^*)$ であるから，L は自己共役ではない．

例 6.4 形式的自己共役作用素 (6.2.16) を考察しよう．すなわち，

$$Lu(x) = \frac{d}{dx}\left(a_2(x)\frac{d}{dx}u(x)\right) + a_0(x)u(x).$$

ここで $a_2(x)$ は C^1 級であり，次の境界条件のもとで考える．

$$B_1(u) = u(a) = 0, \qquad B_2(u) = u'(b) = 0$$

すると, $u \in D(L)$ のとき

$$\begin{aligned}[J(u,v)]_a^b &= [a_2(x)\bigl(u'(x)v(x) - u(x)v'(x)\bigr)]_a^b \\ &= a_2(b)\bigl(u'(b)v(b) - u(b)v'(b)\bigr) - a_2(a)\bigl(u'(a)v(a) - u(a)v'(a)\bigr) \\ &= -(a_2(b)u(b)v'(b) + a_2(a)u'(a)v(a))\end{aligned}$$

なので, $[J(u,v)]_a^b = 0$ となるためには,

$$B_1^*(v) = v(a) = 0 \quad \text{かつ} \quad B_2^*(v) = v'(b) = 0$$

が必要十分である. このように $D(L) = D(L^*)$ となるので, この境界条件の下で作用素 L は自己共役である. この場合の境界値問題を **自己共役境界値問題** ということがある. 同様に境界条件をディリクレ条件あるいはノイマン条件にしても, 自己共役境界値問題となる.

注意 6.2.2 (6.2.1) で定められた L は一般には形式的自己共役ではないが, 適当な関数 $\omega(x)$ をかければ形式的自己共役作用素に変換される. 実際,

$$\omega(x) = \frac{1}{a_2(x)} \exp\left[\int \frac{a_1(x)}{a_2(x)}\, dx\right],$$
$$\alpha(x) = a_2(x)\omega(x), \quad \beta(x) = a_0(x)\omega(x)$$

とおけば, $\alpha'(x) = (\exp[\int \frac{a_1(x)}{a_2(x)}\, dx])' = a_1(x)\omega(x)$ となって

$$\omega(x)(Lu)(x) = \frac{d}{dx}\left(\alpha(x)\frac{d}{dx}u(x)\right) + \beta(x)u(x)$$

が成立する.

6.3. ストルム・リューヴィル型固有値問題

ここでは作用素 L をいわゆるストルム・リューヴィル型に限定して, もう少し詳しく解析してみよう. まず, 次の有名な固有値問題の考察から始める.

6.3. ストルム・リューヴィル型固有値問題

定義 6.3.1 (ストルム・リューヴィル型固有値問題) 次の 2 階常微分作用素に関する境界値問題を **ストルム・リューヴィル型固有値問題** と呼ぶ.

$$\frac{d}{dx}\left[p(x)\frac{du}{dx}\right]+(q(x)+\lambda\omega(x))u(x)=0, \quad a\leq x\leq b \tag{6.3.1}$$

$$a_1 u(a)+a_2 u'(a)=0, \tag{6.3.2}$$

$$b_1 u(b)+b_2 u'(b)=0. \tag{6.3.3}$$

但し, p, q と ω は $[a,b]$ 上連続な実数値関数で, $p, \omega > 0$ かつ p' も連続であるとする. また, $a_1, a_2, b_1.b_2$ は与えられた実数で $a_1^2+a_2^2 \neq 0$ かつ $b_1^2+b_2^2 \neq 0$ とする. このとき, λ を **固有値** といい, そのときの非自明な解 u を **固有関数** という.

例をあげよう.

例 6.5

$$u''+\lambda u=0, \quad 0\leq x\leq \pi$$

$$u(0)=u(\pi)=0.$$

まず $\lambda < 0$ と仮定して $\nu=\sqrt{|\lambda|}$ とおく. そのとき一般解は

$$u(x)=Ae^{\nu x}+Be^{-\nu x}$$

となる. ここで境界条件を用いれば, $A=B=0$ となることがわかり, この場合には非自明な解は存在できない. 同様に $\lambda=0$ も固有値ではないことがわかる. そこで, $\lambda > 0$ と仮定しよう. 一般解は

$$u(x)=A\cos\sqrt{\lambda}x+B\sin\sqrt{\lambda}x$$

で与えられる. 再び境界条件を考慮すれば,

$$A=0 \quad かつ \quad B\sin\sqrt{\lambda}\pi=0$$

が必要となる. 後者から, $u(x)$ が非自明になるのは $\sin\sqrt{\lambda}\pi=0$ であるとき, つまり $\sqrt{\lambda}\pi=n\pi$ の場合だけで, λ は次の特別な値しかとることを許されな

いことがわかる．すなわち，
$$\lambda_n = n^2, \quad (n = 1, 2, \ldots)$$
そのとき，固有値 λ_n に対応する固有関数 $u_n(x)$ は
$$u_n(x) = \sin nx$$
である．自己共役なコンパクト作用素の固有値の漸近的振る舞いとは全く異なり，固有値 λ_n は $n \to \infty$ で $\lambda_n \to \infty$ となることに注意しよう．

定義 6.3.1 には当てはまらないが，ここで境界条件を周期境界条件に変えた例をあげておこう．固有値の重複度に注意をされたい．境界条件を変えると，固有値の重複度が変わるのである．

例 6.6
$$u'' + \lambda u = 0, \quad -\pi \leq x \leq \pi$$
$$u(-\pi) = u(\pi), \quad u'(-\pi) = u'(\pi)$$
前と同様に，$\lambda > 0$ の場合の一般解は次のようになる．
$$u(x) = A \cos \sqrt{\lambda} x + B \sin \sqrt{\lambda} x.$$
境界条件から
$$B \sin \sqrt{\lambda} \pi = 0, \quad A \sqrt{\lambda} \sin \sqrt{\lambda} \pi = 0$$
を得るので，非自明な解をもつためには
$$\sin \sqrt{\lambda} \pi = 0.$$
が必要となる．したがって簡単な計算から，
$$\lambda = \lambda_n = n^2, \quad (n = 1, 2, \ldots)$$
が固有値となることがわかる．この場合，すべての固有値 $\lambda_n = n^2$ に対して，2 つの独立な固有関数 $\cos nx$ と $\sin nx$ が存在することに注意しよう．また，

$\lambda < 0$ が固有値にならないことも容易にわかる．しかし，$\lambda = 0$ は固有値であり，対応する固有関数は定数値関数 $u(x) = 1$ である．

以下では，作用素 L はストルム・リューヴィル型であるとする．つまり，p, q は $[a, b]$ 上連続な実数値関数で，$p > 0$ かつ p' も連続であるとして，

$$Lu = \frac{d}{dx}\left[p(x)\frac{du}{dx}\right] + q(x)u \tag{6.3.4}$$

とする．そして境界条件も，条件 (6.3.2) と (6.3.3) を固定することする．したがって定義域 $D(L)$ は，2 階微分まで含めて $L^2([a,b])$ に属し，1 階微分まで含めて $[a,b]$ で絶対連続，かつ境界条件 (6.3.2) と (6.3.3) を満たす関数の全体である．

この作用素に関して，簡単な公式を 2 つ紹介しよう．

定理 6.3.1 (ラグランジュの恒等式) 任意の $u, v \in D(L)$ に対して，次の恒等式が成立する．

$$uLv - vLu = \frac{d}{dx}\left[p(x)\left(u\frac{dv}{dx} - v\frac{du}{dx}\right)\right]. \tag{6.3.5}$$

証明

$$uLv - vLu = u\frac{d}{dx}\left[p(x)\frac{dv}{dx}\right] + quv - v\frac{d}{dx}\left[p(x)\frac{du}{dx}\right] - quv$$
$$= \frac{d}{dx}\left[p(x)\left(u\frac{dv}{dx} - v\frac{du}{dx}\right)\right]. \quad \square$$

定理 6.3.2 (アーベルの公式) u と v を次の方程式の 2 つの解とする．

$$Lu + \lambda\omega u = 0, \quad a \leq x \leq b.$$

そのとき，

$$p(x)W(x; u, v) = 定数$$

が成立する．ここで，$W(x; u, v)$ は **ロンスキアン** である，すなわち

$$W(x;u,v) = \begin{vmatrix} u(x), u'(x) \\ v(x), v'(x) \end{vmatrix}$$

証明 u と v が解であることから

$$Lu + \lambda \omega u = 0,$$
$$Lv + \lambda \omega v = 0.$$

上の式に v を，下の式に u をかけて辺々引くと，ラグランジュの恒等式から

$$\frac{d}{dx}\left[p(x)\left(u\frac{dv}{dx} - v\frac{du}{dx}\right)\right] = 0$$

を得る．これを a から x まで積分すれば

$$p(x)[u(x)v'(x) - u'(x)v(x)] - p(a)[u(a)v'(a) - u'(a)v(a)] = 定数$$

となるから，これでアーベルの公式が証明された．□

定理 6.3.3 ストルム・リューヴィル型固有値問題の固有関数は定数倍を除いて一意的である．

証明 u と v を同じ固有値の固有関数としよう．アーベルの公式から

$$p(x)W(x;u,v) = 定数$$

となる．$p > 0$ であるので，もしロンスキアン $W(x;u,v)$ がある点で 0 になれば，$[a,b]$ 上で恒等的に 0 となることに注意しよう．さて境界条件

$$a_1 u(a) + a_2 u'(a) = 0,$$
$$a_1 v(a) + a_2 v'(a) = 0,$$

と $a_1^2 + a_2^2 \neq 0$ から直ちに，

$$W(a;u,v) = 0$$

が成り立つが，上の注意により $W(x;u,v) \equiv 0$ が従う．$uv' - u'v = 0$ を解いて，u と v は線形従属であることがわかる．□

6.3. ストルム・リューヴィル型固有値問題

定理 6.3.4 $(\cdot,\cdot)$ を $L^2([a,b])$ の内積とすると, すべての $u,v \in D(L)$ に対して

$$(Lu,v) = (u,Lv)$$

が成立する. つまり, 作用素 L は自己共役である.

証明 ストルム・リューヴィル型固有値問題に現れるすべての係数が実数であることに注意すれば, $v \in D(L)$ ならば $\overline{v} \in D(L)$ が成り立つことがわかる. さらに $\overline{Lv} = L\overline{v}$ が成り立つので, ラグランジュの恒等式から

$$(Lu,v) - (u,Lv) = \int_a^b (\overline{v}Lu - uL\overline{v})\,dx = [p(u\overline{v}' - \overline{v}u')]_a^b$$

がわかる. u と $\overline{v}$ が共に同じ境界条件を満たし, $a_1^2 + a_2^2 \neq 0$ であることから,

$$u(a)\overline{v}'(a) - \overline{v}(a)u'(a) = 0$$

でなければならないことがわかる. 同様にして $x = b$ でも

$$u(b)\overline{v}'(b) - \overline{v}(b)u'(b) = 0$$

であるから,

$$[p(u\overline{v}' - \overline{v}u')]_a^b = 0$$

となり, 結局 $(Lu,v) = (u,Lv)$ が成り立つ. □

定理 6.3.5 ストルム・リューヴィル型固有値問題における固有値はすべて実数であり, 固有関数も実数値関数にとることができる.

証明 λ を固有値, u を固有関数とする. つまり, u は恒等的には 0 でなく, $Lu = -\lambda\omega u$ を満たしている. そのとき,

$$0 = (Lu,u) - (u,Lu) = -(\lambda\omega u,u) + (u,\lambda\omega u) = (\overline{\lambda} - \lambda)\int_a^b \omega(x)|u(x)|^2\,dx$$

$\omega(x) > 0$ であったから, $\overline{\lambda} = \lambda$ が成り立つことがわかり, 証明が終わる. □

もう1つ基本的な結果を紹介しておこう.

定理 6.3.6 ストルム・リューヴィル型固有値問題においては,相異なる固有値に対応する固有関数は,$\omega(x)$ を重み関数とする内積に関して,互いに直交する.

証明 u_1 と u_2 をそれぞれ相異なる固有値 λ_1 と λ_2 に対する固有関数とする.そのとき,$\overline{u_2}$ も λ_2 に対応する固有関数だから,

$$u_1 L\overline{u_2} - \overline{u_2} L u_1 = (\lambda_1 - \lambda_2)\omega u_1 \overline{u_2}$$

が成り立つ.またラグランジュの恒等式より,

$$u_1 L\overline{u_2} - \overline{u_2} L u_1 = \frac{d}{dx}\left[p(x)\left(u_1 \frac{d\overline{u_2}}{dx} - \overline{u_2}\frac{du_1}{dx}\right)\right].$$

これら 2 式を組み合わせて,a から b まで積分すれば

$$(\lambda_1 - \lambda_2)\int_a^b \omega u_1 \overline{u_2}\, dx = \left[p(x)\left(u_1 \frac{d\overline{u_2}}{dx} - \overline{u_2}\frac{du_1}{dx}\right)\right]_a^b = 0$$

が成り立つことがわかる.$\lambda_1 \neq \lambda_2$ より

$$\int_a^b \omega u_1 \overline{u_2}\, dx = 0$$

を得るから,u_1 と u_2 は,ω を重み関数とする内積に関して互いに直交する.□

6.4. ストルム・リューヴィル型境界値問題の解法

この節では,前節で取り扱ったストルム・リューヴィル型作用素 L に関する境界値問題を実際に解いてみることにしよう.そのとき必然的に L の逆作用素が現れ,それが積分作用素となることを見ることになる.そしてこの考察は後の偏微分方程式の解法の重大なヒントになるのである.

さて,L をストルム・リューヴィル型作用素とする.すなわち,p, q は連続な $[a, b]$ 上の実数値関数で,$p > 0$ かつ p' も連続であるとして,

$$Lu = \frac{d}{dx}\left[p(x)\frac{du}{dx}\right] + q(x)u. \tag{6.4.1}$$

とする.この作用素に関して,次の境界値問題を考えよう.

6.4. ストルム・リューヴィル型境界値問題の解法

定義 6.4.1 (ストルム・リューヴィル型境界値問題) $f \in C([a,b])$ とするとき, 境界条件付き方程式

$$Lu = f, \quad a \leq x \leq b \tag{6.4.2}$$

$$a_1 u(a) + a_2 u'(a) = 0, \tag{6.4.3}$$

$$b_1 u(b) + b_2 u'(b) = 0. \tag{6.4.4}$$

を **ストルム・リューヴィル型境界値問題** という. 但し, a_1, a_2, b_1, b_2 は与えられた実数で $a_1^2 + a_2^2 \neq 0$ かつ $b_1^2 + b_2^2 \neq 0$ とする. これは, 方程式 (6.4.2) を $D(L)$ の中で考えることと同じである.

そのとき, 方程式 $Lu = f$ を $D(L)$ の中で考えよう. ここで $D(L)$ は 2 階微分まで含めて $L^2([a,b])$ に属し, 1 階微分まで含めて $[a,b]$ で絶対連続, かつ境界条件 (6.4.3) と (6.4.4) を満たす関数の全体である. もし L の逆作用素が存在すれば, この問題の解は $u = L^{-1}f$ で与えられることになるが, 実はもっと精密な次の定理が成立するのである.

定理 6.4.1 ストルム・リューヴィル型境界値問題 (6.4.1) が $f = 0$ に対して非自明な解をもたないとする. 言い換えれば, $\lambda = 0$ が作用素 L の固有値でないと仮定する. そのとき, 任意の $f \in C([a,b])$ に対して, 次の一意的な解 u が存在する.

$$u(x) = \int_a^b G(x,t) f(t) \, dt.$$

但し, $G(x,t)$ は **グリーン関数** で, 次で定められる.

$$G(x,t) = \begin{cases} \dfrac{u_2(x) u_1(t)}{p(t) W(t)} & a \leq t < x, \\ \dfrac{u_1(x) u_2(t)}{p(t) W(t)} & x < t \leq b. \end{cases} \tag{6.4.5}$$

ここで, u_1 と u_2 は次の斉次方程式 (6.4.1) の非自明な解であり, u_1 は斉次境界条件 (6.4.3) を満たし, u_2 は斉次境界条件 (6.4.4) を満たすとする.

$$Lu = 0, \quad a \leq x \leq b.$$

また, $W(t)$ は次で与えられるロンスキアンとする.

$$W(t) = u_1(t)u_2'(t) - u_2(t)u_1'(t).$$

証明 まず, 非自明な解 u_1 と u_2 が存在することに注意しよう. 常微分方程式の初期値問題の解の存在と一意性から, (6.4.6) と (6.4.3) の解のなす空間の次元は 1 次元であるから, 非自明な解 u_1 が存在する. 同様に非自明な解 u_2 も存在する. 次に, ロンスキアン $W(t)$ が決して 0 にならないことに注意しよう. 実際, もしある点で $W(t) = 0$ となればアーベルの公式から, 恒等的に $p(t)W(t) = 0$ となってしまうことになる. $p > 0$ なので, 恒等的に $W(t) = 0$ となり, これは u_1 と u_2 が線形従属であることを意味するから, どちらも境界条件 (6.4.3) と (6.4.4) を同時に満たす. 仮定から 2 つの斉次境界条件を同時に満たす非自明な解は存在しないので矛盾である. そこで,

$$c = \frac{1}{p(x)W(x)}$$

とおこう. そして u を次のように定義すると, 簡単な計算で求める解になることがわかる.

$$u(x) = cu_2(x)\int_a^x f(t)u_1(t)\,dt + cu_1(x)\int_x^b f(t)u_2(t)\,dt \tag{6.4.6}$$

また容易に,

$$u(x) = \int_a^b G(x,t)f(t)\,dt$$

と表せることがわかり証明が終わる. □

今度は

$$(Tf)(x) = \int_a^b G(x,t)f(t)\,dt \tag{6.4.7}$$

で定まる積分作用素 T を考察しよう.

定理 6.4.2 (6.4.7) で定まる積分作用素 T は $L^2([a,b])$ 上の自己共役コンパクト作用素である. T の像は $C([a,b])$ に入る.

6.4. ストルム・リューヴィル型境界値問題の解法

証明 例 4.23 から，直ちに積分作用素 T がコンパクト作用素であることがわかる．積分核 $G(x,t)$ が $G(x,t) = \overline{G(t,x)}$ を満たすので，例 4.10 から自己共役であることもわかる．□

自己共役コンパクト作用素に関してはスペクトル分解ができることがわかっているので，L の固有値と T の固有値の関係がわかれば，L の固有値と固有関数がわかる．次の定理は明らかであろう．

定理 6.4.3 $\lambda \neq 0$ が定義 6.4.1 で定められた作用素 L の固有値であるための必要十分条件は $1/\lambda$ が T の固有値になることである．さらに，f が固有値 λ に対する L の固有関数であれば，f は固有値 $1/\lambda$ に対する T の固有関数となる．

$\lambda = 0$ については，次が成り立つ．

定理 6.4.4 $\lambda = 0$ が定義 6.4.1 で定められた作用素 L の固有値でなければ，$\lambda = 0$ は (6.4.7) で定まる積分作用素 T の固有値ではない．

証明 $Tf = 0$ と仮定しよう．そのとき，(6.4.6) から

$$0 = (Tf)'(x) = \frac{d}{dx}\left[cu_2(x)\int_a^x f(t)u_1(t)\,dt + cu_1(x)\int_x^b f(t)u_2(t)\,dt\right]$$

$$= c\left(u_2'(x)\int_a^x f(t)u_1(t)\,dt - u_1'(x)\int_b^x f(t)u_2(t)\,dt\right)$$

したがって，次の 2 つの式を得る．

$$u_2(x)\int_a^x f(t)u_1(t)\,dt + u_1(x)\int_x^b f(t)u_2(t)\,dt = 0$$

$$u_2'(x)\int_a^x f(t)u_1(t)\,dt - u_1'(x)\int_b^x f(t)u_2(t)\,dt = 0$$

ところが，$u_1 u_2' - u_2 u_1' \neq 0$ がすべての点 x で成り立っているので，

$$\int_a^x f(t)u_1(t)\,dt = 0 \quad \text{と} \quad \int_b^x f(t)u_2(t)\,dt = 0$$

を得るが, これらから直ちに $f(x) = 0, (a \leq x \leq b)$ が従う. つまり, $Tf = 0$ は自明な解しかもたないことが示されたので定理が示された. □

以上と, 自己共役コンパクト作用素のスペクトル分解定理 (定理 4.8.2) から, 次の定理が導かれる.

定理 6.4.5 L が定義 6.4.1 を満たす作用素ならば, L の固有関数からなる正規直交基底 $\{v_n\}$ が存在して, 任意の $f \in L^2([a,b])$ が

$$Lf = \sum_{n=1}^{\infty} \lambda_n (f, v_n) v_n$$

の形に表される. 但し, λ_n は L の固有関数 v_n に対する固有値である.

コーヒーブレイク：ウプサラ

スウェーデンの首都ストックホルムの北西, 70 キロほどのところに「ウプサラ」があります. ここは人口約 19 万人の閑静で美しい中世の趣を残した都市です. 古くは 1164 年以来大司教座が置かれ, 1477 年に北欧最古のウプサラ大学がここに創立されました. この大学はヨーロッパでも最も古い大学の 1 つであり, ウプサラはこの大学を中心に文化都市として発展してきました. また現在でもウプサラ大学は数学やその他の分野で非常にアクティブな大学であることで知られています.

さて, その大学には昔には大講義室だった部屋が博物館の一部として保存されており, そこの入り口の扉にはスウェーデン語で次のように書かれています.

Tänka fritt är stort, Tänka rätt är större

これは, 1794 年にスウェーデンの作家 Thomas Thorild によって書かれた言葉で, 実際には 1887 年にここに刻まれたようです. もし英語に直訳すれば

To think freely is great, to think correctly (or right) is greater

日本語にすると

自由に考えるのはよいことだ．が，正しく考えることは偉大である．

とでもなるでしょうか．(この言葉は本書にもう1ヶ所書かれています.)
　とにかく，数学の1つの本質がここで生まれ育まれたということは言うまでもない気がします．

第 7 章

超関数

この章では超関数について基本的な概念や性質を紹介します．2002 年に惜しくも他界したローラン・シュワルツによって導入された超関数の理論は，それまでに散見された弱い解や弱い微分の概念たちに数学的な定式化を与えたのみならず，以後の偏微分方程式の発展の基礎を完全に築いたといえます．例えば，ディラックのデルタ関数，作用素の基本解やグリーン関数等重要な基本概念は超関数の理論を通して始めて確立したといえるのです．

7.1. イントロダクション

まず，次のオーダー m (階数 m) の実数係数の **偏微分作用素** を考える．

$$L = \sum_{|\alpha| \le m} a_\alpha D^\alpha$$

ここで，α はいわゆる **多重指数** で，N 次元の数ベクトルで各成分 α_k が非負整数であるものである，すなわち

$$\alpha = (\alpha_1, \alpha_2, \ldots, \alpha_N) \in (\mathbf{N} \cup \{0\})^N.$$

$|\alpha|$ は多重指数 α の **長さ** で

$$|\alpha| = \alpha_1 + \alpha_2 + \cdots + \alpha_n$$

$a_\alpha = a_{\alpha_1,\alpha_2,\dots,\alpha_N}$ は実定数の係数である. 最後に D^α は偏微分記号で

$$D^\alpha = \Big(\frac{\partial}{\partial x_1}\Big)^{\alpha_1} \cdots \Big(\frac{\partial}{\partial x_N}\Big)^{\alpha_N} = \frac{\partial^{|\alpha|}}{\partial x_1^{\alpha_1} \cdots \partial x_N^{\alpha_N}}$$

である. $f \in C(\mathbf{R}^N)$ に対して偏微分方程式

$$Lu = \sum_{|\alpha| \leq m} a_\alpha D^\alpha u = f$$

を考える. さて, 解があったとして, 両辺に **テスト関数** (次節で定義するが, なめらかで, ある有界集合の外で 0 である関数) をかけて積分しよう. すると

$$\int_{\mathbf{R}^N} Lu \cdot \varphi\, dx = \int_{\mathbf{R}^N} \sum_{|\alpha|\leq m} a_\alpha D^\alpha u \cdot \varphi\, dx = \int_{\mathbf{R}^N} f \cdot \varphi\, dx$$

さらに, 部分積分すれば

$$\int_{\mathbf{R}^N} u \cdot L^*\varphi\, dx = \int_{\mathbf{R}^N} \sum_{|\alpha|\leq m} u \cdot a_\alpha (-1)^{|\alpha|} D^\alpha \varphi\, dx = \int_{\mathbf{R}^N} f \cdot \varphi\, dx$$

となる. ここで

$$L^* = \sum_{|\alpha|\leq m} a_\alpha (-1)^{|\alpha|} D^\alpha$$

とおいた. この偏微分作用素は, L の **(形式的) 共役作用素** といわれる.

例 7.1 $\frac{\partial}{\partial x_k}$ の共役作用素は $-\frac{\partial}{\partial x_k}$ である. すなわち, $\big(\frac{\partial}{\partial x_k}\big)^* = -\frac{\partial}{\partial x_k}$.

例 7.2 $\Delta = \sum_{k=1}^N \frac{\partial^2}{\partial x_k^2}$ (ラプラシアン) の共役作用素はそれ自身である. すなわち, $\Delta^* = \Delta$.

例 7.3 (変数係数偏微分作用素) $L = \sum_{|\alpha|\leq m} a_\alpha(x) D^\alpha$ の共役作用素 L^* は, 常微分作用素の時と同様に部分積分を用いて, 次で与えられる.

$$L^* v(x) = \sum_{|\alpha|\leq m} (-1)^{|\alpha|} D^\alpha \big(a_\alpha(x) v(x)\big).$$

したがって, すべてのテスト関数に対して

$$\int_{\mathbf{R}^N} u \cdot L^*\varphi\, dx = \int_{\mathbf{R}^N} f \cdot \varphi\, dx$$

が成り立たなければならない. この式では u は微分されていないので, 必ずしも微分可能でない u に対しても意味があることに注意しよう. 次の補題は自明であろう.

補題 7.1.1 (一致の性質) 局所可積分関数 (任意の有界閉集合上で絶対可積分) $f, g \in L^1_{loc}(\mathbf{R}^N)$ がすべてのテスト関数 φ に対して

$$\int_{\mathbf{R}^N} f\varphi\, dx = \int_{\mathbf{R}^N} g\varphi\, dx$$

ならば, f と g はほとんど至るところ等しい.

このことは, 積分を用いて偏微分方程式の解を定義できる可能性を示唆しているのである.

7.2. テスト関数の空間 $\mathcal{D}(\mathbf{R}^N)$ と $\mathcal{D}(\Omega)$

まず $\mathbf{R}^N$ 上のテスト関数を定義しよう. 1次元のときと同様に, 連続関数 f の台 $\operatorname{supp} f$ を次のように定める.

$$\operatorname{supp} f = \overline{\{x : f(x) \neq 0\}}$$

定義 7.2.1 $\mathbf{R}^N$ で定義された無限回微分可能で, ある有界集合の外で 0 となる関数を **テスト関数** といいその全体を $\mathcal{D}(\mathbf{R}^N)$ とおく. 同様に, $\Omega \subset \mathbf{R}^N$ を領域とするとき, $\mathcal{D}(\Omega)$ は Ω 内に台をもつテスト関数の全体として定義される.

例 7.4 N 次元の例としては, 次の関数が典型的な釣り鐘状のテスト関数である.

$$\varphi(x) = \begin{cases} \exp\left((|x|^2 - 1)^{-1}\right), & |x| < 1 \\ 0, & \text{その他} \end{cases}$$

そのとき, $\mathcal{D}^\alpha\varphi(x), \varphi(ax+b), \varphi^2(x)$ などもテスト関数である. また,

$$\psi(t) = \begin{cases} \exp\left((t^2-1)^{-1}\right), & -1 < t < 1 \\ 0, & \text{その他} \end{cases}$$

で1次元のテスト関数を定めれば $\psi(x_1)\psi(x_2)\cdots\psi(x_N)$ もテスト関数である.

定理 7.2.1 $\mathcal{D}(\mathbf{R}^N)$ はベクトル空間である. もし, $\varphi, \psi \in \mathcal{D}(\mathbf{R}^N)$ ならば, $f\varphi, \varphi(Ax), \varphi * \psi \in \mathcal{D}(\mathbf{R}^N)$ である. ただし, f はなめらかな関数, A はアファイン変換, $*$ は合成積

$$\varphi * \psi(x) = \int_{\mathbf{R}^N} \varphi(x-y)\psi(y)\,dy.$$

さて, ローラン・シュワルツに従い, テスト関数の空間に位相を導入しよう.

定義 7.2.2 $\{\varphi_n\}, \varphi \in \mathcal{D}(\mathbf{R}^N)$ とする. 次の条件が満たされるとき, 列 $\{\varphi_n\}$ は, φ に $\mathcal{D}(\mathbf{R}^N)$ で**収束する** といい, $\varphi_n \to \varphi$ in $\mathcal{D}(\mathbf{R}^N)$ と書く.

(1) $\varphi_1, \varphi_2, \ldots$ と φ がある有界集合 K の外で 0 となる.
(2) すべての多重指数で $D^\alpha\varphi_n \to D^\alpha\varphi$ が $\mathbf{R}^N$ 上で一様収束する.

例 7.5 $\varphi \in \mathcal{D}(\mathbf{R}^N), v_n \in \mathbf{R}^N$ で $|v_n| \to 0$ ならば $\varphi(x+v_n) \to \varphi$ in $\mathcal{D}(\mathbf{R}^N)$. また, $a_n \in \mathbf{R}$ で $a_n \to 0$ のとき, $a_n\varphi(x) \to 0$ in $\mathcal{D}(\mathbf{R}^N)$.

例 7.6 $\varphi \in \mathcal{D}(\mathbf{R}^N), a_n, b_n \in \mathbf{R}$ で $a_n, b_n \to 0$ とする. この場合は, 各点 x で $a_n\varphi(b_nx) \to 0$ だが, 条件 (1) を満たさないので $\mathcal{D}(\mathbf{R}^N)$ では収束しない.

定理 7.2.2 $\varphi_n \to \varphi, \psi_n \to \psi$ in $\mathcal{D}(\mathbf{R}^N)$ とする.

(1) $a\varphi_n + b\psi_n \to a\varphi + b\psi$ in $\mathcal{D}(\mathbf{R}^N)$. $a, b \in \mathbf{R}$ である.
(2) $f\varphi_n \to f\varphi$ in $\mathcal{D}(\mathbf{R}^N)$. f はなめらかな関数である.
(3) $\varphi_n \circ A \to \varphi \circ A$ in $\mathcal{D}(\mathbf{R}^N)$. A はアファイン変換である.
(4) $D^\alpha\varphi_n \to D^\alpha\varphi$ in $\mathcal{D}(\mathbf{R}^N)$. α は任意の多重指数.

7.3. 超関数

いよいよ超関数を導入しよう.

定義 7.3.1 (超関数) $\mathcal{D}(\mathbf{R}^N)$ 上の連続線形汎関数 T を $\mathbf{R}^N$ 上の **超関数** という. 詳しくいえば, 写像 $T: \mathcal{D}(\mathbf{R}^N) \to \mathbf{C}$ が次を満足するとき超関数という.

(1) $T(a\varphi + b\psi) = aT(\varphi) + bT(\psi)$ がすべての $\varphi, \psi \in \mathcal{D}(\mathbf{R}^N)$ で成立する.

(2) $\varphi_n \to \varphi$ in $\mathcal{D}(\mathbf{R}^N)$ ならば $T(\varphi_n) \to T(\varphi)$ となる.

$\mathbf{R}^N$ 上の超関数の全体を $\mathcal{D}'(\mathbf{R}^N)$ または $\mathcal{D}'$ で表す. $\mathcal{D}'$ は $\mathcal{D}$ の双対空間とも言われる. また, $T(\varphi)$ と書く代わりに, $\mathcal{D}'(\mathbf{R}^N) \times \mathcal{D}(\mathbf{R}^N)$ の双対形式 (内積ではない!) を表す記号 $\langle T, \varphi \rangle$ もよく用いられる. すなわち,

$$T(\varphi) = \langle T, \varphi \rangle$$

また, すべての局所可積分関数 $f \in L^1_{loc}(\mathbf{R}^N)$ は, 次のように超関数と同一視することができる (補題 7.1.1 参照).

$$\langle f, \varphi \rangle = \int_{\mathbf{R}^N} f\varphi \, dx$$

演習 7.3.1 $|x| \in L^1_{loc}(\mathbf{R}^N)$ が, 超関数と同一視することができることを示せ.

定義 7.3.2 (正則超関数と特異超関数) 超関数 $T \in \mathcal{D}'(\mathbf{R}^N)$ が局所可積分関数 $f \in L^1_{loc}(\mathbf{R}^N)$ があって, すべての $\varphi \in \mathcal{D}(\mathbf{R}^N)$ に対して

$$\langle f, \varphi \rangle = \int_{\mathbf{R}^N} f\varphi \, dx$$

と書けるとき, **正則** であるという. 正則でない超関数を **特異** という.

例 7.7 S を $\mathbf{R}^N$ の開集合とするとき, 超関数 T を

$$\langle T, \varphi \rangle = \int_S \varphi \, dx$$

で定めれば, 正則超関数となる. 実際 χ_S (S の特性関数) をとれば

$$\langle T, \varphi \rangle = \int_{\mathbf{R}^N} \chi_S \varphi \, dx$$

となる. したがって, $T = \chi_S$ とおいて, 両者を同一視することができる.

例 **7.8** (ヘビサイド関数)

$$\langle H, \varphi \rangle = \int_0^\infty \cdots \int_0^\infty \varphi \, dx$$

とおくと, 超関数になり $H = \chi_{(0,\infty)^N}(x)$ ($(0,\infty)^N$ の特性関数) と同一視できる. この関数を**ヘビサイド関数** という.

例 **7.9** (ディラックのデルタ関数) δ を次で定め, 原点におけるディラックの **デルタ関数** という.

$$\langle \delta, \varphi \rangle = \varphi(0)$$

同様に δ_a を $\langle \delta_a, \varphi \rangle = \varphi(a)$ と定め, 点 $a \in \mathbf{R}^N$ におけるディラックのデルタ関数という. $\delta_a(x) = \delta(x-a)$ とも書けることに注意.

演習 **7.3.2** δ が特異な超関数であることを示せ.

例 **7.10** α を任意の多重指数とするとき, 次も特異な超関数となる.

$$\langle T, \varphi \rangle = D^\alpha \varphi(0)$$

定義 **7.3.3** (超関数の微分) $T \in \mathcal{D}'(\mathbf{R}^N)$ に対して, その 導関数 $\frac{\partial T}{\partial x_k}$ を

$$\left\langle \frac{\partial T}{\partial x_k}, \varphi \right\rangle = -\left\langle T, \frac{\partial \varphi}{\partial x_k} \right\rangle$$

と定義する. さらに, 任意の多重指数 α に対して,

$$\langle D^\alpha T, \varphi \rangle = (-1)^{|\alpha|} \langle T, D^\alpha \varphi \rangle$$

と定める.

明らかに, $D^\alpha T$ は超関数の条件を満たし次の定理を得る.

定理 **7.3.1** $T \in \mathcal{D}'(\mathbf{R}^N)$ のとき, その導関数 $D^\alpha T$ も超関数となる.

7.3. 超関数

例 7.11 $\frac{d}{dx}H(x) = \delta(x)$ である. 但し, $H(x)$ はヘビサイド関数 (例 7.8) で, $\delta(x)$ は原点におけるディラックのデルタ関数である. 実際

$$\langle H', \varphi \rangle = -\langle H, \varphi' \rangle = -\int_0^\infty \varphi' \, dx = \varphi(0) = \langle \delta, \varphi \rangle.$$

演習 7.3.3 $\langle D^\alpha \delta, \varphi \rangle$ を計算せよ.

演習 7.3.4 $\frac{d}{dx}|x|$ と $\frac{d^2}{dx^2}|x|$ の超関数としての微分を計算せよ.

定義 7.3.4 (**超関数列の収束**) 超関数列 $\{T_n\} \subset \mathcal{D}'$ が超関数 T に収束するとはすべてのテスト関数 $\varphi \in \mathcal{D}$ に対して

$$\langle T_n, \varphi \rangle \to \langle T, \varphi \rangle$$

となることとする. 記号的には $T_n \to T$ in $\mathcal{D}'$ と書く.

この収束はいわゆる弱収束であるが, 本書では他の収束は考えない.

例 7.12 $f_n \in C(\mathbf{R}^N)$ がある $f \in C(\mathbf{R}^N)$ に一様収束するとする. そのとき, $f_n \to f$ in $\mathcal{D}'$ である.

例 7.13 $f_n \in L^1(\mathbf{R}^N)$ が $f \in L^1(\mathbf{R}^N)$ にノルム収束すれば, $f_n \to f$ in $\mathcal{D}'$ である. 但し, ノルムは $\|f\| = \int_{\mathbf{R}^N} |f(x)| \, dx$ である.

例 7.14 特異な超関数に収束する例をあげよう.

$$f_n(x) = \frac{n}{\pi(1 + n^2 x^2)}, \, n = 1, 2, \ldots$$

とする. このとき, $f_n \to \delta$ in $\mathcal{D}'$ である. 実際, $\varphi \in \mathcal{D}(\mathbf{R})$ に対して

$$\langle f_n, \varphi \rangle = \int_{-\infty}^\infty f_n(x) \varphi(x) \, dx = \int_{-\infty}^\infty \frac{\varphi(y/n)}{\pi(1 + y^2)} \, dy$$

となるが, ここで $n \to +\infty$ とすれば

$$\lim_{n \to +\infty} \langle f_n, \varphi \rangle = \int_{-\infty}^\infty \frac{\varphi(0)}{\pi(1 + y^2)} \, dy = \varphi(0) = \langle \delta, \varphi \rangle$$

例 7.15 $f_n(x) = \sin(nx)$, $n = 1, 2, \ldots$ とする. そのとき, リーマン・ルベーグの定理より $f_n \to 0$ in $\mathcal{D}'$ である.

定理 7.3.2 $T_n \to T$ in $\mathcal{D}'$ ならば, 任意の α で $D^\alpha T_n \to D^\alpha T$ in $\mathcal{D}'$ である.

この節の最後に, 超関数としての微分と通常の微分との関係を調べてみよう. 話を簡単にするために次元 N を 1 とするが, 一般の場合も同様の議論ができることが知られている.

定義 7.3.5 (原始超関数) $F \in \mathcal{D}'(\mathbf{R})$ に対して, $G' = F$ を満たす超関数 G を F の **原始超関数** (超関数としての原始関数) という

定理 7.3.3 すべての超関数は原始超関数をもつ.

証明 $\varphi_0 \in \mathcal{D}$ を $\int_\mathbf{R} \varphi_0(x)\,dx = 1$ を満たすように選ぶ. 次に, 各 $\varphi \in \mathcal{D}$ に対して, テスト関数 φ_1 を次のように定める.

$$\varphi = \int_\mathbf{R} \varphi\,dx\,\varphi_0 + \varphi_1$$

φ_1 は明らかに $\int_\mathbf{R} \varphi_1(x)\,dx = 0$ を満たす. さて, $F \in \mathcal{D}'$ に対して G を

$$\langle G, \varphi \rangle = \left\langle G, \int_\mathbf{R} \varphi\,dx\,\varphi_0 + \varphi_1 \right\rangle = C_0 \int_\mathbf{R} \varphi\,dx - \langle F, \psi \rangle$$

で定める. 但し, C_0 は定数で, $\psi = \int_{-\infty}^x \varphi_1(x)\,dx \in \mathcal{D}$ である. G が超関数であることは容易にわかる. さて, G' を計算してみよう.

$$\langle G', \varphi \rangle = -\langle G, \varphi' \rangle = \langle F, \varphi \rangle$$

より, $G' = F$ がわかる. 最後の等式は, $\varphi_1 = \varphi'$ による. □

定理 7.3.4 もし $F \in \mathcal{D}'(\mathbf{R})$ かつ $F' = 0$ ならば F は定数関数である.

証明 F は F' の原始超関数なので前定理の証明において, F と G を F' と F に変えれば

$$\langle F, \varphi \rangle = \langle F, \varphi_0 \rangle \int_\mathbf{R} \varphi\,dx$$

が成立する. したがって, F は定数 $C_0 = \langle F, \varphi_0 \rangle$ に等しい. □

以上の超関数に関する基本的な事柄は $\mathbf{R}^N$ を開集合 $\Omega \subset \mathbf{R}^N$ に変更しても全く同様に成立することを注意しておく.

7.4. 関数空間 $W^{1,p}_{loc}(\Omega)$ と $W^{1,p}(\Omega)$

$L^1_{loc}(\Omega)$ は最も基本的な超関数のクラスであるが, ここでは将来のため, さらに洗練された部分空間を定義しておこう.

定義 7.4.1 $1 \leq p \leq +\infty$ とする. 関数空間 $W^{1,p}_{loc}(\Omega)$ と $W^{1,p}(\Omega)$ を次のように定める. 但し, $\partial_{x_j} f$ は超関数としての導関数を表す.

$$W^{1,p}_{loc}(\Omega) = \{f : \Omega \to \mathbf{C} : f \in L^p_{loc}(\Omega), \partial_{x_j} f \in L^p_{loc}(\Omega), j = 1, 2, \ldots, N\}$$
$$W^{1,p}(\Omega) = \{f : \Omega \to \mathbf{C} : f \in L^p(\Omega), \partial_{x_j} f \in L^p(\Omega), j = 1, 2, \ldots, N\}$$

後者は次のノルム $\|\cdot\|_{W^{1,p}(\Omega)}$ で, バナッハ空間となる.

$$\|f\|^p_{W^{1,p}(\Omega)} = \|f\|^p_{L^p(\Omega)} + \sum_{j=1}^N \|\partial_{x_j} f\|^p_{L^p(\Omega)}$$

$W^{1,p}(\Omega)$ は **ソボレフ空間** と呼ばれている. この空間には, 強収束 (ノルム収束) の他に, ヒルベルト空間の場合と同様に弱収束が定義される. すなわち,

定義 7.4.2 $f_n \in W^{1,p}(\Omega), n = 1, 2, \ldots$ が $f \in W^{1,p}(\Omega)$ に弱収束するとはすべての $g \in L^{p'}(\Omega)$ に対して

$$\int_\Omega g(f_n - f)\,dx, \quad \int_\Omega g(\partial_{x_j} f_n - \partial_{x_j} f)\,dx \to 0, \quad j = 1, 2, \ldots N$$

となることである. 但し $\frac{1}{p} + \frac{1}{p'} = 1$ である.

$p = 2$ のとき $W^{1,2}(\Omega) = H^1(\Omega)$ と書くことが多い. 後者は完備化で定義することが多いが (例 3.9), すべての領域 Ω で両者が一致することはよく知られている.

7.5. 超関数の性質

ここでは詳しい証明は省いて, 将来のために超関数の性質をもう少し紹介しておこう. 次の記号を用いる.

$$\nabla f = (\frac{\partial f}{\partial x_1}, \frac{\partial f}{\partial x_2}, \ldots, \frac{\partial f}{\partial x_N}),$$

$$\varphi_y(x) = \varphi(x-y).$$

定理 7.5.1 $\Omega \subset \mathbf{R}^N$ を開集合, $\varphi \in \mathcal{D}(\Omega), T \in \mathcal{D}'(\Omega)$ とするとき,

$$O_\varphi = \{y : \mathrm{supp}\, \varphi_y \subset \Omega\}$$

とおく. そのとき, 関数 $y \to T(\varphi_y)$ は $C^\infty(O_\varphi)$ に属する. さらに

$$D_y^\alpha T(\varphi_y) = (-1)^{|\alpha|} T((D^\alpha \varphi)_y) = (D^\alpha T)(\varphi_y)$$

また, $\psi \in L^1(O_\varphi)$ に対して

$$\int_{O_\varphi} \psi(y) T(\varphi_y)\, dy = T(\psi * \varphi) = \langle T, \psi * \varphi \rangle$$

証明 前半は標準的である. すなわち, $f(y) = T(\varphi_y)$ とおいて定義に基づいて偏微分可能であることを示せばよい. 後半は, ψ をテスト関数で近似し, 積分をさらにリーマン和で近似すればよいが, ここでは詳細は省略する. □

定理 7.5.2 (積分表示) $\Omega \subset \mathbf{R}^N$ を開集合, $\varphi \in \mathcal{D}(\Omega), T \in \mathcal{D}'(\Omega)$ とする. ある $y \in \mathbf{R}^N$ で, すべての $t \in [0,1]$ に対して $\varphi_{ty} \in \mathcal{D}(\Omega)$ となると仮定する. このとき,

$$T(\varphi_y) - T(\varphi) = \int_0^1 \sum_{j=1}^N y_j (\partial_{x_j} T)(\varphi_{ty})\, dt$$

が成立する. 特に $f \in W^{1,1}_{loc}(\mathbf{R}^N)$ のとき, 各点 $y \in \mathbf{R}^N$ に対して, ほとんどすべての $x \in \mathbf{R}^N$ で

$$f(x+y) - f(x) = \int_0^1 y \cdot \nabla f(x+ty)\, dt$$

が成り立つ.

証明 前定理を用いる. $F(y) = \int_0^1 \sum_{j=1}^N y_j (\partial_{x_j} T)(\varphi_{ty}) \, dt$ とおき, 微分すれば $\partial_{y_k} F(y) = (\partial_{x_k} T)(\varphi_y)$ を得る. 実際

$$\partial_{y_k} F(y) = \int_0^1 (\partial_{x_k} T)(\varphi_{ty}) \, dt - \int_0^1 \sum_{j=1}^N t y_j (\partial_{x_j} T)(\partial_{x_k} \varphi_{ty}) \, dt$$

$$= \int_0^1 (\partial_{x_k} T)(\varphi_{ty}) \, dt - \int_0^1 \sum_{j=1}^N t y_j (\partial_{x_k} T)(\partial_{x_j} \varphi_{ty}) \, dt$$

$$= \int_0^1 (\partial_{x_k} T)(\varphi_{ty}) \, dt + \int_0^1 t \frac{d}{dt} (\partial_{x_k} T)(\varphi_{ty}) \, dt$$

$$= (\partial_{x_k} T)(\varphi_y)$$

次に, $\partial_{y_k}(T(\varphi_y) - T(\varphi))$ と比較すればよい (定理 7.5.1 参照). 後半は, $T = f$ として, 次に注意すればよい.

$$\int \varphi(x)(f(x+y) - f(x)) \, dx = \int_0^1 \sum_{j=1}^N y_j \left(\int \varphi(x)(\partial_{x_j} f)(x + ty) \, dx \right) dt$$

□

定理 7.5.3 $\Omega \subset \mathbf{R}^N$ を開集合, $T \in \mathcal{D}'(\Omega)$ とする. $G_j = \partial_{x_j} T \in \mathcal{D}'(\Omega), j = 1, 2, \ldots N$ とおくとき, 次は同値となる.

(1) T は関数 $f \in C^1(\Omega)$ である.

(2) G_j は関数 $g_j \in C(\Omega)$ である. $j = 1, 2, \ldots, N$.

証明 $(1) \Rightarrow (2)$ は部分積分をすればわかる. $(2) \Rightarrow (1)$ は T が正則超関数であることがわかれば, $T = f$ とおき, 前定理を用いれば,

$$f(x+y) - f(x) = \int_0^1 \sum_{j=1}^N g_j(x+ty) y_j \, dt$$

が十分小さな y と各点 $x \in \Omega$ で成り立つ. 右辺は

$$\sum_{j=1}^N g_j(x) y_j + o(|y|)$$

であるから, f が微分可能であることがわかる. T が正則超関数であること

はやはり前定理の積分表示より

$$T(\varphi_y) - T(\varphi) = \int_0^1 \sum_{j=1}^N \int_{\Omega'} g_j(x+ty) y_j \varphi(x) \, dx \, dt$$

$$= \int_{\Omega'} \Big(\int_0^1 \sum_{j=1}^N g_j(x+ty) y_j \, dt \Big) \varphi(x) \, dx$$

ここで R は十分小さい正数とし $|y| < R$, Ω' は $\Omega' = \{x \in \Omega : dist(x, \Omega^c) > R\}$, $\varphi \in \mathcal{D}(\Omega')$ とする. さらに, $\psi \in \mathcal{D}(B(0,R))$ で $\int \psi = 1$ を満たすテスト関数とし, 上の両辺に $\psi(y)$ かけて y について積分すれば

$$T(\varphi) = \int_{\Omega'} \Big(T(\psi_x) - \sum_{j=1}^N \int_B \psi(y) \, dy \int_0^1 g_j(x+ty) y_j \, dt dy \Big) \varphi(x) \, dx$$

という積分表示が得られる. □

定理 7.5.4 (近似定理) $T \in \mathcal{D}'(\mathbf{R}^N)$, $\rho \in \mathcal{D}(\mathbf{R}^N)$ とする. このとき, なめらかな関数 $g \in C^\infty(\mathbf{R}^N)$ が存在して,

$$(\rho * T)(\varphi) = \int_{\mathbf{R}^N} g(y) \varphi(y) \, dy$$

がすべての $\varphi \in \mathcal{D}(\mathbf{R}^N)$ で成立する.

さらに, $\int_{\mathbf{R}^N} \rho = 1$, $\rho_\varepsilon(x) = \varepsilon^{-N} \rho(x/\varepsilon)$, $\varepsilon > 0$ と仮定すれば, $\rho_\varepsilon * T \to T$ in $\mathcal{D}'(\mathbf{R}^N)$ が $\varepsilon \to 0$ で成立する.

証明 前半は,

$$(\rho * T)(\varphi) = T \Big(\int_{\mathbf{R}^N} \rho(y - \cdot) \varphi(y) \, dy \Big) = \int_{\mathbf{R}^N} T(\rho(y - \cdot)) \varphi(y) \, dy$$

に注意すれば, $g(y) = T(\rho(y-\cdot))$ とおけばよい. 後半は $\rho_\varepsilon * \varphi \to \varphi$ が $\varepsilon \to 0$ で成り立つことに注意すればよい. □

同様に, 次も基本的な性質である.

定理 7.5.5 $C^\infty(\mathbf{R}^N)$ と $C_0^\infty(\mathbf{R}^N)$ はどちらも $W^{1,p}(\mathbf{R}^N)$ で稠密である.

定理 7.5.6 $f \in W^{1,p}(\mathbf{R}^N)$ とする. そのとき, $|f|(x) = |f(x)| \in W^{1,p}(\mathbf{R}^N)$ である. さらに, $\nabla |f|$ は次で与えられる関数となる.

$$(\nabla |f|)(x) = \begin{cases} \dfrac{1}{|f|(x)}(R(x)\nabla R(x) + I(x)\nabla I(x)), & \text{もし } f(x) \neq 0 \\ 0, & \text{もし } f(x) = 0 \end{cases}$$

但し, $R(x)$ と $I(x)$ はそれぞれ f の実数部分と虚数部分である. 特に f が実数値関数の場合は

$$(\nabla |f|)(x) = \begin{cases} \nabla f(x), & \text{もし } f(x) > 0 \\ -\nabla f(x), & \text{もし } f(x) < 0 \\ 0, & \text{もし } f(x) = 0. \end{cases}$$

このように, f が複素数値であればほとんど至るところ $|\nabla |f|| \leq |\nabla f|$ が成り立ち, f が実数値であればほとんど至るところ $|\nabla |f|| = |\nabla f|$ が成り立つ.

証明 $G_\varepsilon(s_1, s_2) = \sqrt{\varepsilon^2 + s_1^2 + s_2^2} - \varepsilon, \varepsilon > 0$ を考える. $G_\varepsilon(0,0) = 0$

$$\left| \frac{\partial G_\varepsilon}{\partial s_i} \right| = \left| \frac{s_i}{\sqrt{\varepsilon^2 + s_1^2 + s_2^2}} \right| \leq 1$$

に注意し, $K_\varepsilon(x) = G_\varepsilon(R(x), I(x)) \in W^{1,p}(\mathbf{R}^N)$ を定める. すべてのテスト関数 φ に対して

$$\int_{\mathbf{R}^N} \nabla \varphi K_\varepsilon(x)\, dx = -\int_{\mathbf{R}^N} \nabla K_\varepsilon(x)\, dx$$

が成り立つ. ここでルベーグの収束定理を用いれば, 主張が得られる. 実際, $|K_\varepsilon(x)| \leq |f(x)|, |\nabla K_\varepsilon(x)|^2 \leq |\nabla f(x)|^2$ が成り立ち, $\varepsilon \to 0$ のとき, $K_\varepsilon(x)$ は $f(x)$ に, $\nabla K_\varepsilon(x)$ は $\nabla f(x)$ に, それぞれ各点で収束するからである. □

7.6. 章末問題 A

問題 7.1 $\mathcal{D}(\mathbf{R}^N)$ がベクトル空間であることを示せ.

問題 **7.2** $L = \sum_{|\alpha|\le m} a_\alpha(x) D^\alpha$ の共役作用素 L^* は次で与えられる．$L^* = \sum_{|\alpha|\le m}(-1)^{|\alpha|} D^\alpha \bigl(a_\alpha(x)\cdot\bigr)$ このとき，すべてのテスト関数 φ, ψ に対して次が成り立つことを示せ．

$$\int_{\mathbf{R}^N} L\varphi \cdot \psi \, dx = \int_{\mathbf{R}^N} \varphi \cdot L^*\psi \, dx$$

問題 **7.3** f と g が連続関数であるとき，すべてのテスト関数 $\varphi \in \mathcal{D}(\mathbf{R})$ に対して

$$\int_{-\infty}^{\infty} f\varphi \, dx = \int_{-\infty}^{\infty} g\varphi \, dx$$

が成り立てば，$f(x) = g(x)$ がすべての $x \in \mathbf{R}$ で成り立つことを示せ．

問題 **7.4** $f \in L^1_{loc}(\mathbf{R})$ から定まる次の汎関数 F が超関数であることを示せ．

$$\langle f, \varphi \rangle = \int_{-\infty}^{\infty} f\varphi \, dx$$

7.7. 章末問題 B

試練 **7.1** 超関数としての $|x|$ の第 n 導関数を求めよ．

試練 **7.2** 次は超関数を定義しているかどうかを考えよ．但し，$\varphi \in \mathcal{D}(\mathbf{R})$ とする．
(a) $\langle T, \varphi \rangle = \sum_{k=1}^{\infty} \varphi^{(k)}(0)$,
(b) $\langle T, \varphi \rangle = \sum_{k=1}^{\infty} \varphi(k)$,
(c) $\langle T, \varphi \rangle = \sum_{k=1}^{\infty} \varphi(1/k)$,
(d) $\langle T, \varphi \rangle = \sum_{k=1}^{\infty} \varphi^{(k)}(k)$,
(e) $\langle T, \varphi \rangle = \varphi^2(0)$,

試練 **7.3** 次の関数列 $\{f_n\}$ は ディラックのデルタ関数に収束することを示せ．

$$f_n(x) = \frac{n}{\sqrt{\pi}} e^{-n^2 x^2}, \qquad n = 1, 2, \ldots$$

試練 **7.4** 次の関数列 $\{f_n\}$ は ディラックのデルタ関数に収束することを示せ．

$$f_n(x) = \frac{\sin nx}{\pi x} \qquad n = 1, 2, \ldots$$

コーヒーブレイク：πという数について

皆さんは次の共通点がわかるでしょうか？

(1) ワタシ　ハ　カローラ　ニ　アキタノデ　フォルクスワーゲン　ヘト　ノリカエマス

(2) Can I find a trick recalling pi easily ?

πの正確な値はともかくとして，それが3に近いことには大昔から人々は確かに気付いていたようです．そのことは，「旧約聖書 (列王記上, 第7章第23節)」に次のように書かれていることからも想像できます．これはソロモン王が主のために宮殿を建造する様子の記述の一節です．「… 彼は鋳物の海をつくった．直径10アルンの円形で，高さは5アルン，周は縄ではかると30アルンであった．縁の下にはひょうたんの模様が取り巻いていた．…(中略) … 海は深さが1トファ，その百合をかたどって杯の縁のように作られた．その容積は2000バトもあった．」

ちなみに，1 aln (alnar) は約60cmと言い伝えられています．

$\pi = 3.14159\cdots$ ですから，この聖書の記述は正確には間違っていると思われますが，当たらずとも遠からずというところでしょうか？

ところで，$\pi = 3.14159\cdots$ は次のように近似できることが知られています．

$$113355$$

という美しい数字 (?) を考え，113と355にわけて，わり算をすれば

$$\frac{355}{113} = 3.14159$$

となり，最初の6桁が一致します．これは偶然でしょうか….

こんなのはどうでしょうか？

May I love U ?

May I help U today ?

May I have a break, hamburger of cheese, fruit and juice, anything delicious, without timelimit and pi ?

セカイ　ノ　スウガク　ハ　オオムカシ　パイガミツカッタヒ　カラ
ハジマッタト　イッテイル　コエガ　キコエマス　ドコカラトモナク
キコエテクルノデス　トオイソラカラ　キコエテクルノカモ　トオク　ホラ

第 8 章

偏微分方程式とその解について

　偏微分方程式とはいったいどのようなものなのでしょう．現在では非常に大きな研究分野となっており，その全貌をつかむのは容易ではありません．しかし歴史的には次のような単純な方程式からスタートしたのも事実であり，それらは現代でも非常によいモデルと考えられています．

8.1. 歴史的分類

　ここでは偏微分方程式の例を歴史的分類に従いあげておこう．簡単のため3次元とし，係数もすべて定数とする．

1 (ラプラス方程式)
$$\Delta u = 0$$
ここで　$\Delta = \dfrac{\partial^2}{\partial x_1^2} + \dfrac{\partial^2}{\partial x_2^2} + \dfrac{\partial^2}{\partial x_3^2}$　(ラプラシアン)

2 (ポワソン方程式)
$$-\Delta u = f(x_1, x_2, x_3)$$

3 (ヘルムホルツ方程式)
$$-\Delta u + \lambda u = 0$$

4 (非斉次波動方程式)
$$\frac{\partial^2 u}{\partial t^2} - \Delta u = f(x_1, x_2, x_3)$$

5 (非斉次拡散方程式, 非斉次熱方程式)
$$\frac{\partial u}{\partial t} - \Delta u = f(x_1, x_2, x_3)$$

6 (電信方程式)
$$\frac{\partial^2 u}{\partial t^2} + a\frac{\partial u}{\partial t} + bu = \frac{\partial^2 u}{\partial x^2}$$

7 (非斉次ヘルムホルツ方程式)
$$-\Delta u - \lambda u = f(x_1, x_2, x_3)$$

8 (重調和波動方程式)
$$\Delta^2 u - \frac{1}{c^2}\frac{\partial^2 u}{\partial t^2} = 0$$

9 (時間非依存シュレディンガー方程式)
$$\frac{h^2}{2m}\Delta u + (E - V)u = 0$$

10 (クライン・ゴードン方程式)
$$\Box u + d^2 u = 0$$

ここで $\Box = \Delta - \dfrac{1}{c^2}\dfrac{\partial^2}{\partial t^2}$ (ダランベルシアン)

8.2. 偏微分方程式とその解たち

偏微分方程式の解の定義を組織的に考えたいので, 一般の偏微分作用素の定義から始めよう.

定義 8.2.1 (偏微分作用素)

$$L = \sum_{|\alpha| \leq m} A_\alpha(x) D^\alpha,$$

ここで, $\alpha = (\alpha_1, \alpha_2, \ldots, \alpha_N)$ は多重指数, α_n は非負正数, $|\alpha| = \alpha_1 + \alpha_2 + \cdots + \alpha_N$, $A_\alpha = A_{\alpha_1, \alpha_2, \ldots, \alpha_N}(x_1, x_2, \ldots, x_N)$ は $\mathbf{R}^N$ 上の関数で, D^α は次の偏微分作用素であった.

$$D^\alpha = \left(\frac{\partial}{\partial x_1}\right)^{\alpha_1} \cdots \left(\frac{\partial}{\partial x_N}\right)^{\alpha_N} = \frac{\partial^{|\alpha|}}{\partial x_1^{\alpha_1} \cdots \partial x_N^{\alpha_N}}$$

L の形式的共役作用素を次で定める.

定義 8.2.2 (形式的共役作用素)
$$L^*v = \sum_{|\alpha|\leq m}(-1)^{|\alpha|}D^\alpha(A_\alpha v)$$

例 8.1 $N = m = 2$ のときの一般形は

$$\begin{aligned}L &= \sum_{|\alpha|\leq 2} A_\alpha(x)D^\alpha \\ &= A_{2,0}\frac{\partial^2}{\partial x_1^2} + A_{1,1}\frac{\partial^2}{\partial x_1\partial x_2} + A_{0,2}\frac{\partial^2}{\partial x_2^2} + A_{1,0}\frac{\partial}{\partial x_1} + A_{0,1}\frac{\partial}{\partial x_2} + A_{0,0}\end{aligned}$$

次の方程式
$$Lu = f$$
を, 一般に **偏微分方程式** という. このとき最も基本的な問題は解の存在である. しかし解とはいったい何であろうか. 古典的には m 回偏微分可能関数 u の中から上を満たすものを解というのであるが, 実際には解のなめらかさは, 右辺の関数 f や偏微分作用素 L の種類により大きく影響を受けることが知られている. そこで, われわれは解を次のように分類することにする.

定義 8.2.3 (1) (古典解) f を $\mathbf{R}^N$ 上の関数とし, u を十分になめらかで
$$Lu = \sum_{|\alpha|\leq m} A_\alpha(x)D^\alpha u$$
が関数として定義され, かつ
$$Lu = \sum_{|\alpha|\leq m} A_\alpha(x)D^\alpha u = f$$
が満たされるとき, u を $Lu = f$ の **古典解** という.

(2) (弱解) $\mathbf{R}^N$ 上の関数として u が十分なめらかでなく, 古典的な意味では $Lu = \sum_{|\alpha|\leq m} A_\alpha(x)D^\alpha u$ が関数として定義されない場合, u を $Lu = f$ の **弱解** という. この場合 f は関数でも超関数でもよい.

(3) (**超関数解**) $f \in \mathcal{D}'(\mathbf{R}^N)$ とする. $Lu = f$ を満たす $u \in \mathcal{D}'(\mathbf{R}^N)$ をすべて **超関数解** という.

例 8.2 微分方程式；$xu' = 0$ は $u(x) = cH(x) + d$ ($H(x)$ はヘビサイド関数, c, d は定数) という形の弱解をもつ. ここで, もし $c \neq 0$ ならば古典解ではなく, $c = 0$ ならば古典解となる (この方程式は係数が原点で消えているが, このような方程式を **原点で退化する方程式** ということがある).

この例で現れた超関数 δ は原点のみに「台」をもつと考えられるが, 逆に原点のみに台をもつ超関数は, ディラックのデルタ関数とその各階導関数の線形結合であることが知られている.

例 8.3 微分方程式 $x^2 u' = 0$ の超関数解は $u(x) = cH(x) + d + e\delta(x)$ ($H(x)$ はヘビサイド関数, $\delta(x)$ はデルタ関数 c, d, e は定数) である.

8.3. 基本解とグリーン関数

この節では簡単のため定数係数の偏微分作用素を考える. そのとき, 次の形の偏微分方程式とその超関数解は重要性が高い.

$$LG = \delta$$

この方程式の超関数解 G が存在するとする. そのとき形式的には, コンパクトな台をもつ任意の超関数 f に対して

$$L(f * G) = \sum_{|\alpha| \leq m} A_\alpha D^\alpha (f * G) = \sum_{|\alpha| \leq m} A_\alpha (f * D^\alpha G)$$
$$= f * \Big(\sum_{|\alpha| \leq m} A_\alpha D^\alpha G \Big) = f * (LG) = f * \delta = f.$$

したがって G が $LG = \delta$ の解ならば $f * G$ は $Lu = f$ の解となるのである. ここでは形式的に議論したが, 数学的に正当化することもできる.

定義 8.3.1 (**基本解, あるいは素解**) 偏微分作用素 L の **基本解** とは $Lu = \delta$ の超関数解のことである.

例 8.4 ヘビサイド関数 $H(x)$ は $L = \frac{d}{dx}$ の基本解の1つである.

一般に偏微分方程式の解は一意的ではない. そこで何か条件を付けて解を探すことが多い. これは解全体をパラメトライズするための試みでもある. 比較的よく課される条件は境界条件と初期条件であるが, まず簡単な斉次境界条件の例を紹介しておこう.

$$Lu = f \quad (x \in \Omega)$$

を次のうちの1つの条件のもとで考える.

$u = 0 \quad (x \in \partial\Omega),$ （ディリクレ境界条件）

$\dfrac{\partial u}{\partial n} = 0 \quad (x \in \partial\Omega),$ （ノイマン境界条件）

$\dfrac{\partial u}{\partial n} + au = 0 \quad (x \in \partial\Omega),$ （混合境界条件, ロビン境界条件）

そこで次の定義を採用することにする.

定義 8.3.2 (グリーン関数) 偏微分作用素 L の **グリーン関数** とは, 斉次境界条件のもとでの $Lu = \delta$ の超関数解のことである.

8.4. 章末問題 A

問題 8.1 微分方程式; $xu' = 0$ は $u(x) = cH(x) + d$ ($H(x)$ はヘビサイド関数, c, d は定数) の形の弱解をもつことを示せ.

問題 8.2 微分方程式; $x^2 u' = 0$ は $u(x) = cH(x) + d + e\delta(x)$ ($H(x)$ はヘビサイド関数, $\delta(x)$ はディラックのデルタ関数 c, d, e は定数) という形の超関数解をもつことを示せ.

問題 8.3 $u''(x) = \delta''(x)$ の超関数解を求めよ.

8.5. 章末問題 B

ここでは $u \in L^1_{loc}(\mathbf{R})$ が超関数の意味で微分方程式 $u' = 0$ を満たせば, u は定数であることを初等的に直接示してみよう.

試練 8.1 $\varphi_0 \in \mathcal{D}(\mathbf{R})$ を $\int_{-\infty}^{\infty} \varphi_0(x)\,dx = 1$ を満たすテスト関数とする．このとき，任意のテスト関数 $\varphi \in \mathcal{D}(\mathbf{R})$ が
$$\varphi = c\varphi_0 + \varphi_1$$
と一意的に書けることを示せ．但し，c は定数で φ_1 は $\int_{-\infty}^{\infty} \varphi_1(x)\,dx = 0$ を満たすテスト関数である．

試練 8.2 $\varphi \in \mathcal{D}(\mathbf{R})$ を $\int_{-\infty}^{\infty} \varphi(x)\,dx = 0$ を満たすテスト関数とする．そのとき，$\psi(x) = \int_{-\infty}^{x} \varphi(y)\,dy$ がテスト関数であることを示せ．

試練 8.3 次の2つのテスト関数の部分空間は一致することを示せ．
$$A = \{\varphi \in \mathcal{D}(\mathbf{R}) : \int_{-\infty}^{\infty} \varphi(x)\,dx = 0\}$$
$$B = \{\varphi' \in \mathcal{D}(\mathbf{R}) : \varphi \in \mathcal{D}(\mathbf{R})\}$$

試練 8.4 $u \in L^1_{loc}(\mathbf{R})$ が超関数の意味で微分方程式 $u' = 0$ を満たせば，u は定数であることを示せ．

試練 8.5 $u \in L^1_{loc}(\mathbf{R})$ が超関数の意味で微分方程式 $u'' = 0$ を満たせば，u は x の1次式であることを示せ．

第 9 章

基本解とグリーン関数の例

この章では，グリーン関数と基本解の具体例をできるだけあげてみよう．

9.1. 基本解の例

まず基本解の例を考えてみよう．基本解とは境界条件や初期条件を考慮しない超関数解のことである．

例 9.1 (ポワソン方程式の基本解) $-\Delta u = f(x_1, x_2, x_3)$ の解は基本解 G を用いて

$$u(x_1, x_2, x_3) = \int_{\mathbf{R}^3} G(x, \xi) f(\xi) \, d\xi$$

で与えられる．但し，

$$G(x, \xi) = \frac{1}{4\pi} \frac{1}{|x - \xi|}$$

G を求めるにはフーリエ変換が有効である．

$$-\Delta G(x, \xi) = \delta(x - \xi)$$

の両辺をフーリエ変換して

$$\hat{G}(\tau, \xi) = \frac{1}{(2\pi)^{3/2}} \int_{\mathbf{R}^3} G(x, \xi) e^{-i\tau \cdot x} \, dx$$

と書くことにすれば，デルタ関数のフーリエ変換 $\hat{\delta}(\tau) = \frac{1}{(2\pi)^{3/2}} e^{-i0\cdot\xi} = \frac{1}{(2\pi)^{3/2}}$ から

$$|\tau|^2 \hat{G} = \frac{1}{(2\pi)^{3/2}} e^{-i\tau\cdot\xi}$$

を得る．これにフーリエ逆変換を用いて

$$G(x,\xi) = \frac{1}{(2\pi)^3} \int_{\mathbf{R}^3} e^{i\tau\cdot(x-\xi)} \frac{1}{|\tau|^2} d\tau$$

$r = |x-\xi|, \rho = |\tau|$ として，$x-\xi$ 方向を基準に極座標 (ρ, θ, ϕ) を用いれば，$\tau\cdot(x-\xi) = \rho r\cos\theta$ となり，

$$\begin{aligned} G(x,\xi) &= \frac{1}{(2\pi)^3} \int_0^\infty \rho^2 \, d\rho \int_0^\pi \sin\theta \, d\theta \int_0^{2\pi} e^{i\rho r\cos\theta} \frac{1}{\rho^2} d\phi \\ &= \frac{1}{(2\pi)^2} \int_0^\infty \frac{2\sin(\rho r)}{\rho r} d\rho \\ &= \frac{1}{4\pi r} \end{aligned}$$

例 9.2（2 次元ヘルムホルツ方程式の基本解）

$$-\Delta G + \lambda^2 G = \delta(x-\xi), \qquad x,\xi \in \mathbf{R}^2$$

の基本解は

$$G(x,\xi) = \frac{1}{2\pi} \int_0^\infty \frac{rJ_0(r|x-\xi|)}{r^2 + \lambda^2} dr$$

但し，J_0 は古典的な 0 次ベッセル関数で 次の積分表示をもつ．

$$J_0(\rho) = \frac{1}{2\pi} \int_0^{2\pi} e^{i\rho\cos\phi} d\phi$$

G を求めるにはやはりフーリエ変換が有効である．変数変換 $x - \xi \to x$ より，$\xi = 0$ としてよい．フーリエ変換より

$$\hat{G}(\tau, 0) = \frac{1}{2\pi} \frac{1}{|\tau|^2 + \lambda^2}$$

を得る．逆フーリエ変換より

$$G(x,0) = \frac{1}{4\pi^2} \int_{\mathbf{R}^2} \frac{e^{i\tau \cdot x}}{|\tau|^2 + \lambda^2} d\tau$$
$$= \frac{1}{4\pi^2} \int_0^\infty \frac{r}{r^2+\lambda^2} dr \int_0^{2\pi} e^{ir\rho \cos(\phi-\theta)} d\phi$$

但し，極座標 $x_1 = \rho\cos\theta$, $x_2 = \rho\sin\theta$, $\tau_1 = r\cos\phi$, $\tau_2 = r\sin\phi$ を用いた．
ここで，古典的な 0 次ベッセル関数 J_0 の積分表示公式より

$$2\pi J_0(r\rho) = \int_0^{2\pi} e^{ir\rho\cos\phi} d\phi$$

と表せるので，

$$G(x,\xi) = \frac{1}{2\pi} \int_0^\infty \frac{rJ_0(r|x-\xi|)}{r^2+\lambda^2} dr$$

を得る．したがって $(-\Delta + \lambda^2)u = f(x)$ の解は次で与えられる．

$$u(x) = \int_{\mathbf{R}^3} G(x,\xi) f(\xi) d\xi$$

G の積分表示は $\lambda = 0$ のとき発散しているので，2 次元ポワソン方程式のグリーン関数はこの式からは得られない．しかし，次のように計算することができる．$\rho = |x-\xi|$ について G を微分する．

$$\frac{\partial G}{\partial \rho} = \frac{1}{2\pi} \int_0^\infty \frac{r^2 J_0'(r\rho)}{r^2+\lambda^2} dr$$

$\lambda = 0$ とすると，リーマン・ルベーグの定理に注意すれば

$$\frac{\partial G}{\partial \rho} = \frac{1}{2\pi} \int_0^\infty J_0'(r\rho) dr = \frac{1}{2\pi} \Big[\frac{1}{\rho} J_0(r\rho)\Big]_0^\infty = -\frac{1}{2\pi\rho}$$

これを積分すれば次を得る．

$$G(x,\xi) = -\frac{1}{2\pi} \log|x-\xi|$$

例 **9.3 (3 次元ヘルムホルツ方程式の基本解)** 球対称な 3 次元ヘルムホルツ方程式の基本解を求めてみよう．満たすべき方程式は

$$\frac{1}{r^2}\frac{\partial}{\partial r}\Big(r^2 \frac{\partial u}{\partial r}\Big) + k^2 u = 0, \qquad 0 < r < \infty, k > 0$$

で,無限遠に次の境界条件 (放射条件) を課すことにする.

$$\lim_{r\to\infty} r(u_r + iku) = 0$$

この場合のグリーン関数は,3 次元極座標を考えれば

$$\Delta G + k^2 G = \frac{\delta(r)}{4\pi r^2}, \quad r = |x|$$

を満たすことがわかる.つまり

$$(rG)_{rr} + k^2 rG = 0, \quad r > 0$$

を解けばよいが,直ちに一般解

$$G = a\frac{e^{ikr}}{r} + b\frac{e^{-ikr}}{r}, \qquad (a, b \text{ は定数})$$

を得る.ここで,無限遠の境界条件 (放射条件) より $a = 0$ となり,

$$G = b\frac{e^{-ikr}}{r}$$

を得る.b を決めるためには,$\Delta G + k^2 G = \frac{\delta(r)}{4\pi r^2}$ の原点中心で半径 ε の球面上で積分値

$$\lim_{\varepsilon \to 0} \int_{\{|x|=\varepsilon\}} \frac{\partial G}{\partial n} ds = 1$$

を用いればよい.その結果,$b = -\frac{1}{4\pi}$ を得ることができて,基本解は

$$G(r) = -\frac{1}{4\pi}\frac{e^{-ikr}}{r}$$

となる.この解は,原点から空間に放射される球面波を表していると解釈できる.一般に,1 点 ξ から放射される球面波を記述するグリーン関数は

$$G(x, \xi) = -\frac{1}{4\pi}\frac{e^{-ik|x-\xi|}}{|x-\xi|}$$

となる.

9.1. 基本解の例

例 9.4 3次元空間の $x_3 = -\infty$ から $x_3 = 0$ にある固いスクリーンに向かって進む平面波があるとする.このスクリーンに原点で小さな穴をあけるとどうなるであろうか. $x_3 > 0$ ではこの波は

$$u_{tt} = c^2 \Delta u$$

を満たすが,仮定より $x_3 < 0$ では

$$u(x,t) = u_0 e^{i(kx_3 - \omega t)}, \quad k = \omega/c$$

とおくことができる. $x_3 = 0$ では $\partial u / \partial x_3 = 0$ (原点以外) である.原点 (小さい穴) では

$$u(0,t) = u_0 e^{-i\omega t}$$

とおける. u を決定するために, $u = F(x) e^{-i\omega t}$ の形をしていると仮定しよう.すると, F はヘルムホルツ方程式

$$(\Delta + k^2) F = 0$$

を満たす.但し,次の条件を満たさなければならない.

$$\frac{\partial F}{\partial x_3} = 0 \quad (x_3 = 0, \text{かつ原点以外}), F = u_0 \quad (\text{原点})$$

この条件の下で,前の例を参考にして解を求めることができるがここでは詳細は省略する (下の演習を参照).

演習 9.1.1 $x_3 = 0$ 上での条件を考慮して例 9.3 の G で $a = -b = \frac{u_0}{2ki}$ とすれば

$$F(x) = u_0 \frac{\sin(k|x|)}{k|x|}, \quad x = (x_1, x_2, x_3) \in \mathbf{R}^3$$

を得る.この関数 F は上の例の解であることを示せ.

9.2. グリーン関数の例

簡単なグリーン関数の例をできるだけ紹介しよう．グリーン関数とは境界条件や初期条件を考慮に入れた超関数解のことであった．

例 9.5 (1 次元波動方程式のグリーン関数) 次の 1 次元波動方程式の初期値-境界値問題を考える．

$$u_{tt} - c^2 u_{xx} = p(x,t), \quad x \in \mathbf{R}, t > 0$$
$$u(x,0) = 0, \quad u_t(x,0) = 0, \quad x \in \mathbf{R}$$
$$u(x,t) \to 0, \quad |x| \to \infty$$

この場合，グリーン関数は

$$G_{tt} - c^2 G_{xx} = \delta(x)\delta(t), \quad x \in \mathbf{R}, t \geq 0$$

を満たす．この両辺に x についてのフーリエ変換と t についてのラプラス変換を同時にほどこせば，$G(x,t)$ は下の $F(k,s)$ に変換され，

$$F(k,s) = \frac{1}{\sqrt{2\pi}} \int_{-\infty}^{\infty} e^{-ikx} \, dx \int_{0}^{\infty} e^{-st} G(x,t) \, dt$$

さらに，$F(k,s)$ は

$$F(k,s) = \frac{1}{\sqrt{2\pi}} \frac{1}{s^2 + c^2 k^2}$$

となる．ここで例 5.10 を用いたのち，フーリエ逆変換を実行すれば

$$G(x,t) = \frac{1}{2c} H(ct - |x|), \qquad H(x) \text{ はヘビサイド関数}$$

となる．波が点 (ξ, τ) から出るとすれば，グリーン関数は

$$G(x,t;\xi,\tau) = \frac{1}{2c} H(c(t-\tau) - |x-\xi|)$$

となる．このとき，求める解は

$$u(x,t) = \int_0^t d\tau \int_{-\infty}^{\infty} G(x,t;\xi,\tau) p(\xi,\tau)\, d\xi$$
$$= \frac{1}{2c} \int_0^t d\tau \int_{x-c(t-\tau)}^{x+c(t-\tau)} p(\xi,\tau)\, d\xi$$

となる．

例 9.6 (1次元拡散方程式のグリーン関数) 次の1次元拡散方程式の初期値-境界値問題を考える．K は正定数である．

$$u_t - K u_{xx} = q(x,t), \quad x \in \mathbf{R}, t > 0$$
$$u(x,0) = 0, \quad x \in \mathbf{R},$$
$$u(x,t) \to 0, \quad |x| \to \infty, t > 0$$

グリーン関数は次を満たす．

$$G_t - K G_x x = \delta(x)\delta(t), \quad x \in \mathbf{R}, t \geq 0$$

前例と同様にして，

$$F(k,s) = \frac{1}{\sqrt{2\pi}} \frac{1}{s + Kk^2}$$

を得ることができ，これを例5.9を用いてから，フーリエ逆変換すれば

$$G(x,t) = \frac{1}{\sqrt{4\pi K t}} \exp\left(-\frac{x^2}{4Kt}\right)$$

を得る．したがって一般形は

$$G(x,t;\xi,\tau) = \frac{1}{\sqrt{4\pi K(t-\tau)}} \exp\left(-\frac{(x-\xi)^2}{4K(t-\tau)}\right)$$

である．解は，

$$u(x,t) = \int_0^t d\tau \int_{-\infty}^{\infty} G(x,t;\xi,\tau) q(\xi,\tau)\, d\xi$$

で与えられる．最後に，初期値を $u(x,0) = f(x), (x \in \mathbf{R})$ としたときの解は，

$$u(x,t) = \int_{-\infty}^{\infty} G(x,t;\xi,0)f(\xi)\,d\xi + \int_{0}^{t} d\tau \int_{-\infty}^{\infty} G(x,t;\xi,\tau)q(\xi,\tau)\,d\xi$$

で与えられることを注意する (11.2 節参照)．

例 9.7 (1 次元クライン・ゴードン方程式のグリーン関数) 次の 1 次元クライン・ゴードン方程式の初期値-境界値問題を考える．

$$u_{tt} - c^2 u_{xx} + d^2 u = p(x,t), \quad x \in \mathbf{R},\, t > 0$$
$$u(x,0) = u_t(x,0) = 0, \quad x \in \mathbf{R}$$
$$u(x,t) \to 0, \quad |x| \to \infty,\, t > 0$$

この場合グリーン関数は

$$G_{tt} - c^2 G_{xx} + d^2 G = \delta(x)\delta(t), \quad x \in \mathbf{R},\, t \geq 0$$

を満たす．前例と同様にして

$$F(k,s) = \frac{1}{\sqrt{2\pi}} \frac{1}{s^2 + \alpha^2}, \quad \alpha^2 = c^2 k^2 + d^2$$

この逆変換は少し複雑であるが

$$\begin{aligned} G(x,t) &= \frac{1}{\sqrt{2\pi}} \mathcal{F}^{-1}\left\{\frac{\sin \alpha t}{\alpha}\right\} \\ &= \frac{1}{2c} J_0\left(\frac{d}{c}\sqrt{c^2 t^2 - x^2}\right) H(ct - |x|) \\ &= \begin{cases} \frac{1}{2c} J_0\left(\frac{d}{c}\sqrt{c^2 t^2 - x^2}\right), & (|x| < ct) \\ 0, & (|x| > ct) \end{cases} \end{aligned}$$

したがって一般形は

$$G(x,t;\xi,\tau) = \begin{cases} \frac{1}{2c} J_0\left(\frac{d}{c}\sqrt{c^2(t-\tau)^2 - (x-\xi)^2}\right), & (|x-\xi| < c(t-\tau)) \\ 0, & (|x-\xi| > c(t-\tau)) \end{cases}$$

したがって解 u は次で与えられることがわかる．

$$u(x,t) = \int_0^t d\tau \int_{-\infty}^{\infty} p(\xi,\tau) G(x,t;\xi,\tau) \, d\xi$$

$$= \frac{1}{2c} \int_0^t d\tau \int_{x-c(t-\tau)}^{x+c(t-\tau)} J_0\left(\frac{d}{c}\sqrt{c^2(t-\tau)^2 - (x-\xi)^2}\right) p(\xi,\tau) \, d\xi$$

第 10 章

楕円型境界値問題への応用

前章では主に右辺にディラックのデルタ関数 δ を与えたときの超関数解 (基本解) やグリーン関数の考察を行いました. ここでは右辺に L^2 関数を与えヒルベルト空間の理論を用いてポワソン方程式に代表される 2 階楕円型方程式のディリクレ問題の解の一意存在やその性質を調べることにします.

10.1. 楕円型境界値問題の弱解の存在

次の境界値問題を, ポワソン方程式のディリクレ問題 という.

$$-\Delta u = f \quad x \in \Omega, \quad u = 0 \quad x \in \partial\Omega.$$

ここで, Ω は $\mathbf{R}^N$ のなめらかな有界開集合, $\partial\Omega$ はその境界とする. もし, u が古典解かつ $f \in C(\Omega)$ ならば, 任意のテスト関数 $\varphi \in \mathcal{D}(\Omega)$ に対して

$$-\int_\Omega \varphi \Delta u \, dx = \int_\Omega f\varphi \, dx$$

が成り立つ. ここで次のグリーンの公式を思い出そう.

補題 10.1.1 (グリーンの公式) $u, v \in C^2(\overline{\Omega})$ に対して次が成立する.

$$\int_\Omega u\Delta v \, dx = \int_{\partial\Omega} u\frac{\partial v}{\partial n} \, ds - \int_\Omega \nabla u \cdot \nabla v \, dx$$

$$\int_\Omega (u\Delta v - v\Delta u) \, dx = \int_{\partial\Omega} \left(u\frac{\partial v}{\partial n} - v\frac{\partial u}{\partial n}\right) ds$$

但し, n は $\partial\Omega$ 上の単位外法線, ds は $\partial\Omega$ 上のルベーグ測度である.

このグリーンの公式を用いれば

$$\int_\Omega \nabla u \cdot \nabla \varphi\, dx = \int_\Omega f\varphi\, dx$$

が成立する. この等式は, $|\nabla u| \in L^2(\Omega)$, $f \in L^2(\Omega)$ であれば任意のテスト関数 $\varphi \in \mathcal{D}(\Omega)$ に対して意味をもつことがわかる. そこで, ディリクレ境界条件を考慮して, ソボレフ空間 $H_0^1(\Omega)$ で古典解のかわりに次の弱解を考えることにする. $H_0^1(\Omega)$ は, テスト関数の空間 $\mathcal{D}(\Omega)$ を例 3.9 と同じ方法で完備化してできるヒルベルト空間で, $H^1(\Omega)$ の部分空間である.

定義 10.1.1 $u \in H_0^1(\Omega)$ が任意のテスト関数 $\varphi \in \mathcal{D}(\Omega)$ に対して, 次の等式を満たすとき

$$(\nabla u, \nabla \varphi) = \langle f, \varphi \rangle$$

ディリクレ問題 ; $-\Delta u = f$ $(x \in \Omega)$, $u = 0$ $(x \in \partial\Omega)$ の弱解であるという. ここで, $(\varphi, \psi) = \int_\Omega \varphi(x)\psi(x)\, dx$ は $L^2(\Omega)$ の内積である.

ディリクレ問題の弱解の一意存在を示すため次のラックス・ミルグラムの定理を思い出そう.

定理 10.1.1 (ラックス・ミルグラムの定理) ϕ をヒルベルト空間 H 上の有界で対称な双線形形式で, ある正定数があって

$$\phi(x, x) \geq C\|x\|^2, \qquad \text{すべての } x \in H \quad (強圧性)$$

を満たすとする. このとき, H 上の任意の有界線形汎関数 f に対して, ある $x_f \in H$ が一意的に存在して

$$f(x) = \phi(x, x_f), \qquad \text{すべての } x \in H$$

が成り立つ.

10.1. 楕円型境界値問題の弱解の存在

証明 この定理の証明は, まずリースの定理を用いて $\phi(x,y) = (x, Ay)$, (任意の $x \in H$) を満たす有界作用素 A の存在を示し, その後再びリースの定理と A の可逆性からある一意的な $x_f \in H$ があって $f(x) = (x, Ax_f)$, (任意の $x \in H$) が成り立つことを示せばよい. □

次の定理が成立する.

定理 10.1.2 Ω は $\mathbf{R}^N$ の有界開集合で, $f \in L^2(\Omega)$ とする. そのとき, ディリクレ問題の一意的な解 $u \in H_0^1(\Omega)$ が存在する. さらに, $u \in H_0^1(\Omega)$ が解であることと次の等式が成立することは同値である.

$$J(u) = \min_{v \in H_0^1(\Omega)} J(v),$$

但し,

$$J(v) = \frac{1}{2} \int_\Omega \nabla v \cdot \nabla v \, dx - \int_\Omega fv \, dx.$$

証明 $u, v \in H_0^1(\Omega)$ に対して

$$a(u,v) = \int_\Omega \nabla v \cdot \nabla v \, dx$$

とおけば, $H_0^1(\Omega)$ において, 内積と同等な有界で対称な双線形形式 (エルミート形式) となる. 実際

$$|a(u,v)| \le \|u\| \cdot \|v\|,$$
$$|a(u,u)| = \int_\Omega |\nabla u|^2 \, dx \ge C\|u\|^2,$$

但し, C は適当な定数で

$$\|u\|^2 = \int_\Omega |\nabla u|^2 \, dx + \int_\Omega |u|^2 \, dx,$$

が成立するからである. 後者は, 次のポワンカレ型不等式 (例えば [17] 参照, このポワンカレ型不等式はソボレフ不等式の特別な場合でもある)

$$\int_\Omega |\nabla u|^2 \, dx \ge C' \int_\Omega |u|^2 \, dx$$

から直ちに従う. C' は u には依存しない適当な正定数である.

このことから, リースの定理 (あるいはラックス・ミルグラムの定理) が適用できて, 一意的な弱解が存在することがわかる.

後半は, 弱解 u が $J'(u) = 0$ を満たすことと, 変分問題の解の一意存在性から証明することができるが, ここでは詳細は省略する. □

以上の結果を次の例のように一般化することができる.

例 10.1 Ω は $\mathbf{R}^N$ の有界開集合で, $f \in L^2(\Omega)$ とする. T を次の 2 階一様楕円型偏微分作用素とする. つまり,

$$Tu = -\sum_{i,j=1}^{N} \frac{\partial}{\partial x_i}\left[a_{ij}(x)\frac{\partial u}{\partial x_j}\right] + a_0(x)u$$

ここで, $a_0(x) \geq 0$ かつ, ある正定数 K があって

$$\sum_{i,j=1}^{N} a_{ij}(x)\xi_i\xi_j \geq K|\xi|^2, \text{ すべての } \xi \in \mathbf{R}^N$$

が満たされるとする. このときディリクレ問題

$$Tu = f, \quad x \in \Omega, \quad u = 0, \quad x \in \partial\Omega$$

は, $H_0^1(\Omega)$ で一意的な解をもつ.

演習 10.1.1 上の例を $-\Delta u = f$ の場合にならって示せ.

注意 10.1.1 この節の結果から, $\mathcal{D}(\Omega)$ 上の偏微分作用素 $L = -\Delta$ をヒルベルト空間 $H = L^2(\Omega)$ 内の非有界な自己共役作用素に拡張することができる. すなわち, 新しい定義域を次で定めればよい.

定義 10.1.2 u が $D(L)$ に属しているとは, $u \in H_0^1(\Omega)$ であり, かつある $f \in L^2(\Omega)$ が存在して

$$a(u,v) = \int_\Omega fv\,dx, \qquad \text{すべての } v \in H_0^1(\Omega)$$

が成り立つときをいう. そのとき, $u \in D(L)$ に対して,

$$Lu = f$$

で線形写像 L を定め, $D(L)$ をその定義域とする.

このとき, この節の結果を用いれば L が $D(L)$ から $L^2(\Omega)$ への全単射 (1対1かつ上への写像) であり, さらに L は自己共役作用素であることを示すことができる.

次に, ノイマン問題

$$-\Delta u + cu = f, \quad x \in \Omega, \quad \frac{\partial u}{\partial n} = 0, \quad x \in \partial\Omega$$

を考察しよう. c は正定数とする. 前と同様にして u が古典的であれば, 任意の関数 $v \in C^1(\overline{\Omega})$ に対して, ここで部分積分あるいはグリーンの公式から

$$-\int_\Omega v\Delta u\, dx = \int_\Omega \nabla u \cdot \nabla v\, dx + \int_{\partial\Omega} v\frac{\partial u}{\partial n}\, ds$$

が成り立つ. さらに u がノイマン問題の解であることから

$$\int_\Omega \nabla u \cdot \nabla v\, dx + \int_\Omega cuv\, dx = \int_\Omega fv\, dx$$

も成立する. この等式は, $|\nabla u| \in L^2(\Omega)$, $f \in L^2(\Omega)$ であれば任意の関数 $v \in H^1(\Omega)$ に対して意味をもつことがわかる. 双線形形式

$$a(u,v) = \int_\Omega (\nabla u \cdot \nabla v + cuv)\, dx$$

c が正であることから, ヒルベルト空間 $H^1(\Omega)$ の内積と同等であることがわかる (有界連続かつ強圧的). したがって, 再びラックス・ミルグラムの定理から一意的な解の存在がいえることになる. さらに実は, 偏微分方程式の一般論から $u \in H^1(\Omega)$ がすべての $v \in H^1(\Omega)$ に対して, 上の2番目の等式を満たせば, ノイマン境界条件を u が満たすことがグリーンの公式を利用して導かれる.

10.2. ポワソン方程式の弱解の正則性

すでにいくつかの例で見てきたように, ポワソン方程式

$$-\Delta u = f, \quad u \in \mathcal{D}'(\mathbf{R}^N)$$

の解は f に関する適当な条件の下でグリーン関数を用いて求めることができる.ここではこの事実をもう少し精密に述べることから始め,ポワソン方程式の解の正則性を調べてみよう.まずグリーン関数の精密な定義を与えよう.

定義 10.2.1 ($\mathbf{R}^N$ におけるグリーン関数)

$$G(x,y) = [(N-2)|S^{N-1}|]^{-1}|x-y|^{2-N}, \qquad N \neq 2,$$
$$G(x,y) = -|S^1|^{-1}\log|x-y|, \qquad N = 2.$$

但し, $|S^{N-1}|$ は単位球面 $S^{N-1} \subset \mathbf{R}^N$ の表面積である.ちなみに $|S^0| = 2$, $|S^1| = 2\pi$, $|S^2| = 4\pi$, $|S^{N-1}| = 2\pi^{N/2}/\Gamma(N/2)$.

この定義の下で次が成立する.

定理 10.2.1 超関数の意味で

$$-\Delta G(x,y) = \delta(x-y)$$

が成立する.すなわち,任意のテスト関数 $\varphi \in \mathcal{D}(\mathbf{R}^N)$ で

$$\langle -\Delta G(x,y), \varphi \rangle = \varphi(y)$$

が成り立つ.

証明 一般性を失うことなく $y = 0$ として考えてよい. $r > 0$ に対し,

$$I = \int_{\mathbf{R}^N} \Delta\varphi(x) G(x)\,dx$$

とおく.このとき,超関数の微分の定義から $-\varphi(0) = I$ を示せばよいことがわかる.さらに $G(x) = G(x, 0)$ は局所可積分関数であるので,

$$-\varphi(0) = \lim_{r \to 0} I(r)$$

を示せばよい.但し,

$$I(r) = \int_{|x| \geq r} \Delta\varphi(x) G(x)\,dx$$

10.2. ポワソン方程式の弱解の正則性

である. φ は台がコンパクトであるので, 積分範囲を十分大きな正数 R を選び, $|x| < R$ に限定してよい. $x \neq 0$ では $\Delta G(x) = 0$ であることと $|x| = R$ 上で $\varphi = 0$ であることに注意して部分積分を実行すれば, $A = \{x : r \leq |x| \leq R\}$ と書くとき,

$$I(r) = \int_A (\Delta\varphi) G(x)\, dx = -\int_A \nabla\varphi \cdot \nabla G(x)\, dx + \int_{|x|=r} G(x) \frac{d\varphi}{dn}\, ds$$

$$= -\int_{|x|=r} \varphi \frac{dG(x)}{dn}\, ds + \int_{|x|=r} G(x) \frac{d\varphi}{dn}\, ds$$

但し, n は外法線, ds は球面 $\{x : |x| = r\}$ 上のルベーグ測度である.

球面 $\{x : |x| = r\}$ 上では $\frac{dG(x)}{dn} = |S^{N-1}|^{-1} r^{1-N}$ であるから

$$\int_{|x|=r} \varphi \frac{dG(x)}{dn}\, ds = |S^{N-1}|^{-1} \int_{S^{N-1}} \varphi(r\omega)\, d\omega$$

となる. ω は単位球面上の点を表し, $d\omega$ は単位球面上のルベーグ測度である. したがって, $r \to +0$ とすればこの積分項は $\varphi(0)$ に収束することがわかる. 一方 $|x|$ が小さいときには $|x|^{N-1} |G(x)| \leq C|x|$ (C は適当な正定数) が成り立つので, 残りの積分項は $r \to +0$ とすれば 0 に収束することがわかる. □

定義 10.2.2 (ヘルダー連続) $\mathbf{R}^N$ で定義された関数 f が次を満たすとき, 指数 α ($0 < \alpha \leq 1$) の **ヘルダー連続** であるという.

$$|f(x) - f(y)| \leq C|x-y|^\alpha \quad (\text{すべての } x, y \in \mathbf{R}^N)$$

となるような定数 C が存在する ($\alpha = 1$ の場合には, **リプシッツ連続**と呼ばれることがある). k 回微分可能で, k 階導関数が指数 α のヘルダー連続である関数の集合を $C^{k,\alpha}(\mathbf{R}^N)$ で表す.

この定義の下で次のポテンシャル論からの結果を紹介しよう. この定理はヘルダーの不等式などを用いて初等的になされるがここでは省略する.

定理 10.2.2 (ポワソン方程式の解の連続性と微分可能性)

f はある $p \in [1, +\infty)$ に対して $f \in L^p(\mathbf{R}^N)$ でコンパクトな台をもつとする. $G_f(x) = \int_{\mathbf{R}^N} G(x,y) f(y)\, dy$ とおく.

(i) $N=1$ のとき G_f は連続微分可能. $N \geq 2, 1 \leq p < N/2$ に対して

$$G_f \in L_{loc}^q(\mathbf{R}^2), \quad \text{すべての } q < \infty \quad (p=1, N=2)$$

$$G_f \in L_{loc}^q(\mathbf{R}^N), \quad \text{すべての } q < \frac{N}{N-2} \quad (p=1, N \geq 3)$$

$$G_f \in L^q(\mathbf{R}^N), \quad q = \frac{pN}{N-2p} \quad (p>1, N \geq 3)$$

(ii) もし $N/2 < p \leq N$ ならば, そのとき G_f はすべての $\alpha < 2 - N/p$ でヘルダー連続, つまり

$$|G_f(x) - G_f(y)| \leq C_N(\alpha, p)|x-y|^\alpha \|f\|_p (\mathcal{L}^N(\operatorname{supp} f))^{\frac{2-\alpha}{N} - \frac{1}{p}}$$

(iii) もし $N < p$ ならば, そのとき G_f は導関数

$$\frac{\partial}{\partial x_i} G_f(x) = \int_{\mathbf{R}^N} \frac{\partial}{\partial x_i} G(x,y) f(y) dy \quad (i = 1, 2, \ldots, N)$$

をもち, すべての $\alpha < 1 - N/p$ でヘルダー連続, つまり

$$\left| \frac{\partial}{\partial x_i} G_f(x) - \frac{\partial}{\partial x_i} G_f(y) \right| \leq D_N(\alpha, p)|x-y|^\alpha \|f\|_p (\mathcal{L}^N(\operatorname{supp} f))^{\frac{1-\alpha}{N} - \frac{1}{p}}$$

ここで, $D_N(\alpha, p)$ と $C_N(\alpha, p)$ は α と p にのみ依存する正定数である. また $\mathcal{L}^N(\operatorname{supp} f)$ は $\operatorname{supp} f$ の体積を表す.

さらに, 次の一般的な定理が成立する. やはり証明は省略するが, 興味のある読者は [**22**] 等を参照されたい.

定理 10.2.3 (ポワソン方程式の解の高階微分可能性) f はコンパクトな台をもち, $k \geq 0, 0 < \alpha < 1$ で $f \in C^{k,\alpha}(\mathbf{R}^N)$ とする. G_f は次を満たす.

$$G_f \in C^{k+2,\alpha}(\mathbf{R}^N).$$

注意 10.2.1 ラプラシアン Δ をなめらかな係数をもつ一般の楕円型偏微分作用素

$$L = \sum_{i,j=1}^n a_{ij}(x) \frac{\partial^2}{\partial x_i \partial x_j} + \sum_{i=1}^n b_i(x) \frac{\partial}{\partial x_i} + c(x)$$

で置き換えても同様の結果が成立することが知られている. ただし任意の x に対して $(a_{ij}(x))$ が正定値対称行列であるとする.

10.2. ポワソン方程式の弱解の正則性

例 10.2 超関数の意味で次の方程式

$$-\Delta u = Vu, \quad u \in \mathcal{D}'(\mathbf{R}^N)$$

を考える. $V(x) \in C^\infty(\mathbf{R}^N)$, $u \in L^1_{loc}(\mathbf{R}^N)$ とする. そのとき定義より $Vu \in L^1_{loc}(\mathbf{R}^N)$ となるが, ポワソン方程式の解の正則性から $u \in L^{q_0}_{loc}(\mathbf{R}^N)$ ($q_0 = N/(N-2) > 1$). したがって, $Vu \in L^{q_0}_{loc}(\mathbf{R}^N)$ がわかる. これを繰り返し行うと $u \in L^p_{loc}(\mathbf{R}^N)$ ($p > N/2$) を得る. 定理 10.2.2 より $u \in C^{0,\alpha}(\mathbf{R}^N)$ ($\alpha > 0$) が得られ, さらに 定理 10.2.3 を使うと $u \in C^{2,\alpha}(\mathbf{R}^N)$ が成立する. これを繰り返すと $u \in C^\infty(\mathbf{R}^N)$ が最終的に証明されることになる.

第 11 章

フーリエ変換の初等的偏微分方程式への適用例

すでにフーリエ変換が初等的な偏微分方程式の基本解やグリーン関数の構成に有効であることを見てきましたが,ここではフーリエ変換を用いて少し一般な偏微分方程式を考えてみましょう.

11.1. 1階偏微分方程式の解法

この節では,次の1階偏微分方程式を考える.

$$u_t + cu_x = 0, \quad -\infty < x < \infty, \quad t > 0$$
$$u(x,0) = f(x) \quad (初期条件)$$

x についてフーリエ変換すれば,$\hat{u}(\xi,t) = \frac{1}{\sqrt{2\pi}} \int_{-\infty}^{\infty} u(x,t) e^{-ix\xi} dx$ として

$$\frac{\partial}{\partial t}\hat{u} + ic\xi\hat{u} = 0, \quad -\infty < \xi < \infty, \quad t > 0$$
$$\hat{u}(\xi,0) = \hat{f}(\xi) \quad (初期条件)$$

これより

$$\hat{u}(\xi,t) = e^{-ic\xi t}\hat{f}(\xi)$$

さらに逆変換をして

$$u(x,t) = \frac{1}{\sqrt{2\pi}} \int_{-\infty}^{\infty} \hat{u}(\xi,t) e^{ix\xi} \, d\xi$$
$$= \frac{1}{\sqrt{2\pi}} \int_{-\infty}^{\infty} e^{ix\xi} e^{-ic\xi t} \hat{f}(\xi) \, d\xi$$
$$= f(x - ct)$$

を得る．

11.2. 1次元拡散方程式

最も簡単な **拡散方程式** は

$$u_t = K u_{x,x}, \quad -\infty < x < \infty, \quad t > 0$$
$$u(x,0) = f(x) \quad (初期条件)$$

で与えられる．ここで K は正定数である．次のフーリエ変換を用いる．

$$\hat{u}(\xi,t) = \frac{1}{\sqrt{2\pi}} \int_{-\infty}^{\infty} e^{-i\xi x} u(x,t) \, dx$$

そのとき $\hat{u}(\xi,t)$ が満たすべき方程式は

$$\hat{u}_t = -K\xi^2 \hat{u}, \quad -\infty < \xi < \infty, \quad t > 0$$
$$\hat{u}(\xi,0) = \hat{f}(\xi) \quad (初期条件)$$

したがって, 解は

$$\hat{u}(\xi,t) = \hat{f}(\xi) e^{-K\xi^2 t}$$

となり, フーリエ逆変換より

$$u(x,t) = \frac{1}{\sqrt{2\pi}} \int_{-\infty}^{\infty} e^{i\xi x - K\xi^2 t} \hat{f}(\xi) \, d\xi$$

となる．ここで例 5.1 から

$$\mathcal{F}^{-1}(e^{-Kt\xi^2}) = \frac{1}{\sqrt{2Kt}} \exp\left(-\frac{x^2}{4Kt}\right)$$

$$\frac{1}{\sqrt{2\pi}}\int_{-\infty}^{\infty}e^{i\xi x}\hat{f}(\xi)\hat{g}(\xi)\,d\xi = \frac{1}{\sqrt{2\pi}}\int_{-\infty}^{\infty}f(\xi)g(x-\xi)\,d\xi$$

を用いて,

$$u(x,t) = \frac{1}{\sqrt{4\pi Kt}}\int_{-\infty}^{\infty}f(\xi)\exp\Bigl(-\frac{(x-\xi)^2}{4Kt}\Bigr)d\xi$$

を得ることができる.

$$G(x,t;\xi,0) = \frac{1}{\sqrt{4\pi Kt}}\exp\Bigl(-\frac{(x-\xi)^2}{4Kt}\Bigr)$$

と定めれば, G は 1 次元拡散方程式の初期値問題のグリーン関数となる. 実際

$$\lim_{t\to +0} G(x,t;\xi,0) = \delta(x-\xi), \quad (\text{この収束は超関数の意味で考える})$$

が成立するからである.

演習 11.2.1 $\lim_{t\to +0} G(x,t;\xi,0) = \delta(x-\xi)$ を示せ.

次に, N 次元の場合を考察しよう. 全く同様にして

$$u_t = \Delta u, \quad x \in \mathbf{R}^N, t > 0, \qquad u(x,0) = f(x)$$

の解は次のようになる.

$$u(x,t) = \frac{1}{(4\pi t)^{N/2}}\int_{-\infty}^{\infty}f(\xi)e^{-r^2/4t}\,d\xi, \quad r = |x-\xi|$$

11.3. 1 次元波動方程式

すでに, 1 階偏微分方程式のフーリエ変換による解法を説明したが, ここでは次の 2 階の **波動方程式** を取り扱う.

$$u_{t,t} = c^2 u_{x,x}, \quad -\infty < x < \infty, \quad t > 0$$
$$u(x,0) = f(x), \quad u_t(x,0) = g(x) \quad (\text{初期条件})$$

ここで c は正定数である. この波動作用素のグリーン関数はすでに構成したが, ここでは初期値問題としてラプラス変換とフーリエ変換を併用して具体的

に解くことを目標としよう. $\mathcal{L}u(x,s)$ で時間 t に関する $u(x,t)$ のラプラス変換を表すと, $\mathcal{L}\hat{u}(\xi,s) = \mathcal{F}(\mathcal{L}u(x,s))(\xi)$ は次を満たすことが容易にわかる.

$$\mathcal{L}\hat{u}(\xi,s) = \frac{s\hat{f}(\xi) + \hat{g}(\xi)}{s^2 + c^2\xi^2}$$

これをフーリエ逆変換して

$$\mathcal{L}u(x,s) = \frac{1}{\sqrt{2\pi}} \int_{-\infty}^{\infty} e^{i\xi x} \frac{s\hat{f}(\xi) + \hat{g}(\xi)}{s^2 + c^2\xi^2} d\xi$$

さらに, 例 5.10 を用いてから, 以下のようにフーリエ変換の計算をすれば

$$\begin{aligned}
u(x,t) &= \frac{1}{\sqrt{2\pi}} \int_{-\infty}^{\infty} e^{i\xi x} \left[\hat{f}(\xi)\cos(c\xi t) + \frac{\hat{g}(\xi)}{c\xi}\sin(c\xi t) \right] d\xi \\
&= \frac{1}{2}[f(x+ct) + f(x-ct)] + \frac{1}{\sqrt{2\pi}} \frac{1}{2c} \int_{-\infty}^{\infty} \hat{g}(\xi) d\xi \int_{x-ct}^{x+ct} e^{i\xi\zeta} d\zeta \\
&= \frac{1}{2}[f(x+ct) + f(x-ct)] + \frac{1}{2c} \int_{x-ct}^{x+ct} g(\zeta) d\zeta
\end{aligned}$$

ここで, もし $g = 0$ ならば

$$u(x,t) = \frac{1}{2}[f(x+ct) + f(x-ct)]$$

となるが, これは初期条件の与える波 $f(x)$ が 2 つの孤立波に分かれて伝搬する様子を表している. c は波の速度に対応し, この波が有限伝搬性をもつことがわかる. 積分区間 $[x-ct, x+ct]$ を $[x-ct, 0]$ と $[0, x+ct]$ に分割することにより, 解 $u(x,t)$ は次のように 2 つに自然に分かれ,

$$u(x,t) = \Phi(x+ct) + \Psi(x-ct)$$

$$\Phi(x) = \frac{1}{2}f(x) - \frac{1}{2c}\int_0^x g(\zeta)d\zeta, \quad \Psi(x) = \frac{1}{2}f(x) + \frac{1}{2c}\int_0^x g(\zeta)d\zeta$$

$\Phi(x+ct)$ は進行波, $\Psi(x-ct)$ は後退波を表している.

11.4. 半空間におけるラプラス方程式

次の境界値問題を考える.

$$u_{x,x} + u_{y,y} = 0, \quad -\infty < x < \infty, \quad y > 0$$
$$u(x,0) = f(x), \quad u(x,y) \to 0 \quad (\sqrt{x^2+y^2} \to \infty)$$

次のフーリエ変換を用いる.

$$\hat{u}(\xi,y) = \frac{1}{\sqrt{2\pi}} \int_{-\infty}^{\infty} e^{-ix\xi} u(x,y)\, dx$$

$\hat{u}(\xi,y)$ は次を満たすことになる.

$$\hat{u}_{y,y} - \xi^2 \hat{u} = 0, \quad -\infty < \xi < \infty, \quad y > 0$$
$$\hat{u}(\xi,0) = \hat{f}(\xi), \quad \hat{u}(\xi,y) \to 0 \quad (y \to \infty)$$

したがって

$$\hat{u}(\xi,y) = \hat{f}(\xi) e^{-|\xi|y}$$

となり, フーリエ逆変換より

$$u(x,y) = \frac{y}{\pi} \int_{-\infty}^{\infty} \frac{f(\xi)}{(x-\xi)^2 + y^2}\, d\xi, \quad y > 0$$

ここで, 次の公式を用いた.

$$\mathcal{F}^{-1}(e^{-|\xi|y}) = \sqrt{\frac{2}{\pi}} \frac{y}{x^2+y^2}$$

また, よく知られた公式

$$\delta(x-\xi) = \lim_{y \to +0} \frac{1}{\pi} \frac{y}{(x-\xi)^2 + y^2}$$

より, $u(x,t)$ が境界条件を満たすことがわかる. この $u(x,y)$ の表示式は **ポワソン積分** と呼ばれ, 積分核 $\frac{1}{\pi} \frac{y}{(x-\xi)^2+y^2}$ は **ポワソン核** と呼ばれている.

演習 11.4.1 上の2つの公式を示せ.

特に,
$$f(x) = T_0 H(a - |x|)$$
とすれば, 解は
$$u(x) = \frac{T_0}{\pi} \tan^{-1}\left(\frac{2ay}{x^2 + y^2 - a^2}\right)$$
となる. このとき, b をパラメーターとして含む曲線の族
$$x^2 + y^2 - by = a^2$$
は半空間の等温曲線といわれている.

3次元のポワソン核も同様に計算できて, 次の形になる.
$$P(x_1, x_2, x_3, \xi_1, \xi_2) = \frac{1}{2\pi}\frac{x_3}{((x_1-\xi_1)^2 + (x_2-\xi_2)^2 + x_3^2)^{3/2}}$$

演習 11.4.2 $u(x) = \int_{\mathbf{R}^2} P(x_1, x_2, x_3, \xi_1, \xi_2) f(\xi_1, \xi_2)\, d\xi_1 d\xi_2$ はどのような境界値問題の解であるか述べよ.

11.5. 固有関数展開による解法

次の初期値・境界値問題を考える. Ω は2次元の有界領域とする.

$$u_{t,t} = -Lu, \qquad (x,y) \in \Omega,\, t > 0$$
$$u = 0, \qquad (x,y) \in \partial\Omega \quad (境界条件)$$
$$u = f(x,y), \quad u_t = g(x,y), \quad t = 0 \quad (初期条件)$$

ここで, L は $-\Delta$ に代表される作用素で
$$Lu = -\frac{1}{r(x,y)}\left(\frac{\partial}{\partial x}\left(p_1\frac{\partial u}{\partial x}\right) + \frac{\partial}{\partial y}\left(p_2\frac{\partial u}{\partial y}\right) - q(x,y)u\right)$$
とする. p_1, p_2, q, r は正値連続関数で, p_1, p_2, r は連続的微分可能とする.

この問題は, 重み付きヒルベルト空間 $L^2(\Omega; r)$ で取り扱うことができる. $L^2(\Omega; r)$ は下のノルム $\|\cdot\|_r$ が有限な関数 f の全体である.
$$\|f\|_r^2 = \int_\Omega |f(x,y)|^2 r(x,y)\, dxdy$$

11.5. 固有関数展開による解法

重ね合わせの原理を用い，解を次の形で探すことにする．

$$u(x,y,t) = \sum_{n=1}^{\infty} a_n(t)\varphi_n(x,y)$$

$\varphi_n(x,y)$ は L の固有値 λ_n に対応する固有関数である，つまり $L\varphi_n(x,y) = \lambda_n\varphi_n(x,y)$ を満たしている．さらに次を仮定する．

$$f(x,y) = \sum_{n=1}^{\infty} f_n\varphi_n(x,y), \qquad g(x,y) = \sum_{n=1}^{\infty} g_n\varphi_n(x,y)$$

$u(x,y,t)$ を問題の方程式に代入すれば

$$\sum_{n=1}^{\infty} a_n''(t)\varphi_n(x,y) = -\sum_{n=1}^{\infty} \lambda_n a_n(t)\varphi_n(x,y)$$

したがって，

$$a_n(t) = A_n \frac{\sin\sqrt{\lambda_n}t}{\sqrt{\lambda_n}} + B_n \cos\sqrt{\lambda_n}t$$

と定めればよい．後は初期条件から $A_n = g_n, B_n = f_n$ がわかり，解は

$$u(x,y,t) = \sum_{n=1}^{\infty} \left[f_n \cos\sqrt{\lambda_n}t + g_n \frac{\sin\sqrt{\lambda_n}t}{\sqrt{\lambda_n}} \right] \varphi_n(x,y)$$

となる．

演習 11.5.1 Ω は 2 次元の有界領域とするとき，次の初期値・境界値問題の解を前の例にならって求めよ．

$$\begin{aligned}
&u_t = -Lu, &&(x,y) \in \Omega, \quad t > 0 \\
&u = 0 &&(x,y) \in \partial\Omega \quad \text{(境界条件)} \\
&u(x,y,t) = f(x,y), &&t = 0 \quad \text{(初期条件)}
\end{aligned}$$

ここで，L は前の例と同じ作用素とする．

11.6. 線形化 KdV 方程式

最後に線形化 KdV (Korteweg-de Vries) 方程式を解いてみよう．これは深さ h の粘性のない (さらさらした) 水の表面を伝わる波を記述する方程式と考えられている．

$$u_t + cu_x + \frac{ch^2}{6}u_{x,x,x} = 0, \quad -\infty < x < \infty, t > 0$$

$c = \sqrt{gh}$ は定数で波の速度に対応している．初期条件は

$$u(x,0) = f(x), \quad -\infty < x < \infty$$

とする．フーリエ変換を利用して解を求めると次のようになる．

$$u(x,t) = \frac{1}{\sqrt{2\pi}} \int_{-\infty}^{\infty} \hat{f}(\xi) \exp\left[i\xi\left((x-ct) + \left(\frac{cth^2}{6}\right)\xi^2\right)\right] d\xi$$

もし，$f(x) = \delta(x)$ ならば

$$u(x,t) = \frac{1}{\pi} \int_0^{\infty} \cos\left((x-ct)\xi + \left(\frac{cth^2}{6}\right)\xi^3\right) d\xi$$

ここで Airy 関数 $\mathrm{Ai}(x)$ を用いれば

$$u(x,t) = \left(\frac{cth^2}{2}\right)^{-1/3} \mathrm{Ai}\left[\left(\frac{cth^2}{2}\right)^{-1/3}(x-ct)\right]$$

但し，

$$\mathrm{Ai}(x) = \frac{1}{\pi} \int_0^{\infty} \cos\left(\xi x + \frac{1}{3}\xi^3\right) d\xi$$

コーヒーブレイク：$1, 2, 3, \ldots$ 無限大

本日のレポート問題

あるところにカウンタブルという名の三つ星ホテルがあった．このホテルには 1 号室, 2 号室, ... と番号がつけられた部屋が無限個あったが，もうすでに 1 週間ほどこのホテルは完全に満室であった．そこにもう一人ゲストが宿泊にきた．あなたがフロントならどうしますか？

この問題に出てくる三つ星ホテルは世界的に有名であり，ヒルベルト・ホテルといわれています．

第 12 章

変分問題

　関数解析学という名前を英訳すれば, Functional Analysis になります. これはアダマール (Hadamard) が関数を変数とする関数を Functional (汎関数) と呼んだことに由来するといわれています. もちろんパート 1 ですでに取り扱った線形汎関数はこれの特別なものです. 本節の目的は, 非線形の Functional (非線形汎関数) に対して微分積分を展開することであります. つまり, 表題の変分問題とは非線形の汎関数に対する微積分の問題なのです. この分野は変分学ともいわれています. ここでは, 基本事項の説明の後, 実際の変分問題を数多く取り上げてあります.

12.1. ガトー微分とフレシェ微分

　この節を通して, B_1, B_2 でバナッハ空間 (スカラー体は $\mathbf{F} = \mathbf{R}$ or $\mathbf{C}$) また, $T : B_1 \to B_2$ を作用素で定義域は $D(T) = B_1$ とする.

定義 12.1.1 (ガトー微分作用素) $T : B_1 \to B_2$ は点 $x \in B_1$ で次を満たすとき, **ガトー微分可能** であるという. ある連続線形写像 $A : B_1 \to B_2$ があって

$$\lim_{t \to 0} \left\| \frac{T(x+th) - T(x)}{t} - Ah \right\| = 0, \quad \text{すべての } h \in B_1$$

但し, $t \to 0$ の極限は $\mathbf{F}$ で考える.

作用素 A は T の点 $x \in B_1$ における **ガトー微分** といわれる．この作用素 A を
$$Ah = dT(x, h)$$
と書くことにする．

例 12.1 $f(x) \in C^1(\mathbf{R})$ を $\mathbf{R} \to \mathbf{C}$ への作用素とみて，点 x におけるガトー微分を求めよう．
$$\lim_{t \to 0} \frac{f(x+th) - f(x)}{t} = f'(x)h$$
より，$df(x, h) = f'(x)h$ となる．

同様に B_1 上の連続関数 $f : B_1 \to \mathbf{F}$ が，$x \in B_1$ でガトー微分可能であるとき
$$df(x, h) = \frac{d}{dt} f(x+th) \Big|_{t=0}$$
となり，$df(x, h)$ は連続線形汎関数となる．

定理 12.1.1 ガトー微分が存在すれば一意的である．

定義 12.1.2 写像 $x \to df(x, \cdot)$ を f の **グラディエント** と呼び，∇f で表す．これは，B_1 からその双対空間 B_1' への写像である．

例 12.2 $f(x) \in C^1(\mathbf{R}^N)$ の点 $x \in \mathbf{R}^N$ におけるガトー微分は，通常の全微分記号を用いると
$$df(x, h) = \sum_{j=1}^{N} \frac{\partial f(x)}{\partial x_j} h_j$$
と書ける．これはもちろん上の定義から求めたものと一致する．すなわち
$$df(x, h) = \frac{d}{dt} f(x+th) \Big|_{t=0} = \sum_{j=1}^{N} \frac{\partial f(x)}{\partial x_j} h_j$$
また，内積を用いて次の形式にも書けることを注意しておこう．
$$df(x, h) = \left(\left(\frac{\partial f(x)}{\partial x_1}, \frac{\partial f(x)}{\partial x_2}, \ldots, \frac{\partial f(x)}{\partial x_N} \right), h \right)$$

12.1. ガトー微分とフレシェ微分

例 12.3 $B_1 = \mathbf{R}^N$, $B_2 = \mathbf{R}^M$

$$f = (f_1, f_2, \ldots, f_M) : B_1 \to B_2$$

と定め, 各成分の関数 f_k は $C^1(\mathbf{R}^N)$ とする. するとガトー微分可能である. また点 $x \in B_1$ におけるガトー微分は次の行列で定まる写像である.

$$\begin{pmatrix} \frac{\partial f_1(x)}{\partial x_1} & \cdots & \frac{\partial f_1(x)}{\partial x_N} \\ \cdot & & \cdot \\ \cdot & & \cdot \\ \cdot & & \cdot \\ \frac{\partial f_M(x)}{\partial x_1} & \cdots & \frac{\partial f_M(x)}{\partial x_N} \end{pmatrix}$$

この行列を f の **ヤコビ行列** という.

例 12.4 (積分型写像のガトー微分) $B = C([0,1])$ でノルムは $\|x\| = \sup_{0 \le t \le 1} |x(t)|$ とする. このとき

$$f(x)(t) = \int_0^1 K(t,s) g(s, x(s))\, ds$$

で, $B \to B$ への (非線形) 作用素 f が決まる. 但し, $K(s,t)$ は連続関数, $g(t,x)$ は $[0,1] \times \mathbf{R}$ 上での連続関数で, x について連続的微分可能であるとする. そのときガトー微分は

$$df(x,h) = \frac{d}{d\lambda} \int_0^1 K(t,s) g(s, x(s) + \lambda h(s))\, ds \bigg|_{\lambda=0}$$

となる. もう少し計算すれば

$$df(x,h) = \int_0^1 K(t,s) \frac{\partial}{\partial x} g(s, x(s)) h(s)\, ds$$

を得る. このことからガトー微分は, 線形の積分作用素になることがわかった.

定理 12.1.2 B_1 上の実数値の連続関数 f がすべての点 $x \in B_1$ でガトー微分可能であれば, **平均値の定理** が成り立つ. つまり任意の $x, x+h \in B_1$ に対してある $\xi \in B_1$ が存在して

$$f(x+h) - f(x) = df(x+\xi, h)$$

となる.

証明 証明は $B_1 = \mathbf{R}$ のときと同じである. すなわち, 次の関数を考えてロルの定理を用いるのが簡単である.

$$F(t) = f(x+th) - f(x) - t(f(x+h) - f(x))$$

明らかに, F は $\mathbf{R}$ 上の微分可能な実数値関数で, $F(0) = F(1) = 0$ を満たす. したがってロルの定理より, ある $\theta \in (0,1)$ があって $F'(\theta) = 0$ となるが, これを書きかえればよい. □

定義 12.1.3 (フレシェ微分) 作用素 $T : B_1 \to B_2$ が点 $x \in B_1$ で **フレシェ微分可能** であるとは, ある連続線形写像 $A : B_1 \to B_2$ が存在し次が成り立つことをいう.

$$T(x+h) - T(x) = Ah + \Phi(x, h) \tag{12.1.1}$$

$$\lim_{\|h\| \to 0} \frac{\Phi(x, h)}{\|h\|} = 0 \tag{12.1.2}$$

x における **フレシェ微分** を $T'(x)$ または $dT(x)$ と書く.

定理 12.1.3 もし作用素 T が点 x でフレシェ微分可能ならばその点でガトー微分可能であり, 両者は一致する. また, フレシェ微分は存在すれば一意的である.

例 12.5 $f : \mathbf{R}^2 \to \mathbf{R}$ を

$$f(x, y) = \begin{cases} \frac{x^3 y}{x^4 + y^2}, & (x, y) \neq (0, 0) \\ 0, & (x, y) = (0, 0) \end{cases}$$

で定めれば, 原点でガトー微分可能でその値は 0 であるがフレシェ微分可能ではない. それは $x^2 = y \to 0$ とすれば (12.1.2) が成立しないことからわかる.

例 12.6 ヒルベルト空間 H で定義される汎関数 $f : H \to \mathbf{F}$ が点 $x \in H$ でフレシェ微分可能であるとする. すると $f'(x)$ は H 上の有界線形汎関数と

12.1. ガトー微分とフレシェ微分

なりリースの定理よりある $y \in H$ で内積を用いて

$$f'(x)(h) = (h, y)$$

と表せる．したがってフレシェ微分 $f'(x)$ は $y \in H$ と同一視できる．これを f のグラディエントという．

例 12.7 T を実ヒルベルト空間 H 上の有界線形作用素とし，汎関数

$$f(x) = (x, Tx)$$

を考えよう．このフレシェ微分は

$$f'(x)(h) = (h, (T + T^*)x)$$

である．

例 12.8 (積分型写像のフレシェ微分) $B = C([0,1])$ とする．このとき

$$f(x)(t) = \int_0^1 K(t, s) g(s, x(s)) \, ds$$

で，$B \to B$ への作用素 f が決まる．但し，$K(s,t)$ は連続関数，$g(t,x)$ は $[0,1] \times \mathbf{R}$ 上での連続関数で，x について連続的微分可能であるとする．そのときフレシェ微分は

$$f'(x)(h) = \int_0^1 K(t,s) \frac{\partial}{\partial x} g(s, x(s)) h(s) \, ds$$

を得る．

通常の微分可能関数の性質と同じく次が成り立つ．

定理 12.1.4 バナッハ空間 B_1 の開集合で定義される作用素 T がある点でフレシェ微分可能であれば，その点で連続である．

定理 12.1.5 B_1, B_2, B_3 をバナッハ空間とする．$g : B_1 \to B_2$ が点 $x \in B_1$ でフレシェ微分可能，かつ $f : B_2 \to B_3$ が点 $y = g(x)$ でフレシェ微分可能とすれば，合成関数 $h = f \circ g$ は点 $x \in B_1$ でフレシェ微分可能となる．

定理 12.1.6 バナッハ空間 B_1 上の線形作用素 T がフレシェ微分可能であるための必要十分条件は, T が有界作用素であることである.

定義 12.1.4 (第 2 次フレシェ導関数) $T: B_1 \to B_2$ が点 x のある近傍でフレシェ微分可能であり, さらに T' が点 x でフレシェ微分可能であるとき, T は点 x で **2 回フレシェ微分可能** であるという. $T''(x)$ で **第 2 次フレシェ導関数** を表す.

例 12.9 $f: \mathbf{R}^N \to \mathbf{R}$ をなめらかな関数とする. テイラー展開から

$$f(x+h) = f(x) + \sum_{i=1}^{N} \frac{\partial f}{\partial x_i} h_i + \frac{1}{2} \sum_{i,j=1}^{N} \frac{\partial^2 f}{\partial x_i \partial x_j} h_i h_j + \cdots$$

そのとき,

$$f'(x)h = \sum_{i=1}^{N} \frac{\partial f}{\partial x_i} h_i$$

$$f''(x)(h,h) = \frac{1}{2} \sum_{i,j=1}^{N} \frac{\partial^2 f}{\partial x_i \partial x_j} h_i h_j = \sum_{i,j=1}^{N} f_{i,j} h_i h_j$$

となることがわかる. 但し, $f_{i,j} = \frac{1}{2} \frac{\partial^2 f}{\partial x_i \partial x_j}$ である. ここで, $f''(x)(h,k)$ は $\mathbf{R}^N \times \mathbf{R}^N$ 上の双線形形式となっていることに注意しよう. 一般に 2 回連続的微分可能な関数 $f: \mathbf{R}^N \to \mathbf{R}$ の導関数は $f_{i,j} = f_{j,i}$ を満たすので, この行列 $\{f_{i,j}\}$ は対称である. したがって, 第 2 次フレシェ導関数 $f''(x)$ は対称行列 $\{f_{i,j}\}$ と同一視できるのである.

例 12.10 B をバナッハ空間とする. $\phi(h,k): B \times B \to \mathbf{C}$ を対称な双線形形式とする. そのとき

$$\phi(h,k) = \frac{1}{2}(\phi(h+k, h+k) - \phi(h,h) - \phi(k,k))$$

例 12.11 $T: C([0,1]) \to C([0,1])$ を

$$(Tu)(t) = \int_0^1 K(t,s,u(s))\,ds$$

で与える.ここで $K(t,s,u)$ は連続関数で, u に関して 2 回連続微分可能であるとする.そのとき, $u=x \in C([0,1])$ において

$$T'(x)h = \int_0^1 K_u(t,s,x(s))h(s)\,ds$$

$$T''(x)(h,h)(t) = \int_0^1 K_{u,u}(t,s,x(s))h^2(s)\,ds$$

が得られる.これは,積分核 $K(t,s,u)$ を u に関してテイラー展開すれば容易にわかる.そして前の例より,

$$T''(x)(h,k)(t) = \int_0^1 K_{u,u}(t,s,x(s))h(s)k(s)\,ds$$

がわかる.

例 12.12 $f: L^2([0,1]) \to \mathbf{R}$ を

$$f(x) = \int_0^1 \int_0^1 x(s)K(s,t)x(t)\,dsdt$$

で定める.ここで $K(s,t)$ は連続関数とする.これは,

$$(Tx)(t) = \int_0^1 K(t,s)x(s)\,ds$$

とおくと

$$f(x) = (x, Tx)$$

と書ける.すると前と同様にして

$$f''(x)(h,h) = (h, Th)$$

また同様に,

$$f''(x)(h,k) = \frac{1}{2}((h,Tk) + (h,T^*k))$$

さらに,積分核が対称であれば

$$f''(x)(h,k) = (h,Tk)$$

が成り立つ.

定理 12.1.7 H をヒルベルト空間とする. $f : H \to \mathbf{R}$ が2回フレシェ微分可能な汎関数であるとき, 各 $x \in H$ に対して, ある自己共役有界作用素 $T : H \to H$ が存在して,

$$f''(x)(h,k) = (h, Tk)$$

がすべての $h, k \in H$ で成り立つ.

証明 T の存在はリースの定理から明らかである. また, $f''(x)$ の対称性から T の対称性がわかる. □

定義 12.1.5 (凸関数) 関数 $f : E \to \mathbf{R}$ が **凸関数** であるとは,

$$f(tx + (1-t)y) \leq tf(x) + (1-t)f(y) \quad \text{すべての } x, y \in E, t \in [0,1]$$

が成り立つことである.

また関数 $f : E \to \mathbf{R}$ が **真に凸関数** であるとは,

$$f(tx + (1-t)y) < tf(x) + (1-t)f(y) \quad \text{すべての } x, y \in E, t \in (0,1)$$

が成り立つことである.

例 12.13 ノルムは凸関数である.

例 12.14 T がヒルベルト空間 H 上の非負値作用素であるとき,

$$f(x) = \frac{1}{2}(Tx, x)$$

はフレシェ微分可能で $\nabla f = T$ である. また, f は凸である. もし T が正値であれば, f は真に凸である.

定理 12.1.8 もし凸関数 $f : B \to \mathbf{R}$ が点 $x_0 \in B$ でガトー微分可能であれば

$$f(x) \geq f(x_0) + df(x_0)(x - x_0) \quad \text{がすべての } x \in B \text{ で成り立つ.}$$

証明 $0 < s < t$ のとき

$$\frac{f(x_0 + th) - f(x_0)}{t} \geq \frac{f(x_0 + sh) - f(x_0)}{s}$$

が成立することを示せばよい．そうすれば右辺で $s \to 0$ として，$x = x_0 + th$ とおけばよいからである．この不等式は，少し変形すれば

$$\frac{s}{t} f(x_0 + th) + \left(1 - \frac{s}{t}\right) f(x_0) \geq f(x_0 + sh)$$

となるが，これは凸関数の定義から明らかである． □

12.2. 最適化問題とオイラー・ラグランジュ方程式

多くの最適化問題は，何らかの実数値の汎関数の最大・最小問題に帰着されることが多い．つまり，最適化問題は，f を Ω 上の実数値関数として，次のように定式化されることが多いのである．

$$\min_{x \in \Omega} f(x) \qquad \text{あるいは} \qquad \max_{x \in \Omega} f(x)$$

また，有限次元の場合と同様に極大値や極小値を次のように定める．

定義 12.2.1 (極大値と極小値) ノルム空間 E の部分集合 Ω 上の実数値関数 f が点 $x_0 \in \Omega$ で 極小値 (極大値) をとるとは，ある正数 r があって，

$$f(x_0) < f(x) \; (f(x_0) > f(x)) \; \text{がすべての} \; x \in B(x_0, r) \cap \Omega$$

で成立することとする．また，極大値と極小値を合わせて **極値** という．

命題 12.2.1 ガトー微分可能な汎関数 $f : E \to \mathbf{R}$ が点 $x_0 \in E$ で極値をとれば，すべての $h \in E$ でガトー微分 $df(x_0, h) = 0$ である．

系 12.2.1 フレシェ微分可能な汎関数 $f : E \to \mathbf{R}$ が点 $x_0 \in E$ で極値をとれば，フレシェ微分 $f'(x_0) = 0$ である．

例 12.15 実ヒルベルト空間 H 上の有界線形作用素 T に対して

$$f(x) = \|v - Tx\|^2$$

を考える. そのとき, $f(x)$ はフレシェ微分可能で, $f'(x) = -2T^*v + 2T^*Tx$ となる. したがって, 極値をとるための必要条件は $T^*Tx = T^*v$ となる.

定理 12.2.1 ノルム空間 E の凸部分集合 Ω 上の実数値関数 f が点 $x_0 \in \Omega$ で最小値をとるとする. このとき, f が点 x_0 でガトー微分可能であれば

$$df(x_0, x - x_0) \geq 0 \qquad \text{がすべての } x \in \Omega \text{ で成り立つ.}$$

証明 次の事実を用いればよい.

$$\left. \frac{d}{dt} f(x_0 + t(x - x_0)) \right|_{t=0} \geq 0. \qquad \square$$

例 12.16 $\alpha(t)$ を $[0,1]$ 上の有界関数として, $f : C([0,1]) \to \mathbf{R}$ を

$$f(x) = \int_0^1 x^2(t) \alpha(t) \, dt$$

で定める. そのとき, $f'(x)h = 2 \int_0^1 x(t) h(t) \alpha(t) \, dt$ となる.

例 12.17 H を実ヒルベルト空間, A を H 上の自己共役有界作用素とする. $f \in H$ として

$$I(u) = (Au, u) - 2(u, f)$$

を考える. このとき, この汎関数はフレシェ微分可能で

$$I'(u) = 2(Au - f)$$

また, 第 2 次フレシェ微分は

$$I''(u)(h, k) = 2(Ah, k)$$

となる. 以上のことから, もし A が正値作用素であれば, u が $Au = f$ を満たすとき I は極小値をとることがわかる.

12.2. 最適化問題とオイラー・ラグランジュ方程式

ここで次の問題を考えよう．関数 u は区間 $[a,b]$ で 2 回連続的微分可能で，境界条件 (固定端条件) $u(a) = \alpha, u(b) = \beta$ を満たすとする．そのとき汎関数

$$I(u) = \int_a^b F(x, u, u') \, dx, \qquad u' = \frac{d}{dx} u$$

の最大・最小問題を考える．ここでは，最大値または最小値が存在したとして，それが満たすべき条件を調べてみよう．F は x, u, u' に関して連続で，u, u' に関しては連続微分可能であるとする．関数 v を $v(a) = v(b) = 0$ を満たす 2 回連続微分可能関数とし，$I(u + tv) - I(u)$ を考える．すると，テイラー展開から

$$I(u + tv) = I(u) + t dI(u, v) + \frac{t^2}{2!} d^2 I(u, v) + \cdots$$

ここで，

$$dI(u, v) = \int_a^b \left(v \frac{\partial}{\partial u} + v' \frac{\partial}{\partial u'} \right) F \, dx$$

$$d^2 I(u, v) = \int_a^b \left(v \frac{\partial}{\partial u} + v' \frac{\partial}{\partial u'} \right)^2 F \, dx$$

極値をとるための必要条件から $dI(u, v) = 0$ がすべての許容関数 v (2 回連続微分可能で両端で 0 となる関数) に対して成立しなければならない．この条件を部分積分して次の条件を得る．

$$\int_a^b \left[\frac{\partial F}{\partial u} - \frac{d}{dx} \left(\frac{\partial F}{\partial u'} \right) \right] v \, dx = 0$$

これから直ちに，

$$\frac{\partial F}{\partial u} - \frac{d}{dx} \left(\frac{\partial F}{\partial u'} \right) = 0$$

を得ることができる．この条件を **オイラー・ラグランジュの方程式** という．

定理 12.2.2 上で定めた汎関数 $I(u)$ が境界条件 $u(a) = \alpha, u(b) = \beta$ のもとで極値を u でとるためには，u がオイラー・ラグランジュの方程式を満たすことが必要である．

以下では, 色々な最小値問題をオイラー・ラグランジュ方程式を解くことにより解決してみよう. すべて歴史的に有名な問題である.

例 12.18 平面上で 2 点 $(x_1, y_1), (x_2, y_2)$ を結ぶ曲線全体の中で, 長さが最小の曲線を求めてみよう. 答えはもちろん線分であるが, それは次の汎関数を最小にしなければならない.

$$I(u) = \int_{x_1}^{x_2} \sqrt{1+(u')^2}\, dx$$

但し, 計算を簡単にするため, グラフ状の曲線 $y = u(x), (x_1 \leq x \leq x_2)$ のみを考えることにする. $F = \sqrt{1+(u')^2}$ とすると, オイラー・ラグランジュの方程式は

$$\frac{d}{dx}\Big(\frac{\partial F}{\partial u'}\Big) = 0$$

となる. これから容易に,

$$u'' = 0$$

がわかり,

$$u(x) = m(x - x_1) + y_1, \quad m = \frac{y_2 - y_1}{x_2 - x_1}$$

を得る.

例 12.19 今度は, 平面曲線を x 軸のまわりを回転させてできる回転曲面の面積を最小にしてみよう. この曲線もグラフ状であるとしよう. 関数を $y = y(x), (x_1 \leq x \leq x_2)$ とし, 境界条件を $y(x_1) = y_1, y(x_2) = y_2$ (固定端条件) としよう. このとき, 回転面の面積は

$$S(y) = 2\pi \int_{x_1}^{x_2} y(x)\sqrt{1+(y')^2}\, dx$$

で与えられる. したがって, この汎関数を最小にすればよい. オイラー・ラグランジュの方程式から

$$yy'' - (y')^2 - 1 = 0$$

を得る. $y' = p$ とおけば $y'' = p\frac{dp}{dy}$ となるので

$$py\frac{dp}{dy} = p^2 + 1$$

となり, これを解けば次を得ることができる.

$$y = c\sqrt{1+p^2}, \qquad c \text{ は定数}$$

これを積分すると, a を定数として,

$$y = c\cosh\left(\frac{x-a}{c}\right)$$

となる. この曲線をカテナリーという. 定数 a と c は境界条件から決定できる.

例 12.20 (フェルマーの原理) 均一な媒質中を光が進む場合, 通過するのにかかる時間が最小になるように経路をとることが知られている. したがって, 速度の大きさを v とすれば, 点 (x_1, y_1) から (x_2, y_2) への至る進路は次の汎関数を最小にすることがわかる.

$$I = \int_{x_1}^{x_2} \frac{\sqrt{1+(y')^2}}{v} dx = \int_{x_1}^{x_2} F(y, y') \, dx \quad y(x_1) = y_1, y(x_2) = y_2$$

すると, オイラー・ラグランジュの方程式に y' をかけて変形すると

$$\frac{d}{dx}\left(F - y'\frac{\partial F}{\partial y'}\right) = 0$$

が得られる ($y''\frac{\partial F}{\partial y'}$ が打ち消し合うから). したがって

$$F - y'\frac{\partial F}{\partial y'} = \text{一定} \quad \text{つまり} \quad \frac{1}{v\sqrt{1+(y')^2}} = \text{一定}$$

となる. y 軸とこの曲線のなす角度を φ とおくと

$$\sin\varphi = \frac{1}{\sqrt{1+(y')^2}}$$

であるので

$$\frac{\sin\varphi}{v} = \text{一定}$$

となる. $1/v$ は屈折率 κ に比例するので,

$$\kappa \sin\varphi = \text{一定}$$

という法則が成立することがわかる.

例 12.21 (最短降下線) 重力の作用のもとで, 与えられた 2 点間を平面的な曲線に沿って摩擦なしに自由落下する場合を考える. どのような曲線を描けば最短時間で到着することができるのであろうか? 答えは次の汎関数を最小にする曲線となる. 重力加速度を g, 曲線を $y = y(x), y(x_1) = y_1, y(x_2) = y_2$ で表すとき, 汎関数は

$$T(y) = \int_{x_1}^{x_2} \sqrt{\frac{1+(y')^2}{2gy}}\, dx$$

となり,

$$F(y, y') = \sqrt{\frac{1+(y')^2}{2gy}}$$

としてオイラー・ラグランジュの方程式は, 前と同様にして

$$\frac{d}{dx}\left(F - y'\frac{\partial F}{\partial y'}\right) = 0$$

となり, これより

$$F - y'\frac{\partial F}{\partial y'} = 0$$

つまり

$$y' = \pm\sqrt{\frac{a-y}{y}}, \qquad a = \frac{1}{2gc^2}, \quad c\text{ は正定数}$$

これを解けば,

$$x = \frac{a}{2}(\theta - \sin\theta), \quad y = \frac{a}{2}(1 - \cos\theta)$$

となる. この曲線はサイクロイドといわれている.

演習 12.2.1 微分方程式 $y' = \pm\sqrt{\frac{a-y}{y}}, a = \frac{1}{2gc^2}$ (c は正定数) を解け. この曲線はジェットコースターの形状と関係がある. $Hint:$

$$x = \int_0^y \sqrt{\frac{z}{a-z}}\, dz$$

を示し，積分を $a/2 - y = a/2\cos\theta$ と変数変換してみるとよい．

例 12.22 $\Omega \subset \mathbf{R}^3$ とする．次の汎関数の最小問題を考えてみよう．

$$I(u) = \int\int\int_\Omega |\nabla u|^2\, dxdydz$$

但し，u は2回微分可能とする．そのとき，オイラー・ラグランジュの方程式は

$$\Delta u = 0$$

となる．

12.3. 条件付き最適化問題

この節では条件付きの最適化問題を考えてみよう．すなわち，汎関数

$$I(y) = \int_{x_1}^{x_2} F(x,y,y')\, dx$$

を次の条件の下で最小にすることを考える．

$$J(y) = \int_{x_1}^{x_2} G(x,y,y')\, dx = c \quad \text{(定数)} \tag{12.3.1}$$

このときにも，微分積分学でよく知られたラグランジュ定数法が有効となるのである．すなわち，次のパラメーターを含む汎関数を考える．

$$I_\lambda = I(y) + \lambda J(y) = \int_{x_1}^{x_2} [F(x,y,y') + \lambda G(x,y,y')]\, dx$$

この場合のオイラー・ラグランジュの方程式は

$$\frac{\partial}{\partial y}(F + \lambda G) - \frac{d}{dx}\left(\frac{\partial}{\partial y'}(F + \lambda G)\right) = 0$$

となるが，これを (12.3.1) のもとで解けばよい．次は典型的な例である．

例 12.23 (等周問題) 曲線 $y = y(x), x_1 \leq x \leq x_2$ が x 軸と囲む図形の面積が $A > 0$ であるという条件の下で，いろいろ曲線を動かして2点 $(x_1, y_1), (x_2, y_2)$ 間の曲線の長さを最小にすることを考える．この場合の汎関数は

$$I(y) = \int_{x_1}^{x_2} \sqrt{1 + (y')^2}\, dx$$

で，条件は

$$\int_{x_1}^{x_2} y\,dx = A$$

となる．したがって

$$I_\lambda(y) = \int_{x_1}^{x_2} \left(\sqrt{1+(y')^2} + \lambda y\right) dx$$

を考えることになり，オイラー・ラグランジュの方程式は

$$\frac{d}{dx}\frac{y'}{\sqrt{1+(y')^2}} = \lambda$$

これを積分すれば次の曲線

$$(x - \alpha/\lambda)^2 + (y - \beta)^2 = 1/\lambda^2$$

すなわち円が解となる．α と β は境界条件から決めることができる

例 **12.24**（測地線）曲面 $S : G(x,y,z) = 0$ の上の 2 点 P と Q 間の距離をこの曲面上で計測したい．そのときには，曲面 S 上のあらゆる曲線 $(x(t), y(t), z(t)), 0 \le t \le 1$, $P = (x(0), y(0), z(0))$, $Q = (x(1), y(1), z(1))$ に対する汎関数

$$I(x,y,z) = \int_0^1 \sqrt{\dot{x}^2 + \dot{y}^2 + \dot{z}^2}\,dt$$

を条件

$$G(x,y,z) = 0$$

の下で最小にすればよい．但し，$\dot{x} = \frac{d}{dt}x(t)$, $\dot{y} = \frac{d}{dt}y(t)$, $\dot{z} = \frac{d}{dt}z(t)$ とする．したがって，ラグランジュ定数法より，汎関数

$$I_\lambda(x,y,z) = \int_0^1 \left[\sqrt{\dot{x}^2 + \dot{y}^2 + \dot{z}^2} + \lambda(t)G(x,y,z)\right] dt$$

12.3. 条件付き最適化問題

を考えることになる.この場合のオイラー・ラグランジュの方程式は

$$\frac{d}{dt}\frac{\dot{x}}{\sqrt{\dot{x}^2+\dot{y}^2+\dot{z}^2}} - \lambda(t)G_x = 0$$

$$\frac{d}{dt}\frac{\dot{y}}{\sqrt{\dot{x}^2+\dot{y}^2+\dot{z}^2}} - \lambda(t)G_y = 0$$

$$\frac{d}{dt}\frac{\dot{z}}{\sqrt{\dot{x}^2+\dot{y}^2+\dot{z}^2}} - \lambda(t)G_z = 0$$

となり,これらを $G = 0$ の下で解けばよい.

演習 12.3.1

$$G(x, y, z) = x^2 + y^2 + z^2 - 1$$

の場合に上の方程式を解き測地線が常に大円の一部であることを示せ.
Hint: 球面上に与えられた 2 点を含み原点を通る平面を $H : ax + by + cz = 0$ とする.このとき,解曲線 $(x(t), y(t), z(t)), 0 \leq t \leq 1$ に対して $u(t) = ax(t) + by(t) + cz(t)$ と定めると,u は

$$\frac{d}{dt}\frac{\dot{u}(t)}{\sqrt{\dot{x}^2+\dot{y}^2+\dot{z}^2}} - 2\lambda(t)u(t) = 0$$

を満たすことがわかる.$u(0) = u(1) = 0$ なので,常微分方程式の境界値問題の解の一意性より $u(t) \equiv 0$ となる.

例 12.25 変数が複数ある場合には,オイラー・ラグランジュ方程式は次のようになる.汎関数

$$I(u(x,y)) = \int\int_\Omega F(x, y, u, u_x, u_y)\, dxdy$$

の極値を求める問題を考えよう.u は境界 $(\partial\Omega)$ で境界条件 $u(x) = 0$ を満たすとする.すると,前と同様に変分を考えて

$$F_u - \frac{\partial}{\partial x}F_p - \frac{\partial}{\partial y}F_q = 0, \quad p = u_x, q = u_y$$

が必要条件となる.これが 2 変数の場合のオイラー・ラグランジュ方程式であることはいうまでもないであろう.

例 12.26 (弦の振動) 長さ l 線密度 ρ の細い弦の振動を考えよう．最初にこの弦は, x 軸上の $x = 0$ の間に $x = l$ にぴんと張られていたが，少し上に引っ張って離したところ，微少な振動を始めたとする．このときの弦の t 秒後の変位は関数 $u(x,t)$ で与えられるとする．そのとき，この弦の運動エネルギーは

$$T = \frac{1}{2}\int_0^l \rho u_t^2\, dx$$

で近似的に与えられる．また，ポテンシャルエネルギーは弦の伸びに比例すると考えられるので

$$V = \frac{T_1}{2}\int_0^l u_x^2\, dx$$

で近似できる．ここで T_1 は弦の張力である．ラグランジアンを

$$L = \frac{1}{2}(\rho u_t^2 - T_1 u_x^2)$$

とおくときハミルトンの原理から

$$0 = d\int_{t_1}^{t_2} L\, dt = d\int_{t_1}^{t_2}(T - V)\, dt = d\int_{t_1}^{t_2}\frac{1}{2}\int_0^l(\rho u_t^2 - T_1 u_x^2)\, dx dt$$

が任意の時刻 t_1, t_2 で成り立つ．よってオイラー・ラグランジュ方程式は，ラグランジアン L が 2 変数 (x,t) と u には直接は依存しないので

$$\frac{\partial}{\partial t}(\rho u_t) - \frac{\partial}{\partial x}(T_1 u_x) = 0$$

となる．これは 1 次元波動方程式である．

12.4. 作用素方程式の変分法的解法

ここでは，ヒルベルト空間 H 上の実正値対称作用素 A に関する作用素方程式

$$Au = f$$

の変分法を用いた解法を考える．汎関数を

$$I(u) = (Au, u) - 2(f, u)$$

12.4. 作用素方程式の変分法的解法

で定める. 作用素方程式の解 u はもし存在すれば作用素の正値性から一意的であるが, この解 u が上の汎関数を最小にすることを示すことができる.

定理 12.4.1 $A : H \to H$ を実ヒルベルト空間 H 上の線形正値対称作用素とする. $f \in H$ を与えられたとき, 汎関数 $I(u) = (Au, u) - 2(f, u)$ は $Au = f$ を満たす u で最小値をとり, その逆も成立する.

証明 u_0 を作用素方程式の一意解とする. 任意の $u \in H$ に対して,

$$I(u) - I(u_0) = (A(u - u_0), u - u_0) \geq 0$$

が成り立つので, $I(u) \geq I(u_0)$ が成り立ち, u_0 が最小値を与えることがわかる. 逆に u_0 が最小値を与えるとすれば

$$I(u_0 + tv) \geq I(u_0), \qquad \text{すべての } v \in H, t \in \mathbf{R}$$

が成り立つことになる. ここで, 汎関数の定義とガトー微分の定義より

$$\frac{I(u_0 + tv) - I(u_0)}{t} = 2(Au_0 - f, v) + t(Av, v)$$

で $t \to 0$ とすれば

$$dI(u_0, v) = (Au_0 - f, v)$$

を得るが, 汎関数が最小値をとることから $dI(u_0, v) = 0$ となるので,

$$Au_0 = f$$

が成り立つ. □

例 12.27 $A : H \to H$ を実ヒルベルト空間 H 上の線形有界対称作用素とする. このとき,

$$I(u) = \|Au - f\|^2 \qquad (f \in H)$$

を最小にしたい. すると,

$$I(u) = (A^2 u, u) - 2(Af, u) + (f, f)$$

から
$$I'(u) = 2A^2 u - 2Af$$
となる. 第2次フレシェ微分が
$$I''(u)(h,k) = (2A^2 h, k)$$
となることに注意する. もし A^2 が正値とすると, $u = u_0$ が $I'(u_0) = 0$ を満たせば汎関数が $u = u_0$ で極小になることがわかる.

12.5. 変分不等式

H をヒルベルト空間, $S \subset H$ を閉凸部分集合とする. また $a(u,v) : H \times H \to \mathbf{C}$ を双線形形式, F を有界線形汎関数とする. このとき, $u \in S$ が
$$a(u, v-u) \geq F(v-u), \quad \text{すべての} v \in S$$
の形の不等式を満足するとする. このような不等式を **変分不等式** と呼ぶことにしよう. 適当な条件の下で, この変分不等式の解 $u \in S$ は次の最小化問題の解であることがわかる.

$$u \in S \quad \text{で} \quad I(u) = \min_{v \in S} I(v) \quad \text{を満たすものを見つけよ}.$$

但し,
$$I(v) = \frac{1}{2} a(v,v) - F(v).$$

定理 12.5.1 $a(\cdot, \cdot)$ をヒルベルト空間 H 上の対称, **楕円型** 連続双線形形式とし, $f \in H$, $S \subset H$ を閉凸部分集合とする. 但し, 楕円型とは次の性質を満たすことである.

$a(u,u) \geq C\|u\|^2$ がすべての $u \in H$ で成立. 但し, C はある正数

そのとき, ある一意的な $u \in S$ があって

$$a(u, v-u) \geq (f, v-u) \quad \text{がすべての} v \in S \text{で成立する}.$$

さらに, この u は次の性質で特徴づけられる.

$$u \in S, I(u) = \min_{v \in S} I(v).$$

但し,

$$I(v) = \frac{1}{2}a(v,v) - (f,v)$$

証明 $a(u,v)$ は対称で楕円型であるから, ヒルベルト空間 H の内積と同等である. そこで, $a(u,v)$ で内積を入れたヒルベルト空間を H と同一視することにする. すると, リースの定理からある $\hat{f} \in H$ で

$$a(\hat{f},v) = (f,v) \qquad \text{すべての } v \in H$$

で成立するようにできる. さて,

$$\frac{1}{2}a(v-\hat{f}, v-\hat{f}) = I(v) + \frac{1}{2}a(\hat{f},\hat{f})$$

を S 上で最小にすることを考えよう. S が閉凸集合であることから, 定理 3.7.3 を用いれば, 一意的に $u \in S$ が存在して

$$a(\hat{f}-u, v-u) \leq 0 \qquad \text{がすべての } v \in S \text{ で成立する.}$$

すなわち,

$$a(u,v-u) \geq (f,v-u) \qquad \text{がすべての } v \in S \text{ で成立する.} \qquad \square$$

最後に次の定理を紹介しておこう. 双線形形式 a が対称でない場合である.

定理 12.5.2 $a(\cdot,\cdot)$ をヒルベルト空間 H 上の楕円型連続双線形形式とし, $f \in H, S \subset H$ を閉凸部分集合とする. そのとき, ある一意的な $u \in S$ があって

$$a(u,v-u) \geq (f,v-u) \qquad \text{がすべての } v \in S \text{ で成立する.}$$

証明 $a(u,v)$ に対称性が仮定されていないので，一般には H の内積とはならないが，ある有界線形作用素 A が存在して

$$(Au, v) = a(u, v) \qquad \text{がすべての } v \in H$$

で成立する．そこで，

$$(Au, v - u) \geq (f, v - u) \qquad \text{がすべての } v \in H$$

で成立するような $u \in S$ を探そう．これは，$\alpha > 0$ を十分小さな正数として

$$(\alpha f - \alpha Au + u - u, v - u) \leq 0 \qquad \text{がすべての } v \in H$$

で成立することと同値である．したがって，

$$u = P(\alpha f - \alpha Au + u)$$

を満たす u が求める $u \in S$ であることに注意しよう．但し，P は S への正射影作用素である．後は，このような u が一意的に存在することを示せばよいが，それには不動点定理が有効である．実際，

$$Tv = P(\alpha f - \alpha Av + v), \quad v \in H$$

と定めれば作用素 T が縮小作用素であることが容易にわかる．したがって一意的な不動点をもつことになり証明が終わる．□

演習 12.5.1 前定理の証明中で現れる作用素 T が縮小作用素であることを示せ．$Hint: \|Tu - Tv\|^2 \leq \|u - v - \alpha A(u - v)\|^2$ をさらに評価せよ．

12.6. 力学系の最適制御問題

この節では，ヒルベルト空間の理論を力学系の最適制御問題に応用してみよう．まず次の常微分方程式系を考える．

$$\frac{dx}{dt} = f(t, x(t), u(t)), \quad 0 \leq t \leq T, \quad x(0) = x_0 \tag{12.6.1}$$

ここで $x_0 \in \mathbf{R}^N$ であり，$x(t)$ は N 次元ユークリッド空間 $\mathbf{R}^N$ に値をとる **状態関数** で，$u(t)$ は **制御関数** といわれる関数である．ここでいう制御問題

12.6. 力学系の最適制御問題

とは, これらの $x(t)$ と $u(t)$ を含む与えられた汎関数を最小にするような制御関数 $u(t)$ を適当な制御集合 (ヒルベルト空間内の適当な凸集合) の中で見つける問題のことである. 汎関数は

$$I(u) = \int_0^T g(x, u, t)\, dt + m(x(T)), \qquad u \in \Gamma \tag{12.6.2}$$

を考えよう. 但し, Γ は適当な凸集合で, g と m は与えられた関数である.

この制御問題は, f と g が時間変数 t を含まなければ, **時間非依存型** であるといわれる. ここでは話を簡単にするため, 時間依存型ではあるが, $N = 1$ かつ f は x と u について線形で, g は x と u の 2 次式であるとしよう. すなわち,

$$x'(t) = a(t)x(t) + u(t), \qquad 0 \le t \le T, \tag{12.6.3}$$

ここで, $a(t)$ は $I = [0, T]$ 上の連続関数である.

最小にすべき汎関数は, $u \in L^2([0, T])$ に対して

$$I(u) = \int_0^T x^2(t)\, dt + \alpha \int_0^T u^2(t)\, dt \tag{12.6.4}$$

を考えよう. α は正の定数である.

$x(t)$ は (12.6.3) を解いて

$$x(t) = \exp\left[\int_0^t a(s)\, ds\right] x(0) + \int_0^t u(\tau) \exp\left[\int_\tau^t a(s)\, ds\right] d\tau \tag{12.6.5}$$

記述を簡単にするため次の記号を用いよう.

$$(Lu)(t) = \int_0^t u(\tau) \exp\left[\int_\tau^t a(s)\, ds\right] d\tau \tag{12.6.6}$$

これは積分作用素であるが, 積分核が連続関数になることから明らかにコンパクト作用素となっている. このコンパクト積分作用素と, 通常の L^2 内積を用いれば汎関数は

$$I(u) = (Lu - v, Lu - v) + \alpha(u, u), \tag{12.6.7}$$

$$v = -\exp\left[\int_0^t a(s)\, ds\right] x(0) \tag{12.6.8}$$

と表せる．この汎関数 $I(u)$ を最小値を調べるため，次の定理を用意しよう．

定理 12.6.1 H と K を実ヒルベルト空間で，L を H から K へのコンパクト作用素とし，K^* をその共役作用素とする．$v \in K$ を与えられたベクトルとし，H 上の汎関数 I を

$$I(u) = \|Lu - v\|^2 + \alpha \|u\|^2 \tag{12.6.9}$$

で定める．$\|\cdot\|$ は K のノルムである．そのとき，もし $\alpha > 0$ ならば一意的な $u_0 \in H$ が存在して，すべての $u \in H$ に対して $I(u_0) \leq I(u)$ が成り立つ．さらに，u_0 は次の方程式の解である．

$$L^*Lu_0 + \alpha u_0 = L^*v. \tag{12.6.10}$$

証明 $A = L^*L$ とおくと，A は正値コンパクト作用素である．したがって，$-\alpha$ は A の固有値にならないことに注意しよう．つまり $\alpha > 0$ のとき，次の方程式

$$Ax + \alpha x = y$$

は，一意的な解

$$x = \frac{P_0 y}{\alpha} + \sum_{n=1}^{\infty} \frac{P_n y}{\lambda_n + \alpha} \tag{12.6.11}$$

をもつことがわかる．ここで，$\lambda_1, \lambda_2, \ldots$ は A の相異なる固有値であり，P_n $(n = 1, 2, \ldots)$ は λ_n に対する固有空間の上への射影作用素で，P_0 は $N(A)$ の上への射影作用素である．

さて，$u_0 \in H$ が (12.6.10) の一意解であるとする．(12.6.9) から，任意の $h \in H$ に対して，

$$I(u_0 + h) = (Lu_0 + Lh - v, Lu_0 + Lh - v) + \alpha(u_0 + h, u_0 + h)$$
$$= (Lu_0 - v, Lu_0 - v) + 2(Lh, Lu_0 - v)$$
$$+ (v, v) + \alpha(u_0, u_0) + 2\alpha(u_0, h) + \alpha(h, h)$$

$$= \|Lu_0 - v\|^2 + \|v\|^2 + 2(h, L^*Lu_0 + \alpha u_0 - L^*v)$$
$$+ \alpha\|u_0\|^2 + \alpha\|h\|^2$$
$$= \|Lu_0 - v\|^2 + \|v\|^2 + \alpha\|u_0\|^2 + \alpha\|h\|^2.$$

この式から, $I(u_0 + h)$ は $h = 0$ の時に限り最小になることがわかる. □

これで一意解の存在が証明されたわけであるが, 具体的に解を求めたい場合には次の定理が有効である.

定理 12.6.2 $\alpha > 0$ とする. $I(u)$ は (12.6.4) で定義した汎関数とし, $x(t)$ は (12.6.3) の解とする. さらに, 制御関数 $u(t)$ が

$$u(t) = -\frac{1}{\alpha} p(t) x(t), \qquad t \in [0, T] \tag{12.6.12}$$

で与えられ, $p(t)$ が次の微分方程式

$$p'(t) + 2a(t)p(t) - \frac{1}{\alpha} p(t)^2 + 1 = 0, \quad p(T) = 0, \qquad t \in [0, T] \tag{12.6.13}$$

の解であると仮定する. そのとき, $u(t)$ は $I(u)$ を最小にする.

証明 $u(t)$ が (12.6.10) を満たすことを示そう. 但し Lu は (12.6.6) で与えられるコンパクト積分作用素である. u が (12.6.10) を満たせば,

$$u = -\frac{1}{\alpha} L^*(Lu - v) = -\frac{1}{\alpha} L^* x$$

となる. ここで, 共役作用素 L^* が

$$(L^* w)(t) = \int_t^T w(\tau) \exp\left[\int_t^\tau a(s)\,ds\right] d\tau$$

で定まることに注意しよう. さて, ある関数 $p(t)$ があって

$$p(t)x(t) = \int_t^T x(\tau) \exp\left[\int_t^\tau a(s)\,ds\right] d\tau, \tag{12.6.14}$$

を満たすとしよう. 明らかに $p(T) = 0$ である. このような $p(t)$ が存在するためには, 次の条件が満たされることが必要である. すなわち, 両辺を微分すれば

$$p'(t)x(t) + p(t)x'(t) = -x(t) - a(t)p(t)x(t)$$

さらに, $x'(t) = a(t)x(t) + u(t)$ と (12.6.12) を用いれば,

$$p'(t) + 2a(t)p(t) - \frac{1}{\alpha}p(t)^2 + 1 = 0, \quad p(T) = 0, \qquad t \in [0, T]$$

を得る. 逆に, この条件を満たす関数 $p(t)$ を用いて

$$u(t) = -\frac{1}{\alpha}p(t)x(t)$$

と定めれば, この u は

$$L^*Lu + \alpha u = L^*v, \quad v = -\exp\left[\int_0^t a(s)\,ds\right]x(0)$$

を満たすので, 前定理から $I(u)$ を最小にする一意解であることがわかる. □

例 12.28 次の汎関数を最小にしてみよう.

$$I(u) = \int_0^T (x^2 + \alpha u^2)\,dt,$$

但し, $\alpha > 0$ で $x(t)$ は次を満たすとする.

$$x'(t) = u(t), \quad x(0) = x_0$$

$p(t)$ は次の解となるが

$$p'(t) = \frac{1}{\alpha}p(t)^2 - 1, \quad p(T) = 0,$$

簡単な計算で

$$p(t) = \sqrt{\alpha}\frac{1 - \exp\left[2(t-T)/\sqrt{\alpha}\right]}{1 + \exp\left[2(t-T)/\sqrt{\alpha}\right]}$$

したがって, $u(t) = -\frac{1}{\alpha}p(t)x(t)$ となり, $x(t)$ は $x'(t) = u(t), x(0) = x_0$ を解けば与えられる.

12.7. 安定性の理論

ここでは，線形と非線形の微分方程式系について安定性と不安定性の問題を簡単にとり上げてみよう．力学系では任意の時刻 t における状態はバナッハ空間 E やヒルベルト空間 H の要素で記述される．今，次の時間発展方程式に支配されている 1 つの力学系を考えよう．

$$\frac{du}{dt} = F(\lambda, u, t). \tag{12.7.1}$$

ここで，$\lambda \in \mathbf{R}$ はパラメーターとし，u はバナッハ空間 E に値をとる実数変数 t の関数で，F は $\mathbf{R} \times E \times \mathbf{R}$ から E の中への写像である．

定義 12.7.1 (**自律系**) (12.7.1) で支配される力学系において，関数 F が変数 t に依存しないとき，**自律系** という．すなわち，

$$\frac{du}{dt} = F(\lambda, u) \tag{12.7.2}$$

で支配される力学系である．

定義 12.7.2 (**平衡解**) もし $F(\lambda_0, u_0) = 0$ がある $\lambda = \lambda_0$ と $u = u_0$ に対して成立すれば，この u_0 は **平衡解** といわれる．

定義 12.7.3 (**安定性，不安定性，漸近安定**) u_0 を自律系 (12.7.2) の平衡解とする．このとき，

(1) 任意の $\varepsilon > 0$ に対して，ある $\delta > 0$ が存在して

$$\|u(t) - u_0\| < \varepsilon$$

が，条件 $\|u(0) - u_0\| < \delta$ を満たす (12.7.2) のすべての解 $u(t)$ に対して成り立つとき，u_0 は **安定** であるといわれる．

(2) u_0 は安定でないとき，**不安定** であるといわれる．

(3) u_0 が安定であり，さらに

$$\lim_{t \to \infty} \|u(t) - u_0\| = 0$$

が成り立つとき，u_0 は **漸近的に安定** であるといわれる．

例 12.29 微分方程式 $x'(t) = 0$ について考えてみよう. この場合, すべての解は $x(t) = C$ 定数 という形をもつ. したがってすべての解は安定であるが, 漸近安定ではない.

例 12.30 今度は少し複雑な問題

$$\frac{du}{dt} = \lambda u, \quad u(0) = u_0$$

を考察しよう. ここでは, $\lambda \in \mathbf{R}$ で u も実数値とする. そのとき, $u_0(t) = 0$ は平衡解である. 一般解は

$$u(t) = u_0 e^{\lambda t}.$$

よって, $\lambda \leq 0$ ならば零解は安定となるが, $\lambda > 0$ ならば零解は不安定で, どんなに小さな初期値 u_0 に対しても $u(t) \to \infty \ (t \to \infty)$ となることがわかる.

例 12.31 非線形方程式

$$\frac{du}{dt} = u^2, \quad u(0) = u_0$$

を考えてみよう. これは変数分離型の常微分方程式なので, 簡単な計算で次の解を得ることができる.

$$u(t) = \frac{u_0}{1 - u_0 t}$$

この解は $t = 1/u_0$ では定義されないことに注意しよう. したがって, $u(t) = 0$ も解であるが不安定である.

例 12.32 次は, $L : E \to F$ を連続線形作用素として, 自律系

$$\frac{du}{dt} = Lu + v \tag{12.7.3}$$

を考えよう. 各点 t で $u(t) \in E$ であり, L は t に依存せず, v は与えられた E の要素である. このとき, $Lu_0 = -v$ を満たす u_0 は明らかにすべて平衡解となっている. そこで, $\lambda \in \mathbf{C}$, $w \in E \ (\|w\| = 1)$ としてこの自律系の $u(t) = u_0 + e^{\lambda t} w$ という形の解を探してみよう. これを代入すると

$$L e^{\lambda t} w = \lambda e^{\lambda t} w$$

12.7. 安定性の理論

を満たせば, $u(t)$ が解であることがわかる. これは, λ が L の固有値で w が対応する固有ベクトルであることを意味する. ここで, λ の実数部分が正であると仮定しよう. そのとき任意の $\varepsilon > 0$ に対して, 関数 $u(t) = u_0 + \varepsilon w e^{\lambda t}$ は解であり, $\|u(0) - u_0\| = \varepsilon$ かつ $\|u(t) - u_0\| \to \infty$ $(t \to \infty)$ を満たしている. したがって, 正の実数部分をもつ固有値に対応する上の解 $u(t)$ は不安定であることがわかった.

この例をもう少し一般化して, 次の常微分方程式系を考えよう.

$$\frac{du}{dt} = F(\lambda, u), \tag{12.7.4}$$

ここで, $u = (u_1, u_2, \ldots, u_n), F = (F_1, F_2, \ldots, F_n)$ で, λ はパラメーターである. u_0 を $\lambda = \lambda_0$ での平衡解とする. すなわち $F(\lambda_0, u_0) = 0$ である. (12.7.4) の解が $u(t) = v(t) + u_0$ と表せると仮定しよう. そのとき, $v(t)$ は平衡解からの摂動と考えることにする. これを (12.7.4) に代入し, テーラー展開を用いれば, $\dfrac{\partial F_i}{\partial u_j}(\lambda_0, u_0)$ を (i,j) 成分とする行列を A とおいて,

$$v' = u' = F(\lambda_0, v + u_0) = F(\lambda_0, u_0) + Av + G(v)$$

但し $G(v)$ は, ある正定数 c があって

$$\|G(v)\| \le c\|v\|^2,$$

を満たす項を表しているものとする. すなわち,

$$v' = Av + G(v) \tag{12.7.5}$$

を得る.

もし, 第 2 項を省略すれば, 次の線形方程式系を得る.

$$\frac{dv}{dt} = Av. \tag{12.7.6}$$

常微分方程式系の一般論から, この方程式系の解は

$$v(t) = \exp(tA)u_0 \tag{12.7.7}$$

で与えられる．したがって直感的には，作用素 A (行列) のスペクトルによって解の性質が分類できることがわかる．例えば，A のスペクトルが左半平面にあればこの解は $t \to \infty$ で 0 に収束し，もし右半平面に A が固有値をもてば解は指数的に増大する可能性がある．このように直感的には，摂動が十分小さいときには近似の第 2 項以下は無視することができそうであることがわかる．この一見大胆な推論は，次の定理により正当化されるのである．

定理 12.7.1 (リャプーノフの定理) もし A のすべての固有値が負の実数部分をもてば，u_0 は (12.7.4) の安定な平衡解である．もし A のある固有値が正の実数部分をもてば，u_0 は不安定である．

この定理は常微分方程式論に深く関わり，残念ながら厳密な証明は本書の中では与えることができない．そこで参考書 [5] をあげることで満足することにする．

次の例は，少し微妙である．

例 12.33 $A = \begin{pmatrix} 0 & 1 \\ 0 & 0 \end{pmatrix}$ として，微分方程式系 $u' = Au, u(t) \in \mathbf{R}^2$ を考える．もし u_0 が平衡解であれば，$Au_0 = 0$ である．明らかに，任意の数 a で $u_0 = (a, 0)$ は平衡解である．また，この微分方程式系の一般解は，b, c を定数として $u(t) = (bt + c, b)$ で与えられる．$u(0) = (c, b)$ はいくらでも u_0 に近くとることができるが，$\|u(t) - u_0\| \to \infty \, (t \to \infty)$ となるので，u_0 は不安定である．

定理 12.7.2 A をヒルベルト空間 E 上の線形作用素で，$A + A^*$ が非正定値，つまり $(v, (A + A^*)v) \leq 0$ がすべての $v \in E$ で成り立つとすると，

$$\frac{du}{dt} = Au + f \tag{12.7.8}$$

のすべての平衡解は安定である．但し，u はヒルベルト空間 E の要素で，A は t に依存せず，f は与えられた E の要素である．

12.7. 安定性の理論

証明 u_0 を (12.7.8) の平衡解とする．$Au_0 = 0$ である．$u(t)$ を他の任意の解として，$v = u - u_0$ とおけば $v' = Av$ である．そのとき，

$$\frac{d^2}{dt^2}\|v\|^2 = \frac{d^2}{dt^2}(v, v) = (v, v') + (v', v)$$
$$= (v, Av) + (Av, v)$$
$$= (v, (A + A^*)v) \leq 0$$

したがって，$\|v\|$ は非増加関数であることがわかる．このことから，もし $\|u(0) - u_0\| < \varepsilon$ ならば，すべての $t > 0$ で $\|u(t) - u_0\| < \varepsilon$ であることがわかり，すべての平衡解が安定であることが示された．□

最後に一般の非線形自律系の安定性を考察してみよう．

$$\frac{du}{dt} = Nu \tag{12.7.9}$$

u_0 を平衡解として，この安定性を考える．すなわち，$u(t)$ の初期値 ($t = 0$ のときの値) が u_0 に近いと仮定して $u(t)$ のその後の振る舞いを調べることになる．もし非線形作用素 N がフレシェ微分可能であれば，N は次のように線形作用素 $N'(u)$ で u_0 の近傍において近似できる．

$$Nu = Nu_0 + N'(u_0)(u - u_0) + o(u - u_0) \tag{12.7.10}$$

但し，$Nu_0 = 0$ である．前のように，最後の項を無視しよう．すると

$$\frac{du}{dt} = N'(u_0)(u - u_0). \tag{12.7.11}$$

この方程式を，非線形方程式 (12.7.9) の **線形近似方程式**，あるいは **線形化方程式** という．この線形近似方程式の解の安定性は前と同様にして調べることができる．直感的には，もとの非線形方程式の平衡解 u_0 の安定性はその十分近くにおいては，この線形近似方程式に関する安定性から従うと期待できる．これを，**線形近似可能の原理** ということがある．実際，多くの重要な安定性問題が線形近似できることが知られているが，次の簡単な反例が示すようにこの原理は必ずしも万能ではないので注意が必要である．

例 12.34 次の実数値関数 $u(t)$ に関する非線形微分方程式を考える.

$$u' = u^3.$$

$u_0 = 0$ は平衡解である. また, 初期値 $u_0 \neq 0$ のときの一般解は

$$u^2 = \frac{u_0^2}{1 - 2u_0^2 t}$$

で与えられることがわかる. これは, $t = 1/2u_0^2$ で定義されないから, 平衡解 $u_0 = 0$ は不安定である. しかし, 線形近似方程式に対しては明らかに安定である.

この例では, 線形化方程式が固有値 $\lambda = 0$ をもっている. このとき線形化方程式の安定性は非常に弱く, ほんの少しの摂動でその固有値が右半平面 (実数部分が正の場所) に移動し, 結果としてシステムが不安定に移行するのである. しかし, 線形化方程式のすべて固有値の実数部分が負であれば, その解は指数的に u_0 に近づく. そして線形近似方程式からもとの非線形方程式に戻るときに生じる摂動が十分小さければ, この $\|u - u_0\|$ の指数的減少を増大に変化させることはないので, システムの安定性が保存されるのである. 最後に平衡解の存在に関して, 有名な陰関数定理を紹介しよう. 証明は反復法を用いて初等的になされるが, 残念ながら紙面の都合でここでは省略する. 興味のある読者は増田 [**16**] を参考にされたい.

定理 12.7.3 (陰関数定理) Λ, E, B を, 実数体上のバナッハ空間とし, F を $D \subset \Lambda \times E$ で定義され B に値をとるフレシェ微分可能な写像とする. $F(\lambda_0, u_0) = 0$ であり, フレシェ微分 $F'(\lambda_0, u_0)$ は E から B への位相同型写像であると仮定する. そのとき, $\|\lambda - \lambda_0\|$ が十分に小さい λ に対して, λ から E への微分可能な写像 $u(\lambda)$ が存在して, $(\lambda, u(\lambda)) \in D$ かつ $F(\lambda, u(\lambda)) = 0$ を満たす.

さらに, 十分小さな近傍 $D' \subset D$ において, $(\lambda, u(\lambda))$ は $F = 0$ の一意的な解である. もし F が C^n クラスであれば, u も C^n クラスである. もし,

λ, E と B が複素数体上のバナッハ空間であり, F がフレシェ微分可能であれば, F は解析的でかつ u は λ について解析的である

注意 12.7.1 このようにフレシェ微分 $F'(\lambda_0, u_0)$ が位相同型になれば, 平衡解が λ に関して連続的に延長できることがわかる. もしこの仮定が成立しなければどうなるのであろうか? 例えば, F' が 0 を固有値にもつとしよう. そのとき, F' は E から B への 1 対 1 写像ではない. したがって λ が λ_0 を横切るとき, (λ_0, u_0) 以外の解が現れる可能性があることになる. この現象は解の分岐 (バイファーケーション) といわれ, 非線形方程式に特有の非常に興味深い現象である.

第 13 章

ウェーブレット

　例えば短い信号をフーリエ変換しても局所的な情報が失われてしまいますが,このフーリエ変換の「欠点」を補うため,歴史的にはウィンドウ-フーリエ変換 (Gabor 変換), Morlet-Grossmann ウェーブレット, Malvar ウェーブレット等々多くの工夫がなされてきました.そして 1985 年に Yves Meyer により, Calderón-Zygmund 作用素理論と Littlewood-Paley 理論に基づいてウェーブレットの研究の数学的基礎が確立されたといわれています.その後もウェーブレット展開や,なめらかなウェーブレットの構成等々重要な成果の発表が続きましたが, Mallat らによりウェーブレットと再構成のアルゴリズムが多重解像度解析 (multi-resolution 解析) を用いて構築されるにいたり,ウェーブレットの研究は最高潮に達したといえます.その後も多くの研究がなされていますが,特に 1988 年に Daubechies によりコンパクトな台をもつある程度なめらかな直交ウェーブレットの族が構成され,それまでは漠然としていた連続ウェーブレットと,すでにデジタル信号解析において重要視されていた離散ウェーブレットとの関係が,明らかにされていきました.また Berykin, Coifman と Rokhlin らは多重解像度解析を発展させ,さらに多くの $L^2(\mathbf{R})$ 上のウェーブレットに基づく積分変換を研究しました.さらに, Coifman, Meyer と Wickerhauser らにより発見されたウェーブレット・パケットは,ウェーブレットの音響信号や画像処理への効果的な応用の可能性を広げていったのです.

このようにウェーブレットの概念は 1980 年代初頭に必然的に現れたわけですが, 現在では純粋数学として重要なだけではなく, 次にあげるように各方面に本質的応用され, 進歩を続けています. 信号理論, 地震学, 乱流解析, 銀河系の構造解析, コンピューター・グラフィックス, デジタル通信, パターン認識, サンプリング理論, 近似理論, 行列理論…. ウェーブレットは音楽や画像など非常に複雑な情報を効果的に解析し, 基本的な単位に分解したり, それに基づいて情報を再構築することを可能にしてきたのでした. ここでは, 連続ウェーブレット変換と離散ウェーブレット変換の最も基本的な性質を紹介しましょう.

13.1. 連続ウェーブレット変換

連続ウェーブレット変換は, フーリエ変換と同様に 1 つの積分核関数を用いる積分変換であるが, この積分核 $\psi_{a,b}$ が **平行移動** (シフト) と **相似変換** に関する 2 つのパラメーターを含む点でフーリエ変換とは大きく異なるといえる. ウェーブレット変換はこの特別な積分核のお陰でより精密な解析を可能にしているのである.

まず, 積分核関数 $\psi_{a,b}(x)$ を形式的に定めよう.

定義 13.1.1 (積分核関数) $\psi \in L^2(\mathbf{R})$ に対して次のように $\psi_{a,b}(x)$ を定める.

$$\psi_{a,b}(x) = |a|^{-1/2} \psi\left(\frac{x-b}{a}\right) \tag{13.1.1}$$

そのとき, 連続ウェーブレット変換を次のように定義する.

定義 13.1.2 (連続ウェーブレット変換) $a, b \in \mathbf{R}, a \neq 0$ として, $L^2(\mathbf{R})$ 上の積分変換を次で定める.

$$\begin{aligned}(W_\psi f)(a,b) &= \int_{-\infty}^{\infty} f(t) \overline{\psi_{a,b}(t)} \, dt \\ &= |a|^{-1/2} \int_{-\infty}^{\infty} f(t) \overline{\psi\left(\frac{t-b}{a}\right)} \, dt\end{aligned} \tag{13.1.2}$$

13.1. 連続ウェーブレット変換

この変換の性質はもちろん ψ の選び方に大きく依存するが，ここではこの変換がフーリエ変換と同様に逆変換をもつようにできることを中心に説明する．

定義 13.1.3 (ウェーブレット) $\psi \in L^2(\mathbf{R})$ が次の性質をもつとき，ψ をウェーブレット という．

$$\int_{-\infty}^{\infty} \frac{|\hat{\psi}(\xi)|^2}{|\xi|} d\xi < \infty \tag{13.1.3}$$

例 13.1 (ハールウェーブレット)

$$\psi(x) = \begin{cases} 1, & 0 \le x < 1/2 \\ -1 & 1/2 \le x < 1 \\ 0 & その他 \end{cases}, \quad \hat{\psi}(\xi) = \frac{1}{\sqrt{2\pi}} e^{-i(\xi-\pi)/2} \frac{\sin^2(\xi/4)}{\xi/4}$$

また

$$\int_{-\infty}^{\infty} \frac{|\hat{\psi}(\xi)|^2}{|\xi|} d\xi = \frac{8}{\pi} \int_{-\infty}^{\infty} \frac{|\sin \xi/4|^4}{|\xi|^3} d\xi < \infty$$

定理 13.1.1 ウェーブレット ψ と，有界な可積分関数 φ との合成積

$$\psi * \varphi(x) = \int_{-\infty}^{\infty} \psi(x-y)\varphi(y)\, dy \tag{13.1.4}$$

はウェーブレットである．

証明

$$\int_{-\infty}^{\infty} |\psi * \varphi(x)|^2\, dx = \int_{-\infty}^{\infty} \left| \int_{-\infty}^{\infty} \psi(x-y)\varphi(y)\, dy \right|^2 dx$$

$$\le \int_{-\infty}^{\infty} \left(\int_{-\infty}^{\infty} |\psi(x-y)||\varphi(y)|\, dy \right)^2 dx$$

$$\le \int_{-\infty}^{\infty} |\varphi(y)|\, dy \int_{-\infty}^{\infty} \int_{-\infty}^{\infty} |\psi(x-y)|^2 |\varphi(y)|\, dy\, dx$$

$$\le \left(\int_{-\infty}^{\infty} |\varphi(y)|\, dy \right)^2 \int_{-\infty}^{\infty} |\psi(x)|^2\, dx < \infty$$

したがって, $\psi * \varphi(x) \in L^2(\mathbf{R})$ がわかる. さらに

$$\int_{-\infty}^{\infty} \frac{|\widehat{\psi * \varphi}(\xi)|^2}{|\xi|} d\xi = \int_{-\infty}^{\infty} \frac{|\hat{\psi}(\xi)\hat{\varphi}(\xi)|^2}{|\xi|} d\xi$$

$$\leq \sup |\hat{\varphi}(\xi)|^2 \int_{-\infty}^{\infty} \frac{|\hat{\psi}(\xi)|^2}{|\xi|} d\xi < \infty.$$

よって $\psi * \varphi(x)$ はウェーブレットである. □

例 13.2 この定理を用いて, よい性質のウェーブレットを作ってみよう. まず, ハールウェーブレット $\psi(x)$ を次の関数と合成積する.

$$\varphi(x) = \begin{cases} 0, & x < 0 \\ 1, & 0 \leq x \leq 1 \\ 0, & x > 1, \end{cases} \tag{13.1.5}$$

すると, のこぎりの刃のようなグラフの連続関数となる.

$$(\psi * \varphi)(x) = \begin{cases} 0, & x < 0, x > 2 \\ x, & 0 \leq x \leq 1/2 \\ 1-x, & 1/2 < x < 3/2 \\ x-2, & 3/2 < x < 2 \end{cases} \tag{13.1.6}$$

また, $\varphi(x) = e^{-x^2}$ と合成すれば, なめらかなウェーブレットを得ることができるのである.

さて, ウェーブレット $\psi \in L^2(\mathbf{R})$ を 1 つ固定して連続ウェーブレット変換 $(W_\psi f)(a,b)$ を考えよう. このとき, ψ をマザーウェーブレットということがある. 次は, フーリエ変換のパーセバルの等式にあたる結果である.

定理 13.1.2 (ウェーブレット変換のパーセバルの等式) $\psi \in L^2(\mathbf{R})$ をウェーブレットとし, C_ψ を次で定める.

$$C_\psi = 2\pi \int_{-\infty}^{\infty} \frac{|\hat{\psi}(\xi)|^2}{|\xi|} d\xi < \infty \tag{13.1.7}$$

13.1. 連続ウェーブレット変換

そのとき, すべての $f, g \in L^2(\mathbf{R})$ に対して次の等式が成立する.

$$\int_{-\infty}^{\infty} \int_{-\infty}^{\infty} (W_\psi f)(a,b)\overline{(W_\psi g)(a,b)} \frac{da\,db}{a^2} = C_\psi (f,g) \qquad (13.1.8)$$

証明 フーリエ変換のパーセバルの等式より

$$\begin{aligned}
(W_\psi f)(a,b) &= (f, \psi_{a,b}) \\
&= (\hat{f}, \hat{\psi}_{a,b}) \\
&= \int_{-\infty}^{\infty} \hat{f}(x)|a|^{1/2} e^{ibx} \overline{\hat{\psi}(ax)}\, dx \\
&= (2\pi)^{1/2} \mathcal{F}(|a|^{1/2} \hat{f}(x)\overline{\hat{\psi}(ax)})(-b)
\end{aligned}$$

同様にして

$$\begin{aligned}
\overline{(W_\psi g)(a,b)} &= \int_{-\infty}^{\infty} \overline{\hat{g}(x)}|a|^{1/2} e^{-ibx} \hat{\psi}(ax)\, dx \\
&= (2\pi)^{1/2} \overline{\mathcal{F}(|a|^{1/2} \hat{g}(x)\overline{\hat{\psi}(ax)})(-b)}
\end{aligned}$$

そのとき, パーセバルの等式とフビニの定理を用いて

$$\begin{aligned}
&\int_{-\infty}^{\infty} \int_{-\infty}^{\infty} (W_\psi f)(a,b)\overline{(W_\psi g)(a,b)} \frac{da\,db}{a^2} \\
&= 2\pi \int_{-\infty}^{\infty} \int_{-\infty}^{\infty} \mathcal{F}(|a|^{1/2} \hat{f}(x)\overline{\hat{\psi}(ax)})(-b) \overline{\mathcal{F}(|a|^{1/2} \hat{g}(x)\overline{\hat{\psi}(ax)})(-b)} \frac{da\,db}{a^2} \\
&= 2\pi \int_{-\infty}^{\infty} \int_{-\infty}^{\infty} \hat{f}(x)\overline{\hat{g}(x)}|\hat{\psi}(ax)|^2 \, dx \frac{da}{a} \\
&= 2\pi \int_{-\infty}^{\infty} |\hat{\psi}(ax)|^2 \frac{da}{a} \int_{-\infty}^{\infty} \hat{f}(x)\overline{\hat{g}(x)}\, dx \\
&= 2\pi \int_{-\infty}^{\infty} \frac{|\hat{\psi}(\xi)|^2}{|\xi|}\, d\xi (\hat{f}, \hat{g}) \\
&= C_\psi (f,g)
\end{aligned}$$

を得る. □

次はフーリエ変換の逆変換に対応する公式である.

定理 13.1.3 (反転公式) $f \in L^2(\mathbf{R})$ とする. そのとき
$$f(x) = \frac{1}{C_\psi} \int_{-\infty}^{\infty} \int_{-\infty}^{\infty} (W_\psi f)(a,b) \psi_{a,b}(x) \frac{da\,db}{a^2} \qquad (13.1.9)$$
がほとんど至るところで成立する.

証明 任意の $g \in L^2(\mathbf{R})$ に対して,
$$\begin{aligned}
C_\psi(f,g) &= (W_\psi f, W_\psi g) \\
&= \int_{-\infty}^{\infty} \int_{-\infty}^{\infty} (W_\psi f)(a,b) \overline{(W_\psi g)(a,b)} \frac{da\,db}{a^2} \\
&= \int_{-\infty}^{\infty} \int_{-\infty}^{\infty} (W_\psi f)(a,b) \overline{\int_{-\infty}^{\infty} g(t) \overline{\psi_{a,b}(t)}\,dt} \frac{da\,db}{a^2} \\
&= \int_{-\infty}^{\infty} \int_{-\infty}^{\infty} \int_{-\infty}^{\infty} (W_\psi f)(a,b) \psi_{a,b}(t) \frac{da\,db}{a^2} \overline{g(t)}\,dt \\
&= \left(\int_{-\infty}^{\infty} \int_{-\infty}^{\infty} (W_\psi f)(a,b) \psi_{a,b}(t) \frac{da\,db}{a^2}, g \right).
\end{aligned}$$
g の任意性から反転公式が成立することがわかる. □

最後に連続ウェーブレット変換の基本性質をまとめておこう. いずれも簡単にわかるので証明は省略する.

定理 13.1.4 ψ と φ をウェーブレット, f と g を $L^2(\mathbf{R})$ とするとき, 次が成立する.

(1) $(W_\psi(\alpha f + \beta g))(a,b) = \alpha(W_\psi f)(a,b) + \beta(W_\psi g)(a,b)$,
 α, β は任意の複素数.

(2) $(W_\psi(T_c f))(a,b) = (W_\psi f)(a, b-c)$,
 T_c は平行移動作用素で $T_c f(t) = f(t-c)$.

(3) $(W_\psi(D_c f))(a,b) = (1/\sqrt{c})(W_\psi f)(a/c, b/c)$,
 c は正数で, D_c は相似変換で $D_c f(t) = (1/c)f(t/c)$.

(4) $(W_\psi \varphi)(a,b) = \overline{(W_\varphi \psi)(1/a, -b/a)}, \quad a \neq 0$.

(5) $(W_{\alpha\psi + \beta\varphi} f)(a,b) = \overline{\alpha}(W_\psi f)(a,b) + \overline{\beta}(W_\varphi f)(a,b)$,
 α, β は任意の複素数.

(6) $(W_{P\psi}Pf)(a,b) = (W_\psi f)(a,-b),\quad P$ は $Pf(t) = f(-t)$.
(7) $(W_{T_c\psi}f)(a,b) = (W_\psi f)(a,b+ca)$.
(8) $(W_{D_c\psi}f)(a,b) = (1/\sqrt{c})(W_\psi f)(ac,b),\quad c>0$.

13.2. 離散ウェーブレット変換

連続ウェーブレット変換が古典的なフーリエ変換に対応しているとすれば, この節で紹介する離散ウェーブレット変換はフーリエ級数に対応していると考えられる. 連続ウェーブレット変換を離散化するために, 2つのパラメーター a, b を少し変更して, 次の関数系を考えよう. a_0 と b_0 を正の定数として

$$\psi_{m,n}(x) = a_0^{-m/2}\psi(a_0^m x - nb_0) \tag{13.2.1}$$

とおく. ここで, m と n はすべての整数 $\mathbf{Z}$ を動くものとする. そのとき, $f \in L^2(\mathbf{R})$ に対して, 離散ウェーブレット係数 $(f, \psi_{m,n})$ を計算することができるが, これらの情報からフーリエ級数のときのように f を一意的に復元することができるのであろうか? また, 離散ウェーブレット係数どうしが近ければ, もとの関数どうしがある意味で近いと結論できるのであろうか? もし $\{\psi_{m,n}(x)\}$ が $L^2(\mathbf{R})$ の完全正規直交系であれば, これらは自明である. しかし残念ながらその条件は検証が困難なだけではなく, それを最初から期待するのは強すぎて応用上からも問題があるのである. そこで, これらの基本的な疑問に答えるために, 次の新しい概念を導入しよう.

定義 13.2.1 (フレーム) ヒルベルト空間 H に含まれる列 $\{\varphi_n\}$ が **フレーム** であるとは, 2つの正定数 A, B が存在して

$$A\|f\|^2 \leq \sum_{n=1}^{\infty} |(f, \varphi_n)|^2 \leq B\|f\|^2 \tag{13.2.2}$$

がすべての $f \in H$ に対して成立することとする. また, この2つの定数 A と B を **フレーム限界** と呼ぶ. 特に $A = B$ のとき, フレームは **タイト** であるといわれる.

注意 13.2.1 $\{\varphi_n\}$ が完全直交系であれば,$\|f\|^2 = \sum_{n=1}^{\infty} |(f,\varphi_n)|^2$ であり,タイト・フレームであるが,逆はいえないことに注意しよう.実際 $(1,0), (-1/2, \sqrt{3}/2), (-1/2, -\sqrt{3}/2)$ は $\mathbf{C}^2$ のタイト・フレームであるが,直交系ではない.

さて,ψ がどのような条件を満たせば $\{\varphi_n\}$ が $L^2(\mathbf{R})$ のフレームになるのであろうか?これに関して次の定理はかなり一般的な十分条件を与えてくれている.ここでは証明は省略するが,興味のある読者は例えば [11] を参照されたい.

定理 13.2.1 ψ と $a_0 > 1$ が次の条件を満たすとする.

(1)
$$0 < \inf_{1 \leq |s| \leq a_0} \sum_{m=-\infty}^{\infty} |\hat{\psi}(a_0^m s)|^2 \leq \sup_{1 \leq |s| \leq a_0} \sum_{m=-\infty}^{\infty} |\hat{\psi}(a_0^m s)|^2 < \infty \quad (13.2.3)$$

(2) ある $\varepsilon > 0$ とある定数 C があって,

$$\sup_{s \in \mathbf{R}} \sum_{m=-\infty}^{\infty} |\hat{\psi}(a_0^m s)||\hat{\psi}(a_0^m s + \xi)| \leq C(1 + |\xi|)^{-(1+\varepsilon)} \quad (13.2.4)$$

がすべての $\xi \in \mathbf{R}$ に対して成立する.

そのとき,ある定数 $\tilde{b}$ が存在して,任意の $b_0 \in (0, \tilde{b})$ に対して $\{\psi_{m,n}\}$ は $L^2(\mathbf{R})$ のフレームになる.

次に,f を離散ウェーブレット係数 $(f, \psi_{m,n})$ を用いて再構成する問題を考えよう.もし $\{\psi_{m,n}\}$ が直交系であれば明らかであるが,残念ながらそれは期待できない.そこでもう少し準備をしよう.

定義 13.2.2 (フレーム作用素) $\{\varphi_n\}$ をヒルベルト空間 H のフレームとする.このとき,次で定まる H から l^2 への作用素 F を **フレーム作用素** と呼ぶ.

$$Ff = \{(f, \varphi_n)\} \in l^2 \quad (13.2.5)$$

フレームの定義から直ちに，フレーム作用素が線形で可逆な有界作用素であることがわかる．つまり，

補題 13.2.1 F をフレーム作用素とすれば，f は有界線形作用素である．さらに，F は可逆で，F^{-1} も有界作用素である．

次に，F の共役作用素 F^* を定めよう．$\{\varphi_n\}$ を付随するフレームとすれば，任意の $\{c_n\} \in l^2$ と $f \in H$ に対して，明らかに

$$(F^*(\{c_n\}), f) = (\{c_n\}, Ff)_{l^2} = \sum_{n=1}^{\infty} c_n(\varphi_n, f) = \left(\sum_{n=1}^{\infty} c_n \varphi_n, f\right)$$

が成り立つので，共役作用素 F^* は次で与えられることになる．

$$F^*(\{c_n\}) = \sum_{n=1}^{\infty} c_n \varphi_n. \tag{13.2.6}$$

さらに，

$$\sum_{n=1}^{\infty} |(f, \varphi_n)|^2 = \|F(f)\|^2 = (F^*Ff, f) \tag{13.2.7}$$

より

$$AI \leq F^*F \leq BI, \quad I \text{ は恒等作用素} \tag{13.2.8}$$

が成り立つ．したがって次の定理も成り立つ．

定理 13.2.2 $\{\varphi_n\}$ を H のフレームでそのフレーム限界を A, B とし，F をフレーム作用素とする．そのとき，列 $\{\tilde{\varphi}_n\}$ を

$$\tilde{\varphi}_n = (F^*F)^{-1} \varphi_n \tag{13.2.9}$$

で定めれば，フレームとなり，そのフレーム限界は $1/B$ と $1/A$ となる．

証明 $(F^*F)^{-1} = ((F^*F)^{-1})^*$ に注意すれば

$$(f, \tilde{\varphi}_n) = (f, (F^*F)^{-1}\varphi_n) = ((F^*F)^{-1}f, \varphi_n)$$

が成り立つ. よって,

$$\sum_{n=1}^{\infty} |(f, \tilde{\varphi}_n)|^2 = \sum_{n=1}^{\infty} |((F^*F)^{-1}f, \varphi_n)|^2$$
$$= \|F(F^*F)^{-1}f\|^2$$
$$= (F(F^*F)^{-1}f, F(F^*F)^{-1}f)$$
$$= ((F^*F)^{-1}f, f)$$

また $AI \leq F^*F \leq BI$ と 定理 4.4.3 から

$$\frac{1}{B}I \leq (F^*F)^{-1} \leq \frac{1}{A}I$$

が従うので,

$$\frac{1}{B}\|f\|^2 \leq \sum_{n=1}^{\infty} |(f, \tilde{\varphi}_n)|^2 \leq \frac{1}{A}\|f\|^2$$

を得る. この不等式から直ちに, $\{\tilde{\varphi}_n\}$ が定理の条件を満たすフレームであることがわかる. □

この定理から, $\tilde{\varphi}_n = (F^*F)^{-1}\varphi_n$ で与えられる列 $\{\tilde{\varphi}_n\}$ が再びフレームとなることがわかったが, この $\{\tilde{\varphi}_n\}$ を **共役フレーム** という. フレームと共役フレームに関しては, 次が基本的である.

補題 13.2.2 F を $\{\varphi_n\}$ に付随するフレーム作用素, $\tilde{F}$ をその共役フレーム $\{\tilde{\varphi}_n\}$ に付随するフレーム作用素とする. そのとき, 次が成り立つ.

$$\tilde{F}^*F = I = F^*\tilde{F} \tag{13.2.10}$$

証明

$$F(F^*F)^{-1}f = \{((F^*F)^{-1}f, \varphi_n)\} = \{(f, \tilde{\varphi}_n)\} = \tilde{F}f$$

から

$$\tilde{F}^*F = (F(F^*F)^{-1})^*F = (F^*F)^{-1}F^*F = I$$

がわかり, 同様に

$$F^*\tilde{F} = F^*F(F^*F)^{-1} = I$$

も示される． □

以上の準備のもとで離散ウェーブレット係数による再構成ができることを示そう．

定理 13.2.3 $\{\varphi_n\}$ をヒルベルト空間 H のフレームとし，$\{\tilde{\varphi}_n\}$ をその共役フレームとする．そのとき，

$$f = \sum_{n=1}^{\infty} (f, \varphi_n) \tilde{\varphi}_n \qquad (13.2.11)$$

$$f = \sum_{n=1}^{\infty} (f, \tilde{\varphi}_n) \varphi_n \qquad (13.2.12)$$

がすべての $f \in H$ に対して成立する．

証明 F を $\{\varphi_n\}$ に付随するフレーム作用素，$\tilde{F}$ をその共役フレーム $\{\tilde{\varphi}_n\}$ に付随するフレーム作用素とする．$I = \tilde{F}^*F$ から，任意の $f \in H$ に対して

$$f = \tilde{F}^* F f = \tilde{F}^* \{(f, \varphi_n)\} = \sum_{n=1}^{\infty} (f, \varphi_n) \tilde{\varphi}_n$$

が成り立つ．同様に

$$f = F^* \tilde{F} f = F^* \{(f, \tilde{\varphi}_n)\} = \sum_{n=1}^{\infty} (f, \tilde{\varphi}_n) \varphi_n$$

もわかる． □

13.3. 多重解像度解析とウェーブレットの直交基底

もしフレームが直交基底になっていれば，f の再構成は簡単である．つまり，離散ウェーブレット $\{\psi_{m,n}\}$ がフレームでありかつ直交基底であれば $f = \sum_{m,n=-\infty}^{\infty} (f, \psi_{m,n}) \psi_{m,n}$ が成立するからである．この節では，いわゆる多重解像度解析といわれる手法を用いて，ウェーブレットの直交基底を構成す

る 1 つの一般的な方法を紹介しよう. この節では $a_0 = 2, b_0 = 1$ とする. つまり

$$\varphi_{m,n} = 2^{-m/2}\varphi(2^{-m}x - n). \tag{13.3.1}$$

定義 13.3.1 (多重解像度解析) **R** 上の関数空間の列

$$\{\ldots, V_{-2}, V_{-1}, V_0, V_1, V_2, \ldots\}$$

が次の条件を満たすとき, **多重解像度解析** と呼ぶ.
(1) V_n はすべての $n \in \mathbf{Z}$ で $L^2(\mathbf{R})$ の閉部分空間である.
(2) $V_{n+1} \subset V_n$ がすべての $n \in \mathbf{Z}$ で成り立つ.
(3) $\cup_{n=-\infty}^{\infty} V_n$ は $L^2(\mathbf{R})$ で稠密である.
(4) $\cap_{n=-\infty}^{\infty} V_n = \{0\}$.
(5) $f \in V_n$ が成り立つことと $f(2^n \cdot) \in V_0$ が成り立つことは任意の $n \in \mathbf{Z}$ で同値である.
(6) $\{\varphi_{0,k}; k \in \mathbf{Z}\}$ が V_0 の直交基底になるような $\varphi \in V_0$ が存在する.

この定義の中の φ を **目盛り関数** ということがある.

この多重解像度解析の基本的な考え方は, 画像や信号をなめらかに逐次近似するだけではなく, 近似の各段階を解像度が上がっていくように構成することである. この考え方の下で多重解像度解析は直交ウェーブレット基底を数学的に構成する手段を与えてくれるのである. 応用上では, この数学の枠組みは画像処理や信号解析等において非常に重要な役割を果たすことになったのである.

例 13.3 φ を区間 $[0,1]$ の特性関数としよう. そのとき,

$$V_n = \left\{ \sum_{k=-\infty}^{\infty} c_k \varphi_{n,k} : \{c_k\} \in l^2(\mathbf{Z}) \right\}$$

と定めると, $\{V_n\}$ は多重解像度解析となる.

注意 13.3.1 条件 (2) から, $\{V_n\}$ は直ちに

$$\cdots \subset V_2 \subset V_1 \subset V_0 \subset V_{-1} \subset V_{-2} \subset \cdots \tag{13.3.2}$$

13.3. 多重解像度解析とウェーブレットの直交基底

を満たす. さらに条件 (5) から, もし任意の V_n が与えられると, その他すべての V_m は決定されることになる. なぜなら次が成り立つからである.

$$V_m = \{f(2^{n-m}\cdot) : f \in V_n\} \tag{13.3.3}$$

したがって, 多重解像度解析の議論の多くは V_0 での解析に帰着されることになる. また, 多重解像度解析は目盛り関数 φ によって完全に決まることに注意しよう. 実際, V_0 は次のように定義されるからである.

$$V_0 = \left\{ \sum_{k=-\infty}^{\infty} c_k \varphi_{0,k} : \{c_k\} \in l^2(\mathbf{Z}) \right\} \tag{13.3.4}$$

われわれの目的は直交ウェーブレット基底を構成することであるが, まず条件 (6) の考察から始めよう. 次はそれ自身興味深い結果である.

定理 13.3.1 任意の $\varphi \in L^2(\mathbf{R})$ に対して, 次の 2 条件は同値である.

(1) $\{\varphi_{0,k} : k \in \mathbf{Z}\}$ は正規直交系である.

(2) ほとんどすべての点 ξ で次が成立する.

$$\sum_{m=-\infty}^{\infty} |\hat{\varphi}(\xi + 2m\pi)|^2 = \frac{1}{2\pi} \tag{13.3.5}$$

証明 $\hat{\varphi}_{0,k}(\xi) = e^{-ik\xi}\hat{\varphi}(\xi)$ を用いて

$$\begin{aligned}
(\varphi_{0,k}, \varphi_{0,l}) &= (\varphi_{0,0}, \varphi_{0,l-k}) = (\hat{\varphi}_{0,0}, \hat{\varphi}_{0,l-k}) \\
&= \int_{-\infty}^{\infty} e^{-i(l-k)\xi} |\hat{\varphi}(\xi)|^2 \, d\xi \\
&= \sum_{m=-\infty}^{\infty} \int_{2m\pi}^{2(m+1)\pi} e^{-i(l-k)\xi} |\hat{\varphi}(\xi)|^2 \, d\xi \\
&= \int_0^{2\pi} e^{-i(l-k)\xi} \sum_{m=-\infty}^{\infty} |\hat{\varphi}(\xi + 2m\pi)|^2 \, d\xi
\end{aligned}$$

したがって, $(\varphi_{0,k}, \varphi_{0,l}) = \delta_{k,l}$ (クロネッカーのデルタ) が成立するための必要十分条件は条件 (2) であることがわかる. □

再び,直交ウェーブレット基底を構成する問題に戻ろう. $\{V_n\}$ を多重解像度解析とする. 各 V_n は互いに直交しているとは限らないので, 次のように直交補空間を用いる分解を考える. すなわち,各 $n \in \mathbf{Z}$ に対して W_n を V_n の V_{n-1} の中での直交補空間とすると,

$$V_{n-1} = V_n + W_n \text{ (直和)}, \qquad W_n \perp W_m \quad (m \neq n). \tag{13.3.6}$$

そのとき,

$$\begin{aligned} V_n &= V_{n+1} + W_{n+1} \\ &= V_{n+2} + W_{n+2} + W_{n+1} \\ &= \cdots \end{aligned}$$

となるので,結局すべての $N > n$ で,

$$V_n = V_N + W_n^N, \quad W_n^N = W_{n+1} + W_{n+2} + \cdots + W_N \quad \text{(直和)} \tag{13.3.7}$$

が成り立つ. ここで多重解像度解析の条件 (3) と条件 (4) を用いれば

$$L^2(\mathbf{R}) = \cup_{n=-\infty}^{\infty} W_n \tag{13.3.8}$$

という直和分解が得られる. さらに $\{V_n\}$ と同様に $f \in W_n$ が成り立つことと, $f(2^n \cdot) \in W_0$ が成り立つことは任意の $n \in \mathbf{Z}$ で同値であることがわかる. したがって, $\{\theta_k : k \in \mathbf{Z}\}$ が W_0 の直交系であれば, $\{\theta_k(2^{-n}\cdot) : k \in \mathbf{Z}\}$ は W_n の直交系となる. このことは, $\{\theta_k(2^{-n}\cdot) : k, n \in \mathbf{Z}\}$ が $L^2(\mathbf{R})$ 直交系となることを意味し, $\{V_n\}$ にはなかった性質である. 以上の考察から,離散ウェーブレットの $L^2(\mathbf{R})$ における正規直交系を作るためには W_0 の正規直交系を作ればよいことがわかる. われわれは1つの関数 ψ で $\{\psi_{0,n} : n \in \mathbf{Z}\}$ が W_0 の正規直交系となるものを構成しよう. そうすれば, $\{\psi_{m,n} : m, n \in \mathbf{Z}\}$ が $L^2(\mathbf{R})$ における正規直交系となるわけである. このような ψ を **マザーウェーブレット** ということがある. 実際,多重解像度解析を用いれば,マザーウェーブレットの存在証明をそれを構成することで得られるのである.

13.3. 多重解像度解析とウェーブレットの直交基底

$\varphi \in V_{-1}$ で $\{\varphi_{-1,n}\}$ は V_{-1} の正規直交系であるから φ は次のように表される.

$$\varphi = \sum_{-\infty}^{\infty} h_n \varphi_{-1,n}, \quad \text{あるいは} \quad \varphi(x) = \sqrt{2} \sum_{-\infty}^{\infty} h_n \varphi(2x - n), \qquad (13.3.9)$$

ここで

$$h_n = (\varphi, \varphi_{-1,n}), \quad \sum_{-\infty}^{\infty} |h_n|^2 = 1 \qquad (13.3.10)$$

定理 13.3.2 $\{V_n\}$ を φ を目盛り関数とする多重解像度解析とする. そのとき, 次の関数はマザーウェーブレットとなる. つまり, $\{\psi_{m,n} : m, n \in \mathbf{Z}\}$ が $L^2(\mathbf{R})$ の正規直交基底となる.

$$\psi(x) = \sqrt{2} \sum_{-\infty}^{\infty} (-1)^{n-1} h_{-n-1} \varphi(2x - n). \qquad (13.3.11)$$

この定理の証明は初等的だが, やや技巧的で長いので, 紙数の都合上省略する. [11] 等を参照されたい.

この節の最後に, 多重解像度解析とそれから決まるマザーウェーブレットの例をあげよう. この例はシャノン・システムといわれている.

例 13.4

$$\hat{\varphi}(\xi) = \begin{cases} \frac{1}{\sqrt{2\pi}} & -\pi \leq \xi < \pi, \\ 0 & \text{その他} \end{cases} \qquad (13.3.12)$$

そのとき, ほとんど至るところで

$$\sum_{m=-\infty}^{\infty} |\hat{\varphi}(\xi + 2m\pi)|^2 = \frac{1}{2\pi} \qquad (13.3.13)$$

が成立する. したがって

$$\varphi(x) = \frac{\sin \pi x}{\pi x} \qquad (13.3.14)$$

に注意すれば, 次の系は正規直交系となる.

$$\left\{ \varphi_{0,k}(x) = \frac{\sin \pi(x+k)}{\pi(x+k)} : k \in \mathbf{Z} \right\} \qquad (13.3.15)$$

次に V_0 を定義しよう．

$$V_0 = \left\{ \sum_{k=-\infty}^{\infty} c_k \frac{\sin \pi(x+k)}{\pi(x+k)} : \sum_{k=-\infty}^{\infty} |c_k|^2 < \infty \right\}. \qquad (13.3.16)$$

もちろん各 $n \in \mathbf{Z}$ で V_n は

$$V_n = \left\{ \sum_{k=-\infty}^{\infty} c_k \varphi_{n,k}(x) : \sum_{k=-\infty}^{\infty} |c_k|^2 < \infty \right\}. \qquad (13.3.17)$$

で与えられている．これが多重解像度解析の条件を満たすことの検証は比較的簡単なので，ここからはマザーウェーブレットを構成してみよう．まず，係数である h_n を求める．

$$\begin{aligned}
h_n &= (\varphi, \varphi_{-1,0}) \\
&= \sqrt{2} \int_{-\infty}^{\infty} \frac{\sin \pi x}{\pi x} \frac{\sin \pi(2x-n)}{\pi(2x-n)} dx \\
&= \begin{cases} \frac{1}{\sqrt{2}} & n = 0, \\ \frac{\sqrt{2}}{\pi n} \sin \frac{\pi n}{2} & \text{その他} \end{cases}
\end{aligned}$$

したがって，

$$\begin{aligned}
\psi(x) &= \sum_{n=-\infty}^{\infty} (-1)^{n-1} h_{-n-1} \varphi(2x-n) \\
&= \frac{1}{\sqrt{2}} \frac{\sin \pi(2x+1)}{\pi(2x+1)} + \sqrt{2} \sum_{n \neq -1} \cos \frac{n\pi}{2} \frac{\sin \pi(2x-n)}{\pi(2x-n)}
\end{aligned}$$

この ψ がマザーウェーブレットで $\{\psi_{m,n} : m, n \in \mathbf{Z}\}$ が $L^2(\mathbf{R})$ におけるウェーブレット正規直交基底となる．この正規直交系はシャノン・システムといわれ，次節で見るようにサンプリング理論に興味深い応用がある．

13.4. 研究：シャノン・システムのサンプリング理論への応用

アナログ信号 $f(t)$ は時間変数 $t \in \mathbf{R}$ の関数であり，通常可算個程度の不連続点が許されている．また応用上の理由から，そのエネルギーは有限と仮定することが多い．

そこで, $f \in L^2(\mathbf{R})$ であるアナログ信号全体を考え, ノルムの 2 乗 $\|f\|^2$ を信号 f の**エネルギー**と考えることにする. 但し,

$$\|f\| = \left(\int_{-\infty}^{\infty} |f(t)|^2\, dt\right)^{1/2}.$$

$f(t)$ のフーリエ変換をこの節では $F(\omega)$ で表す. このフーリエ変換 $F(\omega)$ は信号 $f(t)$ の**スペクトル**といわれ, ω は**周波数**といわれる. 周波数は通常 $\nu = \frac{\omega}{2\pi}$ (Hz) を用いて計測される.

定義 13.4.1 信号 $f(t)$ はそのフーリエ変換 $F(\omega)$ の台がコンパクトであるとき, **帯域制限 (Band-limited) 信号**であるという. すなわち, ある ω_0 があって, $F(\omega) = 0$ がすべての $|\omega| > \omega_0$ に対して成り立つとき, $f(t)$ は帯域制限信号であるという.

信号 $f(t)$ が帯域制限信号でなくても, $F(\omega)$ の両端を次のように自然に切り落すことにより, 帯域制限信号 $f_{\omega_0}(t)$ を構成できる. すなわち,

$$F_{\omega_0}(\omega) = \begin{cases} F(\omega), & |\omega| \leq \omega_0, \\ 0, & |\omega| > \omega_0 \end{cases} \qquad (13.4.1)$$

として, そのフーリエ逆変換を考えるのである.

$$f_{\omega_0}(t) = \frac{1}{2\pi}\int_{-\infty}^{\infty} e^{i\omega t} F_{\omega_0}(\omega)\, d\omega = \frac{1}{2\pi}\int_{-\omega_0}^{\omega_0} e^{i\omega t} F_{\omega_0}(\omega)\, d\omega \qquad (13.4.2)$$

特に,

$$G_{\omega_0}(\omega) = \begin{cases} 1, & |\omega| \leq \omega_0, \\ 0, & |\omega| > \omega_0 \end{cases} \qquad (13.4.3)$$

と定義すれば, そのフーリエ逆変換 $g_{\omega_0}(t)$ は

$$g_{\omega_0}(t) = \frac{1}{2\pi}\int_{-\omega_0}^{\omega_0} e^{i\omega t}\, d\omega = \frac{\sin \omega_0 t}{\pi t} \qquad (13.4.4)$$

となる. この関数 $g_{\omega_0}(t)$ をシャノンの**サンプリング関数**と呼ぶことにしよう.

もし $\omega_0 = \pi$ であれば, この関数は前節で与えられたシャノン・システムの目盛り関数と一致することに注意しよう.

数学だけではなく工学の分野においても, 次の合成積による関数の変換は重要な役割を果たしている. $\varphi(t)$ を適当な関数として

$$h(t) = (\varphi * f)(t) = \int_{-\infty}^{\infty} \varphi(\tau) f(t - \tau)\, d\tau \qquad (13.4.5)$$

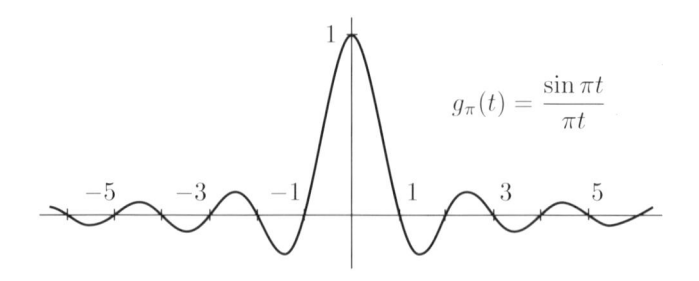

図 13.1. シャノンのサンプリング関数

この合成積中に現れる関数 $\varphi(t)$ をフィルター関数ということがあるが，この意味はフーリエ変換してみればよくわかる．すなわち，$H = \hat{h}$, $\Phi = \hat{\varphi}$, $F = \hat{f}$ とおけば

$$H(\omega) = \Phi(\omega) F(\omega) \tag{13.4.6}$$

となり，周波数 (スペクトル) の領域ではこの操作 (フィルタリング) はフィルター関数のフーリエ変換 $\Phi(\omega)$ を $F(\omega)$ に直接かけることになるのである．

ここでシャノンのサンプリング関数を例にとり，$\omega_0 \to \infty$ の極限を形式的に考えてみよう．

$$\begin{aligned}
1 &= \lim_{\omega_0 \to \infty} G_{\omega_0}(\omega) = \lim_{\omega_0 \to \infty} \int_{-\infty}^{\infty} e^{-i\omega t} g_{\omega_0}(t)\, dt \\
&= \lim_{\omega_0 \to \infty} \int_{-\infty}^{\infty} e^{-i\omega t} \frac{\sin \omega_0 t}{\pi t}\, dt = \int_{-\infty}^{\infty} \lim_{\omega_0 \to \infty} e^{-i\omega t} \frac{\sin \omega_0 t}{\pi t}\, dt \\
&= \int_{-\infty}^{\infty} e^{-i\omega t} \delta(t)\, dt
\end{aligned}$$

この計算は数学的には超関数のフーリエ変換，あるいはリーマン・ルベーグの定理として説明できることであるが，ここでは直感的に，ディラックのデルタ関数がシャノンのサンプリング関数 $g_{\omega_0}(t)$ の極限と考えよう．すなわち

$$\delta(t) = \lim_{\omega_0 \to \infty} \frac{\sin \omega_0 t}{\pi t}$$

帯域制限信号 $f_{\omega_0}(t)$ は

$$f_{\omega_0}(t) = \frac{1}{2\pi} \int_{-\omega_0}^{\omega_0} F(\omega) e^{i\omega t}\, d\omega = \frac{1}{2\pi} \int_{-\omega_0}^{\omega_0} F(\omega) G_{\omega_0}(\omega) e^{i\omega t}\, d\omega \tag{13.4.7}$$

13.4. 研究：シャノン・システムのサンプリング理論への応用

ここで合成積とフーリエ変換の関係から

$$f_{\omega_0}(t) = \int_{-\infty}^{\infty} f(\tau) g_{\omega_0}(t-\tau) \, d\tau = \int_{-\infty}^{\infty} \frac{\sin \omega_0 (t-\tau)}{\pi(t-\tau)} f(\tau) \, d\tau \qquad (13.4.8)$$

を得るが，この式は帯域制限信号 $f_{\omega_0}(t)$ のサンプリング積分表示といわれている．次に，実際にこの式を数値解析等に応用するために離散化しよう．まず，$f_{\omega_0}(t)$ のフーリエ変換 $F_{\omega_0}(\omega)$ を区間 $[-\omega_0, \omega_0]$ 上の直交系 $\{\exp(-(in\pi\omega/\omega_0))\}$ を用いて次の形に展開しよう．

$$F_{\omega_0}(\omega) = \sum_{n=-\infty}^{\infty} a_n \exp\left(\frac{-in\pi\omega}{\omega_0}\right), \qquad (13.4.9)$$

ここでフーリエ係数 a_n は次で与えられる．

$$a_n = \frac{1}{2\pi} \int_{-\omega_0}^{\omega_0} F_{\omega_0}(\omega) \exp\left(\frac{-in\pi\omega}{\omega_0}\right) d\omega = \frac{1}{2\pi} f_{\omega_0}\left(\frac{n\pi}{\omega_0}\right) \qquad (13.4.10)$$

以上より，

$$F_{\omega_0}(\omega) = \frac{1}{2\pi} \sum_{n=-\infty}^{\infty} f_{\omega_0}\left(\frac{n\pi}{\omega_0}\right) \exp\left(\frac{-in\pi\omega}{\omega_0}\right), \qquad (13.4.11)$$

これに $e^{i\omega t}$ をかけて区間 $[-\omega_0, \omega_0]$ 上で積分すれば

$$\begin{aligned}
f_{\omega_0}(t) &= \int_{-\omega_0}^{\omega_0} F_{\omega_0}(\omega) e^{i\omega t} \, d\omega \\
&= \frac{1}{2\pi} \int_{-\omega_0}^{\omega_0} e^{i\omega t} \left[\sum_{n=-\infty}^{\infty} f_{\omega_0}\left(\frac{n\pi}{\omega_0}\right) \exp\left(\frac{-in\pi\omega}{\omega_0}\right)\right] d\omega \\
&= \frac{1}{2\pi} \sum_{n=-\infty}^{\infty} f_{\omega_0}\left(\frac{n\pi}{\omega_0}\right) \int_{-\omega_0}^{\omega_0} \exp\left[i\omega\left(t - \frac{n\pi}{\omega_0}\right)\right] d\omega \\
&= \sum_{n=-\infty}^{\infty} f_{\omega_0}\left(\frac{n\pi}{\omega_0}\right) \frac{\sin \omega_0 \left(t - \frac{n\pi}{\omega_0}\right)}{\omega_0 \left(t - \frac{n\pi}{\omega_0}\right)}
\end{aligned}$$

この公式は **シャノンのサンプリング定理** として知られるものである．この公式は帯域制限信号を離散的な情報 $f_{\omega_0}(n\pi/\omega_0)$ に基づき再構成しており，応用上非常に有効である．

エピローグ

略解とヒント

1.1.1 行列の和とスカラー倍がベクトル空間の定義を満たすことを確かめよ．

1.2.1 $\text{span}\, A = \{(t_2, t_1+t_2+t_3, t_1)\,;\, t_1, t_2, t_3 \in \mathbf{F}\}$. $\dim(\text{span}\, A) = 3$.

1.2.2 $\{1, x, x^2, \ldots, x^n, \ldots\} \subset C([0,1])$ は一次独立だから $\dim C([0,1]) = \infty$.

1.2.3 多項式は単項式の一次結合だから $\{1, x, x^2, \ldots, x^n, \ldots\}$ は基底である．

1.2.4 各成分を実部と虚部に分ければ $\mathbf{C}^N$ は $\mathbf{R}$ 上 $2N$ 次元であることが解る．

1.3.1 (1) $\|\lambda_n x_n - \lambda x\| = \|\lambda_n x_n - \lambda_n x + \lambda_n x - \lambda x\| \leq |\lambda_n|\|x_n - x\| + |\lambda_n - \lambda|\|x\| \to 0$.

(2) $\|x_n + y_n - x - y\| = \|(x_n - x) + (y_n - y)\| \leq \|x_n - x\| + \|y_n - y\| \to 0$.

1.3.3 $\{g_n\}$ だけ一様収束．$\{f_n\}$ の極限は $x=1$ で不連続．$\{h_n\}$ の極限は 0 だが，$\max |h_n| = (1 - \frac{1}{n+1})^{n+1} \to e^{-1}$ だから一様収束しない．

1.4.2 $g_n \in B$, $g_n \to g$ ならば $|g(x)| = \lim_n |g_n(x)| \leq f(x)$ だから B は閉集合．

1.5.2 x, y が $\{x_n\}$ の極限ならば，$\|x - y\| \leq \|x - x_n\| + \|x_n - y\| \to 0$ だから．

1.5.3 全体空間の完備性と定理 1.4.2 により，コーシー列は閉部分空間内に収束する．

1.6.1 l^p で $P_n x = (x_1, \ldots, x_n, 0, \ldots)$ は I に強収束するが一様収束しない．

1.7.1 例えば荷見 [**12**] 第 1 章の第 2 節を参照せよ．

1.9.1 T_1 のみ．不動点 x は $x^3 = x+1$ を満たすから $x^3 - x - 1 = 0$.

265

1.9.2 $|\sin x - 0|/|x - 0| \to 1$ $(x \to 0)$ だから縮小写像でない.

1.9.3 $|x + e^{-x} - 1|/|x - 0| \to 1$ $(x \to 0)$ だから縮小写像でない.

問題 1.1 定理 1.1.2 の証明の n についての和を, x についての積分に変えればよい.

問題 1.2 定理 1.1.1 の証明の n についての和を, x についての積分に変えればよい.

2.1.1 階段関数の一次結合, 積, 商, 有界連続関数との合成は階段関数であるから.

2.2.1 f と g が収束先ならば $\overline{m}(\{|f-g| \geq \varepsilon\}) \leq \overline{m}(\{|f-f_n| \geq \varepsilon/2\}) + \overline{m}(\{|f_n-g| \geq \varepsilon\}) \to 0$ だから一意的.

2.3.1 $[0,1]$ 上で $f_n(x) = 1$ $(\frac{n-2^k}{2^k} \leq x < \frac{n+1-2^k}{2^k})$, $f(x) = 0$ (それ以外), $2^k \leq n < 2^{k+1}$.

2.4.1 リーマン和は階段関数の積分と見なせることから, 可測性を導くことができる.

2.4.2 (1) は同じ階段関数列が f と g に収束することから, (2) から (5) は階段関数では成り立つことから従う.

2.5.1 開区間 (a,b) が可算個の閉区間 $[\frac{na+b}{n+1}, \frac{a+nb}{n+1}]$ の合併であることを用いる.

2.5.2 定理 2.5.1 とドモルガンの法則を用いればよい. **2.5.3** も同様.

問題 2.2 $L^p(I)$ の関数は階段関数で, さらにその階段関数を折れ線で近似せよ.

3.2.2 $\|x+y\|^2 = \|x\|^2 + (x,y) + (y,x) + \|y\|^2 = \|x\|^2 + \|y\|^2$.

3.5.2 (1) 積分を $I_{m,n}$ とおくと, 部分積分して $I_{m,n} = I_{m-1,n-1} = \cdots = I_{0,n-m} = 0$ $(m < n)$. (2) $I_{n,n} = 2nI_{n-1,n-1} = \cdots = 2^n n! \int_{-\infty}^{\infty} e^{-x^2} dx = 2^n n! \sqrt{\pi}$.

3.5.3 変数変換 $y = \frac{2\pi}{a}x - \pi$ を用いれば, 例 3.15 に帰着する.

3.6.1 $e^{ix/2}K_n(x) - e^{-ix/2}K_n(x)$ を計算し, オイラーの公式を用いよ.

3.7.1 正規直交基底 $\{e_n\}$ の, 有理数を係数とする有限個の線型結合全体を考えよ.

問題 3.1 ベッセルの不等式より任意の x に対して $(x, e_n) \to 0$. よって弱収束.

問題 3.2 例 3.16 に前問を適用すればよい.

問題 3.3 定理 3.6.3 の証明から, 外側の積分 $\int_{-\pi}^{\pi} \cdot dx$ を取り除き, f の一様連続性を用いる.

問題 3.4 チェザロ和が三角多項式であることに注意すれば, 前問から従う.

問題 3.5 周期 2π に拡張した f を前問を用いて三角多項式で近似し, テイラー展開.

略解とヒント

4.2.1 $(Af,g) = \int_a^b xf(x)\overline{g(x)}dx = \int_a^b f(x)\overline{xg(x)}dx = (f, Ag)$ だから自己共役.

4.2.2 $((A^* + A)x,y) = (x,(A + A^*)y)$, $(A^*Ax,y) = (Ax, Ay) = (x, A^*Ay)$ だからどちらも自己共役.

4.7.1 0 以外の固有値は $\pm\pi$ で, 対応する固有関数は $a(\cos t \pm \sin t)$. 重複度は 1.

4.7.2 λ_n の虚部 $\int_0^{2\pi} k(t)\sin nt\,dt$ がすべて 0 だから, フーリエ展開から k は偶関数.

4.8.1 $\{P_n\}$ の直交性から $(\sqrt{A})^2 = \sum_{k,n}\sqrt{\lambda_k\lambda_n}P_kP_n = \sum_n \lambda_n P_n = A$.

4.8.2 上と同様にして成立することが示される.

4.8.3 $Tx = \sum \lambda_n(x,u_n)u_n$ だから, $x \neq 0$ ならば $(Tx,x) = \sum \lambda_n|(x,u_n)|^2 > 0$.

4.8.4 $\|A(t)\| \le \sum_{n=0}^\infty \frac{|t|^n\|A\|^n}{n!} \le e^{|t|\|A\|}$. $\|A(t)-I\| \le e^{|t|\|A\|} - 1 \to 0$ ($t \to 0$).

問題 4.1 ユニタリーだから $(U^{-1}AUx,y) = (U^*AUx,y) = (x, U^*AUy)$ となるので自己共役.

5.1.1 (1) 左辺 $= \frac{1}{\sqrt{2\pi}}(\int_0^\infty e^{-i\xi x - \alpha x}dx + \int_{-\infty}^0 e^{-i\xi x + \alpha x}dx) = \sqrt{\frac{1}{2\pi}}\frac{2}{(\alpha+i\xi)(\alpha-i\xi)}$.

5.3.1 例 5.9 で $\alpha = i$ とした結果を実部と虚部に分ければよい.

5.3.2 (4) は部分積分, (5), (7) は積分の順序交換, (6) は積分記号下の微分を用いる.

5.3.3 上は直接計算, 下は合成積のラプラス変換に演習 5.3.1 の結果を用いる.

5.4.1 te^{at}, $\sin\omega t$, $\cos\omega t$.

7.3.3 $(-1)^{|\alpha|}\varphi^{(\alpha)}(0)$.

7.3.4 $2H(x) - 1$, 2δ.

試練 7.1 $|x|' = 2H(x) - 1$, $|x|'' = 2\delta$, $|x|^{(n)} = 2\delta^{(n-1)}$, $n \ge 2$.

試練 7.2 超関数になるのは (b), (d).

試練 7.3 $\int_{-\infty}^\infty ne^{-n^2x^2}\varphi(x)\,dx = \int_{-\infty}^\infty e^{-y^2}\varphi(y/n)\,dy \to \sqrt{\pi}\varphi(0)$ $(n \to \infty)$.

試練 7.4 $\int_{-\infty}^\infty \frac{\sin nx}{x}\varphi(x)\,dx = \int_{-\infty}^\infty \frac{\sin y}{y}\varphi(y/n)\,dy \to \pi\varphi(0)$ $(n \to \infty)$.

問題 8.3 $\delta + ax + b$.

試練 8.2 φ がコンパクトな台をもつことに注意すればよい.

試練 8.3 $A \subset B$ は $\varphi \in A$ ならば, $\psi = \int_{-\infty}^x \varphi(t)\,dt$ と定めれば, $\psi' = \varphi$ がわかる. 逆に $\psi \in B$ ならば, $\psi = \varphi'$ ($\varphi \in \mathcal{D}(\mathbf{R})$) だから $\int_{-\infty}^\infty \psi(t)\,dt = 0$ となる.

試練 8.4 上から $\langle u,\varphi\rangle = \langle u, c\varphi_0 + \varphi_1\rangle = c\langle u,\varphi_0\rangle + \langle u,\varphi_1\rangle = c\langle u,\varphi_0\rangle$ がわかる.

試練 8.5 $(u')' = 0$ から $u' = c$ がわかり, $(u-cx)' = 0$ から $u = cx+d$ c,d は定数.

10.1.2 $\int_\Omega v \frac{\partial u}{\partial n} ds = 0$ が任意の $v \in H^1(\Omega)$ で成り立つので, $\frac{\partial u}{\partial n} = 0$ が $x \in \partial\Omega$ で成り立つ.

11.2.1 積分 $\int_{-\infty}^{\infty} G(x,t;\xi,0))\varphi(\xi) d\xi$ で $\xi = 2\sqrt{Kt}y$ と変数変換し, 試練 7.3 を用いるとよい.

11.4.1 例 5.1(1) 参照.

11.4.2 $u|_{x_3=0} = f(x_1, x_2), \lim_{|x|\to\infty} u = 0$.

11.5.1 $u(x,y,t) = \sum_{n=1}^{\infty} e^{-\lambda_n t} f_n \varphi_n(x,y)$.

あとがき

　本書から一歩進み，関数解析学あるいはそれに関連する分野を学ぼうという方のために参考書を，本書を書くにあたり参考にした書物を中心に紹介します．パート1(基礎理論)は5つの章からなり，第1章でベクトル空間からバナッハ空間までを解説しました．紙面の都合で取り上げることができなかったハーン-バナッハの定理，開写像定理や省略したベールのカテゴリー定理の完全な証明を含めて，もう少しバナッハ空間論を学びたい場合には [12] がよい入門書になるでしょう．それに続く書物としては [23], [26] が定評があります．第2章ではルベーグ積分論が短くまとめて紹介されていますが，微分に関するルベーグの定理等を省略せざるを得ませんでした．本書の方法で解説された本は [18]，また測度論から本格的に積分論を学びたい向きには例えば [1] があります．第3章でヒルベルト空間，第4章でヒルベルト空間上の線形作用素の一般論を概説しました．さらに進んで学びたい方には [9], [10], [23], [26] 等が定評があります．第5章においてフーリエ変換とラプラス変換を解説しました．ラプラス変換に関しては多くの教科書に説明があります．フーリエ変換に関しては [17] の前半，[8], [20] に初学者にもわかりやすく書かれています．

　パート2(応用)は8つの章からなります．第6章のストルム・リューヴィル境界値問題をさらに学びたい向きには [5] があります．第7章の超関数の理論を本格的に勉強したければ [7], [8] を読むべきではありますが，[17] も定評があります．第8章には歴史的な偏微分作用素の分類をあげましたが，[14], [4] も参考になるでしょう．第9章の超関数のフーリエ変換とラプラス変換についても [7], [8] に詳しいですが，偏微分方程式との関連では [2], [17] がよいでしょう．第10章は [2], [6], [17] を参考に書かれています．第11章にある，フーリエ変換を基礎とする積分作用素を詳しく勉強してみたい場合は [3], [21], [24], [25] がよい教科書となります．次の第12章では，変

分問題への応用を試みました.筆者の力量や紙面の都合もあり,特定の問題を深く解説するのではなく多くのトピックスを取り上げる形式をとっています.この分野の進んだ教科書としては和書では [16] がありますが,機会があればこの部分をもう少し充実させてみたいと考えています.最後の第 13 章では「ウェーブレットの理論」を紹介しました.すでに膨大な書物が出版されていますが,この後の入門書としては [20] と [11] が参考になるでしょう.

参考書一覧

[1] 新井仁之, ルベーグ積分講義, 日本評論社 (2003).
[2] 井川満, 偏微分方程式論入門, 裳華房 (1996).
[3] 熊ノ郷準, 擬微分作用素, 岩波書店 (1974).
[4] E. クーラン・D. ヒルベルト (齋藤利弥 他訳), 数理物理学の方法, 東京図書 (1959).
[5] E.A. コディントン・N. レヴィンソン (吉田節三 訳), 常微分方程式論, 上下, 吉岡書店 (1968/69). (英語原著：E.A. Coddington and N. Levinson, Theory of ordinary differential equations, McGraw-Hill (1955).)
[6] 島倉紀夫, 楕円型偏微分作用素, 紀伊國屋書店 (1977).
[7] L. シュワルツ (岩村・石垣・鈴木 訳), 超関数の理論, 岩波書店 (1971).
(仏語原著：L. Schwartz, Théorie des distributions, Hermann (1950-51, 1961).)
[8] L. シュワルツ (吉田・渡辺 訳), 物理数学の方法, 岩波書店 (1966). (仏語原著：L. Schwartz, Méthodes mathématiques pour les science physiques, Hermann (1961).)
[9] 竹之内脩, 函数解析, 朝倉書店 (1968).
[10] 竹之内脩, 函数解析演習, 朝倉書店 (1968).
[11] I. ドブシー (山田・佐々木 訳), ウェーブレット 10 講, シュプリンガーフェアラーク東京 (2003). (英語原著：I. Daubechies, Ten Lectures on Wavelets, SIAM (1992).)
[12] 荷見守助, 関数解析入門, 内田老鶴圃 (1995)
[13] 荷見守助・堀内利郎, 現代解析の基礎, 内田老鶴圃 (1989).
[14] イ. ゲ. ペトロフスキー (渡辺毅 訳), 偏微分方程式論, 東京図書 (1958).
[15] 堀内利郎・下村勝孝, 複素解析の基礎, 内田老鶴圃 (2000).
[16] 増田久弥, 非線形数学, 朝倉書店 (1985).
[17] 溝畑茂, 偏微分方程式論, 岩波書店 (1965).
[18] 溝畑茂, ルベーグ積分, 岩波書店 (1966).
[19] F. リース・B. ナジー (絹川正吉 他訳), 関数解析学, 上下, 共立出版 (1973/74).

[20] L. Debnath・P. Mikusiński, Introduction to Hilbert spaces with applications, Academic Press (1998).
[21] L. Hörmander, The analysis of linear partial differential operators I – IV, Springer (1985).
[22] E.H. Lieb・M. Loss, Analysis 第 2 版, American Mathematical Society (2001).
[23] W. Rudin, Real and Complex Analysis 第 3 版, McGraw-Hill (1987).
[24] E.M. Stein, Singular Integrals and Differentiability Properties of Functions, Princeton University Press (1970).
[25] E.M. Stein・G. Weiss, Introduction to Fourier Analysis in Euclidean Spaces, Princeton University Press (1971).
[26] K. Yosida (吉田耕作), Functional analysis, Springer (1965).

索　引

あ

アーベルの公式　151
アスコリ・アルツェラの定理　97
安定　237

い

一次結合　8
1次元拡散方程式のグリーン関数　189
1次元クライン・ゴードン方程式のグリーン関数　190
1次元波動方程式のグリーン関数　188
一様収束　11, 22
　——ノルム　10
一様有界性原理　64
（一般の）偏微分作用素　178, 179
陰関数定理　242

う

ウェーブレット　247
　マザー——　258
ウエーブレット変換　246, 248, 250
　——のパーセバルの等式　248
　連続——　246, 250

え

エゴロフの定理　47

$(L^2(\mathbf{R})$ 関数の）フーリエ変換　121, 126
エルミート多項式　66

お

オイラー・ラグランジュの方程式　221
重み付きヒルベルト空間　208

か

開集合　13
外測度　39
階段関数　38
核　20
各点収束　11
可測　38
　——集合　46
ガトー微分　212
　——可能　211
可分　76
完全正規直交系　67
完備　16
　——化　28

き

基底　8
基本解　180

逆作用素　86
逆像　20
(級数が)収束する　18
強圧的　83
共役境界値問題　146
共役作用素　84, 110
　　形式的――　162, 179
　　自己――　84, 113
　　常微分作用素の――　145
　　非有界作用素の――　110, 113
　　偏微分作用素の形式的――　162
共役フレーム　254
境界条件　144
境界値問題　143
強収束　22, 63
　　作用素の――　22
　　ベクトルの――　63
極小値　219
局所可積分関数　130
極大値　219
極値　219
近似固有値　104

く

グラディエント　212
グラフ　115
グリーン関数　155, 181
　　1次元拡散方程式の――　189
　　1次元クライン・ゴードン方程式の――　190
　　1次元波動方程式の――　188

グリーンの公式　193

け

(形式的)共役作用素　162, 179
形式的自己共役　146
原始超関数　168
原点で退化する方程式　180

こ

合成積　124
恒等作用素　79
コーシー列　16
　　測度の――　40
古典解　179
固有関数展開　208
固有空間　100
固有値　100
固有ベクトル　100
コンパクト作用素　97
コンパクト集合　15

さ

最小閉拡張　118
作用素関数　107
(作用素の)一様収束　22
(作用素の)強収束　22
(作用素の)平方根　108
作用素ノルム　22
3次元ヘルムホルツ方程式の基本解　185
サンプリング関数　261

索　引

シャノンの—— 263

し

時間非依存型　233
次元　8
自己共役境界値問題　148
自己共役作用素　84, 113
射影作用素の直交性　96
弱解　179
弱収束　63
シャノン関数　130
(シャノンの)サンプリング関数　263
周期境界条件　144
収束する　18, 164
　　級数が——　18
　　$\mathcal{D}(\mathbf{R}^N)$ で——　164
周波数　261
縮小写像　30
シュワルツの不等式　59
状態関数　232
(常微分作用素の)共役作用素　145
自律系　237
(信号の)周波数　261
(信号の)スペクトル　261
真に凸関数　218

す

スカラー　3
ストルム・リューヴィル型固有値問題
　149, 155
スペクトル　101, 261

——分解定理　106

せ

正規作用素　87
正規直交系　64
制御関数　232
斉次境界条件　144
正則超関数　165
正則点　101
正値　88
積分　44
　　——核　80
　　——記号化での微分　52
絶対収束　18
　　——の横座標　131
絶対連続　53
零作用素　79
零集合　38
ゼロベクトル　4
漸近的に安定　237
線形化 KdV (Korteweg-de Vries) 方程
　式　210
線形化方程式　241
線形作用素　79
　　——のノルム　79
線形写像　20
　　——が有界　21
線形従属　8
線形独立　8
線形汎関数　23

そ

像　20
相似変換　246
双線形写像　82
双対空間　23
測度　46
測度 0　38
測度的コーシー列　40
測度的に収束　39
ソボレフ空間　62, 169

た

体　3
台　125
帯域制限 (Band-limited) 信号　261
対称作用素　113
タイト　251
第 2 次フレシェ導関数　216
楕円型　230
多重解像度解析　256
多重指数　161
　　——の長さ　161

ち

逐次近似　31
中線定理　60
稠密　15
　　——な定義域をもつ作用素　110
超関数　165
　　——解　180
　　——の微分　166

——列の収束　167
重複度　100
直交　61
　　——基底　67
　　——系　64
　　——射影　95
　　——射影作用素　95
　　——分解　74
　　——補集合　73

て

($\mathcal{D}(\mathbf{R}^N)$ で) 収束する　164
ディリクレ条件　143
テスト関数　125, 163
デルタ関数　166

と

等距離性　88
同値　12
特異超関数　165
特性関数　46
凸関数　218

な

内積　57
　　——空間　58
長さ　161

に

2 回フレシェ微分可能　216
2 次元ヘルムホルツ方程式の基本解

索　引

184

の

ノイマン条件　144
ノイマン問題　197
ノルム　9, 79
　作用素——　22
　線形作用素——　79
　——空間　9
　——収束　11
　——の同値　12
　ユークリッド——　10

は

パーセバルの等式　68, 126, 248
ハール関数　129
バナッハ空間　16
バナッハ・シュタインハウスの定理　27
バナッハの不動点定理　31
半空間におけるラプラス方程式　207
反転公式　250

ひ

微積分の基本定理　53
非負値　88
(非有界作用素の)共役作用素　110
(非有界)自己共役作用素　113
ヒルベルト空間　61
　重み付き——　208
ヒルベルト・シュミット型　80

ふ

ファトウの補題　50
不安定　237
フーリエ逆変換　128
フーリエ変換　121, 126
不動点　30
フビニの定理　53
部分空間　5
フレーム　251
　——限界　251
　——作用素　252
フレシェ微分　214
　——可能　214
分離型境界条件　143

へ

平均値の定理　213
平行移動　246
平衡解　237
閉作用素　115
閉集合　13
閉包　14
平方根　108
ベールのカテゴリー定理　25
べき等　95
ベクトル　4
　——空間　3
　——の強収束　63
　——の弱収束　63
ベッセルの不等式　66
ベッポ・レビの定理　49

ヘビサイド関数　166
ヘルダーの不等式　6
ヘルダー連続　199
偏微分作用素　161, 178
　一般の——　178, 179
　——の(形式的)共役作用素　162
偏微分方程式　179
変分不等式　230

ほ

ほとんど至るところ　38
ポワソン核　207
ポワソン積分　207
ポワソン方程式の基本解　183
ポワソン方程式のディリクレ問題　193

ま

マザーウェーブレット　258

み

ミンコフスキーの不等式　6

め

目盛り関数　256

や

ヤコビ行列　213
ヤングの不等式　6

ゆ

有界　21

　線形写像が——　21
　——収束定理　45
ユークリッド・ノルム　10
有限次元作用素　97
ユニタリー作用素　88

ら

ラグランジュの恒等式　151
ラックス・ミルグラムの定理　83
ラプラシアン　162
ラプラス逆変換　134
ラプラス変換　130

り

リースの表現定理　76
リーマン・ルベーグの定理　122
リプシッツ条件　33
リプシッツ連続　199
リャプーノフの定理　240

る

ルージンの定理　47
ルジャンドル多項式　65
ルベーグの収束定理　48

れ

レゾルベント　101
連続ウェーブレット変換　246
　——の反転公式　250
連続写像　20

ろ

ロードマッハ関数　68

ロンスキアン　152

Symbol

$\mathbf{R}$ 3
$\mathbf{C}$ 3
$\mathbf{F}$ 3
$\mathbf{R}^N$ 4
$\mathbf{C}^N$ 5
$F(\Omega)$ 5
$C(\Omega)$ 5
$B(\Omega)$ 5
$C^k(\Omega)$ 5
$C^\infty(\Omega)$ 5
$P(\Omega)$ 6
S 5
l^p 6
l^∞ 6
$M(m \times n; \mathbf{C})$ 8
span A 8
dim E 8
$\|\cdot\|$ 9
$\|x\|_\infty$ 10
$\|x\|_p$ 10
$B(a,r)$ 13
$\overline{B}(a,r)$ 13
$S(a,r)$ 13
$\partial B(a,r)$ 13
$\overline{A}$ 14
$D(L)$ 20

$R(L)$ 20
$N(L)$ 20
$B(E_1; E_2)$ 21
E' 23
$m(e) = 0$ 38
$\overline{m}(E)$ 39
$\chi_E(x)$ 46
$m(E)$ 46
$L^1(I)$ 50
$L^p(I)$ 51
$H^1(I)$ 62
$H^k(I)$ 62
$\to$ (強収束)   63
$\rightharpoonup$ (弱収束)   63
$P_n(x)$ 65
$H_n(x)$ 66
$S^\perp$ 73
$B(E)$ 79
A^* 84
$G(A)$ 115
$\hat{f}(\xi)$ 121
$\mathcal{F}(f(x))(\xi)$ 121
$\mathcal{F}_{x\to\xi}(f(x))$ 121
$f * g$ 124
supp f 125
$\mathcal{D}(\mathbf{R})$ 125

L^1_{loc} 130	$\langle T, \varphi \rangle$ 165
$\mathcal{L}(f)(s)$ 130	δ 166
D^α 162	$W^{1,p}(\Omega)$ 169
$|\alpha|$ 161	$H^1_0(\Omega)$ 194
Δ 162	$C^{k,\alpha}(\mathbf{R}^N)$ 199
∇ 170	$L^2(\Omega; r)$ 208
$\mathcal{D}(\mathbf{R}^N)$ 163	$dT(x, h)$ 212
$\mathcal{D}'(\mathbf{R}^N)$ 165	$\psi_{a,b}(x)$ 246
$\mathcal{D}'$ 165	$(W_\psi f)(a, b)$ 246

著者履歴

堀内　利郎　（ほりうち　としお）
- 1980 年　京都大学理学部数学科卒
- 1982 年　京都大学大学院理学研究科修士課程修了
- 1982 年　茨城大学理学部助手
- 1985〜86 年　スウェーデン王立学士院ミッタク・レフラー数学研究所研究員
- 1988 年　茨城大学理学部助教授
- 1995 年　茨城大学理学部教授，現在に至る
- 2001〜02 年　イェーテボーリ大学(スウェーデン)客員研究員
- 理学博士（京都大学）
- 著書：現代解析の基礎(共著)(内田老鶴圃)，複素解析の基礎(共著)(内田老鶴圃)

下村　勝孝　（しもむら　かつのり）
- 1984 年　名古屋大学理学部数学科卒
- 1986 年　名古屋大学大学院理学研究科博士前期課程修了
- 1987 年　茨城大学理学部助手
- 1997 年　茨城大学理学部講師
- 1997 年　アイヒシュタットカトリック大学(ドイツ)客員研究員
- 2000 年　茨城大学理学部助教授，現在に至る
- 博士(学術)（名古屋大学）
- 著書：複素解析の基礎(共著)(内田老鶴圃)

2005 年 4 月 10 日　第 1 版発行

関数解析の基礎
∞ 次元の微積分

著　者　©　堀　内　利　郎
　　　　　　下　村　勝　孝
発行者　内　田　　　悟
印刷者　山　岡　景　仁

発行所　株式会社　内田老鶴圃　〒112-0012 東京都文京区大塚3丁目34番3号
電話 03(3945)6781(代)・FAX 03(3945)6782
印刷・製本／三美印刷 K.K.

Published by UCHIDA ROKAKUHO PUBLISHING CO., LTD.
3-34-3 Otsuka, Bunkyo-ku, Tokyo, Japan

ISBN 4-7536-0099-8 C3041　　　U. R. No. 539-1

現代解析の基礎
荷見守助・堀内利郎 共著　A5・302頁・定価2940円（本体2800円＋税5%）

現代解析の基礎演習
荷見守助 著　A5・324頁・定価3360円（本体3200円＋税5%）

解析入門
微分積分の基礎を学ぶ
荷見守助 編著　岡裕和・榊原暢久・中井英一 著　A5・216頁・定価2205円（本体2100円＋税5%）

線型代数入門
荷見守助・下村勝孝 共著　A5・228頁・定価2310円（本体2200円＋税5%）

関数解析入門
バナッハ空間とヒルベルト空間
荷見守助 著　A5・192頁・定価2625円（本体2500円＋税5%）

複素解析の基礎
堀内利郎・下村勝孝 共著　A5・256頁・定価3150円（本体3000円＋税5%）

応用数学
―工学専攻者のための―
野邑雄吉 著　A5・416頁・定価2520円（本体2400円＋税5%）

解析学入門
福井・上村・入江・前原・境・宮寺 共著　A5・416頁・定価2940円（本体2800円＋税5%）

統計学
データから現実をさぐる
池田貞雄・松井敬・冨田幸弘・馬場善久 共著　A5・304頁・定価2625円（本体2500円＋税5%）

統計入門
はじめての人のための
荷見守助・三澤進 共著　A5・200頁・定価1995円（本体1900円＋税5%）

統計データ解析
小野瀬宏 著　A5・144頁・定価2310円（本体2200円＋税5%）

定価は税込み（本体価格＋税5%）です．